高等学校计算机专业规划教材

Python
基础与应用开发

王德志 主编

李冬艳 杨阳 崔新伟 副主编

U0386597

清华大学出版社

北 京

内 容 简 介

随着大数据和人工智能技术的飞速发展,Python 语言已经成为目前最流行的计算机程序设计语言之一。它具有简单易学、免费开源、功能强大的特点。本书以示例形式对 Python 常用功能进行讲解,突出应用特色,让读者全面了解 Python 的应用领域。全书共分 11 章,内容包括 Python 语言概述、基本数据类型与运算、组合数据类型、选择程序、循环结构、函数、文件、词云与 PyInstaller 库应用、数据分析入门、PyQt5 GUI 编程开发、其他经典应用领域介绍以及 4 个附录。

本书讲解简洁明了,案例丰富,可作为高等学校计算机、软件工程、计算机网络和非计算机专业理工科等相关专业学生学习程序设计的教材,也可作为 Python 程序设计人员的参考用书。

图书在版编目(CIP)数据

Python 基础与应用开发/王德志主编.—北京:清华大学出版社,2020.9(2024.8重印)
高等学校计算机专业规划教材
ISBN 978-7-302-56325-9

Ⅰ.①P… Ⅱ.①王… Ⅲ.①软件工具-程序设计-高等学校-教材 Ⅳ.①TP311.561

中国版本图书馆 CIP 数据核字(2020)第 156688 号

责任编辑:龙启铭
封面设计:何凤霞
责任校对:焦丽丽
责任印制:宋 林

出版发行:清华大学出版社
    网   址:https://www.tup.com.cn,https://www.wqxuetang.com
    地   址:北京清华大学学研大厦 A 座   邮   编:100084
    社 总 机:010-83470000   邮   购:010-62786544
    投稿与读者服务:010-62776969,c-service@tup.tsinghua.edu.cn
    质量反馈:010-62772015,zhiliang@tup.tsinghua.edu.cn
    课件下载:https://www.tup.com.cn,010-83470236
印 装 者:三河市铭诚印务有限公司
经   销:全国新华书店
开   本:185mm×260mm   印   张:20.25   字   数:467 千字
版   次:2020 年 11 月第 1 版   印   次:2024 年 8 月第 8 次印刷
定   价:59.00 元

产品编号:086346-01

前言

随着大数据和人工智能技术的飞速发展,Python 语言已经成为目前最流行的计算机程序设计语言之一。它具有简单易学、免费开源、功能强大的特点,不仅适合于计算机专业人员学习,更适合非计算机专业人员作为行业应用的工具进行学习。Python 学习门槛低、上手快,能够快速开发出具有行业应用特色的程序。Python 语言因为拥有高效、丰富和庞大的标准库与扩展库,为其在不同行业领域中成功应用提供了强有力的支撑。

本书是面向高等学校计算机、软件工程、计算机网络和非计算机专业理工科等相关专业学生学习程序设计而编写的教材。其特点是知识点讲解简洁明了,案例丰富,在详细论述基础知识的基础上,对 Python 常用功能以案例进行讲解,突出应用特色。通过每个章节的案例讲解,让读者掌握一个功能的入门使用,强调实践与动手。通过本书的学习,读者可全面了解 Python 的应用领域。

本书共 11 章,第 1～7 章为基础知识,第 8～11 章为 Python 常用功能介绍。其中,第 1 章介绍 Python 的特点、开发环境和基本操作方法等;第 2 章介绍基本数据类型和运算符的使用方法;第 3 章介绍组合数据类型和使用方法;第 4 章介绍关系运算符、逻辑运算符和选择结构的使用方法;第 5 章介绍循环结构和异常捕捉的使用方法;第 6 章介绍函数的定义和使用方法;第 7 章介绍文件的使用方法;第 8 章介绍词云和 PyInstaller 库的使用方法;第 9 章介绍数据分析常用的 Matplotlib、NumPy 和 Pandas 库的使用方法;第 10 章介绍基于 PyQt5 库进行 GUI 编程开发的方法;第 11 章介绍常用数据库链接、网络爬虫、基于 Flask 的 Web 开发、Pygame 游戏开发、人工智能和嵌入式硬件开发等其他经典领域应用。每章后面附有实验,基础知识部分附有习题。为方便广大师生教学和学习,本书还提供配套电子教案、源代码和习题答案等资源,可从清华大学出版社网站下载。

本书由王德志主编,李冬艳、杨阳、崔新伟任副主编,其中,第 1～3 章由崔新伟编写,第 4～6 章由李冬艳编写,第 7～8 章和附录由杨阳编写,第 9～

11 章由王德志编写,最后由王德志统稿。全书由郭红教授主审。

尽管编者在本书编写过程中做了种种努力,付出了许多劳动,但由于水平有限、时间仓促且计算机技术的发展日新月异,书中不妥或疏漏之处在所难免,恳请同行和读者批评、指正。

编　者

2020 年 9 月

目 录

第 10 章　PyQt5 GUI 编程开发　　/211

第 11 章 其他经典应用领域介绍 /250

第1章

Python 语言概述

计算机是硬件和软件的集合,如果说硬件是身体,那么软件就是"灵魂"。没有软件的指导,计算机将不能完成各项工作。而开发软件的工具,就是计算机编程语言。从1946年第一台电子式计算机诞生的那一天开始,编程语言就在不断发展,从最初的机器语言、汇编语言,到各种高级语言。Python 语言作为当前最流行的语言之一,利用其"后发"优势,在各个领域中得到广泛的应用。本章从 Python 语言的发展历史开始介绍,帮助读者掌握 Python 语言开发环境的搭建,掌握基本编程格式的要求,理解 Python 语言的特点和优势。

1.1　Python 语言发展简介

1.1.1　Python 语言历史

Python 语言是一种解释型的高级编程语言,是由荷兰程序员 Guido van Rossum 于1989年底利用圣诞节假期创造发明的。Python 这个名字来自他喜爱的电视连续剧《蒙蒂蟒蛇的飞行马戏团》(*Monty Python's Flying Circus*)。他希望新的语言 Python 能够满足功能全、易学、可扩展的愿景。

Python 目前有两个版本,即 Python 2.X 和 Python 3.X。对于 Python 2.X,官方从2020年开始不再提供支持,标志着它将退出历史舞台。

Python 3.0 版本发布于 2008 年 12 月。相对于 Python 早期版本,Python 3.X 有一个较大的升级。在其设计时,为了不引入过多的累赘,没有考虑向下兼容的问题。因此Python 3.X 版本不支持 Python 2.X 版本程序的运行。

截至 2020 年 2 月,Python 3.X 的最新版本是 Python 3.8.1。本书将以 Python 3.6 版本为基础进行程序讲解。3.6 版本及其后续的 3.X 版本的基本语法规则都是一致的,主要区别就在于一些特殊的功能函数或方法。对于 Python 语言入门学习而言,则没有区分。本书采用 3.6 版本,主要是因为其稳定性好,以及具有完善的第三方库支持。

1.1.2　Python 语言特点

1. 简单

Python 的设计哲学是优雅、明确和简单。Python 关键字少(只有 33 个),结构简单,语法清晰,易读,易维护。Python 学习可以在短时间内轻松上手,符合自然语言的表达方式。Python 的格式采用缩进格式,排版规则,便于理解。

2. 高级

Python 语言属于高级语言,它本身是由 C 语言编写而成,但弥补了 C 语言的开发程序复杂性问题,提供了大量的内置高级函数,从而使程序员无须关心底层功能函数实现的细节,可以有效地把精力集中在解决业务问题上。

3. 面向对象与面向过程

Python 语言支持面向对象和面向过程两种编程方法。其中,面向过程可以作为 Python 的入门学习方法,快速地上手编写程序。面向对象规则符合 Java、C++ 等其他流行面向对象编程语言的开发方法,具有一定的通用性。

4. 可扩展性

可扩展性是 Python 语言得以快速发展原因之一。Python 语言提供了丰富的 API (Application Programming Interface,应用程序接口),程序员能够轻松地调用各种功能函数,解决各种业务问题。

5. 免费和开源

Python 语言之所以近年能够快速发展,离不开其免费和开源的基础。它允许使用者自由地发布此软件的拷贝,阅读和修改代码,或将其一部分用于新的自由软件。

6. 可移植性

Python 语言支持在 Windows、Linux、Macintosh 等不同操作系统平台上的运行。

7. 丰富的库

Python 语言提供功能丰富的标准库,如网络、文件、数据库、图形界面、正则表达式、文件生成等(参见附录 B)。使用 Python 开发,许多功能不必从零开始,而是直接使用内置或第三方库即可。Python 提供了大量第三方库,目前已经达到惊人的 2 万以上,而且这个数字还在不断增长。有能力的程序员,都可以把自己开发的第三方库开放给其他人使用。

8. 可嵌入性

用户可以将 Python 嵌入到 C、C++ 程序中,从而为 C、C++ 程序提供脚本功能。

9. 解释型语言

Python 是一种解释型语言。所谓解释型语言的意思是:当程序有多行代码时,程序运行时每次读取源文件中的一行代码,并执行相应的操作,这样一行一行地重复下去。如果遇到有错误的代码行则结束运行。与之对应的是编译型语言,它要求多行代码必须都没有错误才能执行程序。因此,解释型语言具有编写简单的特点,能够快速地完成部分功能的开发,遇到问题再解决问题,逐步完善程序功能。

1.1.3　Python 应用领域

Python 具有广大的应用范围,常用的应用场景如下。

(1)科学计算:Python 程序员可以使用 NumPy、Pandas、Matplotlib、SciPy 等库编写科学计算程序。众多开源的科学计算软件包均提供了 Python 的调用接口,例如著名的计算机视觉库 OpenCV、三维可视化库 VTK 等。

(2) Web 应用：Python 经常用于 Web 开发，例如，利用 Flask 开发 Web 网站，利用 request 库开发网络爬虫等。

(3) 图形用户界面(GUI)开发：Python 支持 GUI 开发，使用 Tkinter、wxPython 或者 PyQt 库等可以开发跨平台的桌面软件。

(4) 操作系统管理：Python 作为一种解释型的脚本语言，特别适用于编写操作系统管理脚本，使用 Python 编写的系统管理脚本，在可读性、代码重用度、扩展性等方面优于普通的 Shell 脚本。

(5) 其他：在游戏开发、嵌入式硬件编程等领域，都出现了 Python 的身影，基于 Python 还可以快速地完成原型系统的验证。

1.2 集成开发环境

1.2.1 Python 默认开发环境

附录 A 中介绍了 Python 默认开发环境的安装方法。从 Python 的官方网站可以免费下载到需要的版本，网址如下：

https://www.python.org/

默认开发环境提供了两种程序编写方法，一种是利用命令窗口进行交互，如图 1.1 和图 1.2 所示。另一种是利用自带的 IDLE(集成开发环境)，以文件形式进行程序的编写，如图 1.3 所示。

管理员: C:\Windows\system32\cmd.exe - python
Microsoft Windows [版本 10.0.17134.1246]
(c) 2018 Microsoft Corporation。保留所有权利。
C:\Users\Administrator>python
Python 3.6.8 (tags/v3.6.8:3c6b436a57, Dec 24 2018, 00:16:47) [MSC v.1916 64 bit (AMD64)] on win32
Type "help", "copyright", "credits" or "license" for more information.
>>> print("hello world")
hello world
>>>

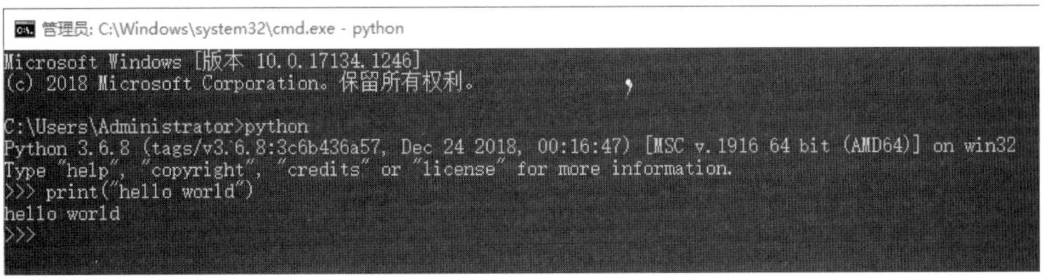

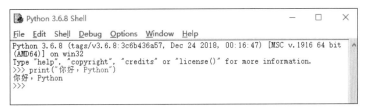

图 1.1 命令交互窗口

Python 3.6.8 Shell
File Edit Shell Debug Options Window Help
Python 3.6.8 (tags/v3.6.8:3c6b436a57, Dec 24 2018, 00:16:47) [MSC v.1916 64 bit (AMD64)] on win32
Type "help", "copyright", "credits" or "license()" for more information.
>>> print("你好，Python")
你好，Python
>>>

图 1.2 IDLE 提供的 Shell 命令交互窗口

默认环境的优点是安装包小，反应速度快，能够快速验证各种指令和简单的程序；缺点是不适合构建复杂程序，缺少调试工具，命令提示不友好，多文件管理不方便。

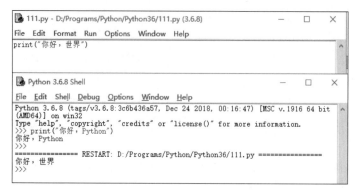

图 1.3   IDLE 提供的文件编程方式

1.2.2   PyCharm 开发环境

PyCharm 是由 JetBrains 公司打造的一款 Python IDE，它提供了免费的社区版 (Community Edition)和需要付费的专业版(Professional)。对于学习者而言，使用免费的社区版就可以满足所有要求。在附录 A 中说明了该软件的获得方式、安装方法和基本的使用方法。

PyCharm 的特点是适合编写 Python 多指令程序，提供完善的项目文件管理模式，提供了方便的调试工具，具有便捷的命令提示模式，能够提供完善的帮助文件，是目前进行 Python 工程开发使用最多的工具。本书中复杂的程序均采用 PyCharm 进行编写和调试，也推荐读者使用此软件进行程序的编写。

1.2.3   Anaconda 开发环境

Anaconda 是一个开源的 Python 发行版本，包含了 Conda、Python 等 180 多个科学包及其依赖项。通过安装此环境，能够快速地配置构建一个用于科学研究的 Python 程序编写环境，因为基本的科学库(如 NumPy、Pandas、Matplotlib 等库)都已经安装完成。

在 Anaconda 中采用最多的工具是 Jupyter Notebook 编程工具，它提供了一种基于浏览器的编程环境，可以实现单步语句块的执行，方便程序的调试，尤其适合在科学研究中使用，其运行界面如图 1.4 所示。

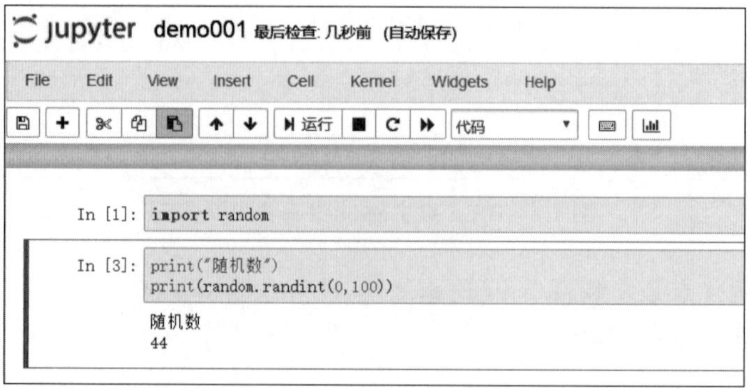

图 1.4   Jupyter Notebook 运行界面

Jupyter Notebook 是一款开放源代码的 Web 应用程序，可以创建并共享代码和文档。它提供了一个环境，可以在其中记录代码、运行代码、查看结果、可视化数据并查看输出结果。这些特性使其成为一款执行端到端数据科学工作流程的便捷工具，可以用于数据清理、统计建模、构建和训练机器学习模型、可视化数据以及许多其他用途。如果需要使用此软件，可以访问官方网站 https://www.anaconda.com/免费获得。

1.2.4　VS Code

VS Code(Visual Studio Code)是微软公司开发的一款免费的运行于 Mac OS X、Windows 和 Linux 之上的、用于编写现代 Web 应用和云应用的跨平台源代码编辑器。它通过插件的形式提供对各种主流编程语言的支持，具有体积小、跨平台、运行快的优势。但是，如果想在此平台上进行 Python 程序的编写，需要提前进行一系列的环境配置，一般是专业的编程工程师使用。

如果想获得此软件，可以访问其官方网站 https://code.visualstudio.com/获得，如图 1.5 所示。其使用界面类似于 PyCharm，具有良好的操作性能。

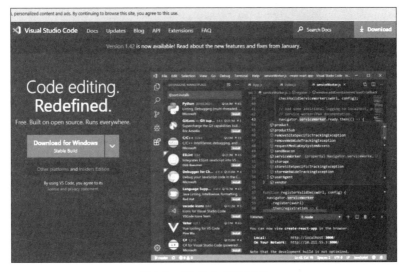

图 1.5　VS Code 官方网站

以上仅介绍了常用的 Python 开发环境，其实 Python 程序的编写只要有一个文本编辑器就可以，这么多工具提供的只是方便的编译和调试功能。其他常见的集成开发环境还有 Spyder、Eclipse＋PyDev、PythonWin 等，读者可以自由选取。

1.3　代码编写与执行方法

1.3.1　Python 语言的书写规则

1. 大小字母区分

Python 执行严格的大小写区分，字母 A 和 a 在程序中代表不同含义。编写程序时一定要严格注意区分大小写。

2. 半角符号

在 Python 中编写程序输入的各种标点符号,如逗号、句号、冒号、单引号、双引号等都要求是英文半角符号。虽然 Python 语言提供对中文的支持,但建议中文字符只使用在字符串的输入/输出中。

3. 缩进格式控制

在 Python 中,如果需要多条语句在同一级构成一个语言块,那么它们必须具有相同的缩进结构。如图 1.6 所示,第 6 行和第 7 行代码是同一级缩进,构成一个语句块。

4. 两种注释方式

Python 提供了两种注释方式:一种是♯开头的单行注释,只能放在一行中;另一种是两个三引号之间的多行注释方式,如图 1.6 所示。

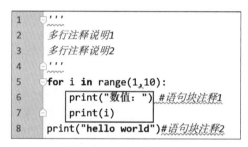

图 1.6　缩进及注释格式

1.3.2　命令行交互执行方式

Python 语言共有两种程序执行方式,最简单的就是命令执行方式,主要用来验证简单的 Python 命令,快速看到运行结果。其缺点是不能保存程序代码,不适合编写程序文件。

1. 启动命令交互窗口

方法一,Windows 命令方式。

在 Windows 操作系统的"开始"菜单中,右击,运行"开始"命令。在命令窗口中输入"cmd"命令,然后在弹出窗口中输入"python"并按回车键,即可进入命令交互窗口。

方法二,利用 IDLE 的 Shell 窗口(推荐使用)。

在 Windows"开始"菜单中,找到 Python 3.6 文件夹,单击里面的 IDLE 命令,就可以运行如图 1.7 所示的命令交互窗口。

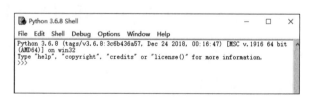

图 1.7　IDLE 命令交互窗口

2. 命令输入与运行

在交互窗口模式下，"＞＞＞"符号代表等待输入程序代码。输入程序代码后，按回车键，开始执行代码，如果代码有输出结果，则在下一行输出对应的结果。然后在新的一行再等待下条指令的输入，如图 1.8 所示。

3. 数据的存储

在命令行模式下，只要不关闭窗口，输入的数据都存储在内存中，可以随时调用。如图 1.9 所示，用命令行模式编写一段程序，先输入变量 a，赋值为 1，再输入变量 b，赋值为 2，最后进行运算 c＝a＋b，利用 print 函数输出结果 c。从代码的结果可以看出，变量 a、b 和 c 虽然在不同行输入，但都存储到内存中了，可以随时调用和使用。

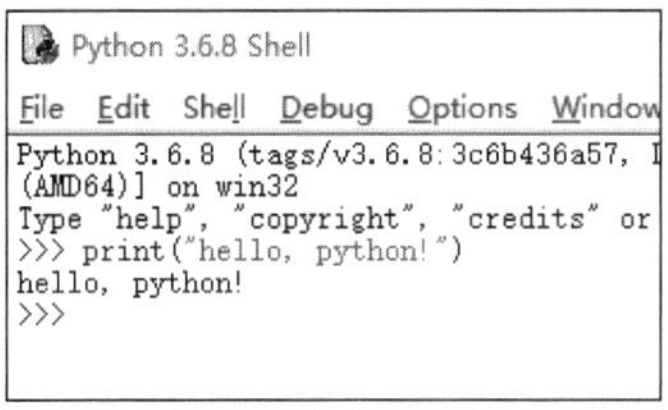

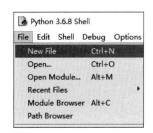

图 1.8　交互窗口执行命令

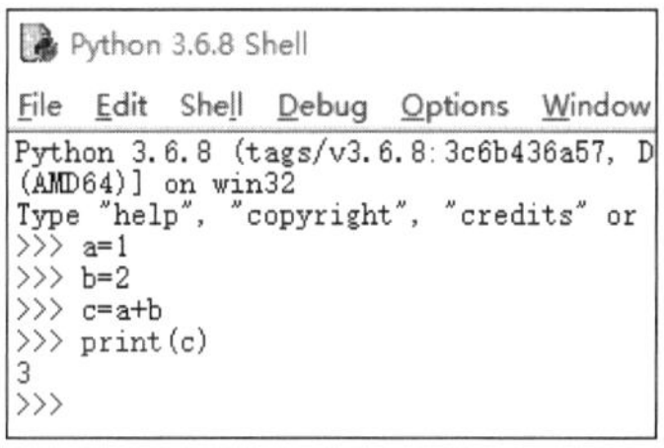

图 1.9　窗口编程的数据存储

1.3.3　程序文件执行方式

命令行模式虽然简单，但不适于程序代码的存储和二次利用。在编写程序中一般采用文件的形式进行程序代码的存储，然后利用集成开发环境运行此文件即可。对于 Python 语言，其文件的扩展名为 py。

1. IDLE 中 Python 程序文件的创建与运行

（1）首先在"开始"菜单中运行 IDLE 交互窗口，然后在窗口的菜单 File 中单击 New File 命令，弹出一个文件编辑窗口，在其中就可以输入程序代码，如图 1.10 所示。

图 1.10　调用文件编辑窗口

（2）程序编写完后，单击编辑窗口中的 Run 菜单命令，然后选取 Run Module 命令，就可以运行程序文件。程序结果显示在交互窗口中，如图 1.11 所示。

（3）要保存程序文件，单击编辑窗口 File 菜单下 Save 命令即可，也可以用快捷键 Ctrl＋S 来存储。存储文件的默认文件扩展名为 py。

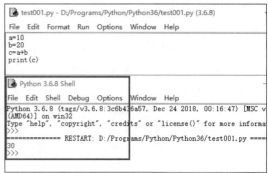

图 1.11 程序文件运行

2. PyCharm 中 Python 文件的创建与运行

在附录 A 中有详细的 PyCharm 的使用方法。PyCharm 是目前在实际工程开发中使用最多的 Python 开发环境,提供了方便的交互和帮助功能。

在本书的编写中,采用了命令行模式和程序文件模式相结合的方式。对于简单的语法说明,采用命令行形式,利用">>>"表示代码输入,没有此符号的代码则代表输出。对于程序文件,采用 PyCharm 进行程序的编写与调试。为了讲解清晰,在每行代码前提供了行号,方便读者阅读,如图 1.12 所示。

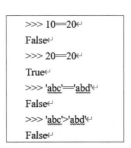

```
编写程序如下:
1    import math
2    a=float(input('请输入三角形的边长 a: '))
3    b=float(input('请输入三角形的边长 b: '))
4    c=float(input('请输入三角形的边长 c: '))
5    h=(a+b+c)/2
6    area=math.sqrt(h*(h-a)*(h-b)*(h-c))   #三角形面积
7    print(str.format("三角形三边分别为: a={0},b={1},c={2}",a,b,c))
8    print(str.format("三角形的面积={0}",area))
```

图 1.12 代码编写形式

1.4 Python 案例讲解

1.4.1 简单输入/输出程序

【例 1-1】 编程实现输入密码验证功能。

分析:程序需要实现三部分功能,一是密码的输入,二是密码的判断,三是结果的输出。

编写程序如下:

```
1    '''
2    程序功能描述:
3    从键盘输入字符串,输出处理结果
```

```
4    '''
5    s1=input("请输入密码:")              #等待键盘输入密码
6    if s1=="Python":                    #判断密码
7        s2="密码正确:"
8        s3 = s2 + s1
9    else:
10       s2="密码错误:"
11       s3 = s2 + s1
12   print(s3)                           #输出处理结果
```

运行结果:

请输入密码: *Python*　　请输入密码: *python*
密码正确:**Python**　　密码错误: **python**

程序分析:代码的第 1～4 行为采用三引号的多段文字的注释。第 5 行的 input() 函数用于从键盘输入数据,赋值给变量 s1,括号内的"请输入密码:"是提示文字,可以修改。第 5 行 ♯ 符号后面的内容为单行注释内容。第 6～11 行为输入密码的处理部分,其中第 7～8 行具有相同的缩进,构成一个语句块,当密码正确时执行。第 10～11 行具有相同的缩进,构成一个语句块,当密码错误时执行。第 12 行为最后的输出结果,print() 函数的括号中为输出的内容。

1.4.2　turtle 绘制蟒蛇程序

【例 1-2】　利用 turtle 库绘制一条蟒蛇。
编写程序如下:

```
1    #蟒蛇绘制
2    import turtle                       #turtle 图像绘制库的导入
3    tl=turtle.Turtle()                  #定义一个海龟绘图对象
4    pythonsize =20                      #线条宽度
5    tl.pensize(pythonsize)              #运行轨迹的宽度
6    tl.pencolor('blue')                 #运行轨迹的颜色
7    tl.seth(-40)                        #运行的方向
8    rad=40;angle=80;len=3;neckrad=pythonsize/2
9    for i in range(len):                #绘制弧的数量
10       tl.circle(rad,angle)            #弧形移动位置和弧度
11       tl.circle(-rad,angle)
12   tl.circle(rad,angle/2)
13   tl.fd(rad)                          #直线移动距离
14   tl.circle(neckrad+1, 180)
15   tl.fd(rad * 2/3)
16   tl.screen.mainloop()               #画面保持
```

运行结果:

程序分析：第2行代码利用import关键字导入turtle绘图库。第3行创建一个海龟对象tl,后续代码都用此对象进行绘图。第5～7行设置绘图海龟的各种参数。第8行定义了多个变量供后续编程使用。如果需要在一行输入多条语句,可以利用分号";"进行连接;否则,一行只能输入一条语句。第9～11行为循环语句,实现蟒蛇弧形身体的绘制。第12～15行为绘制蟒蛇的头部分。第16行的作用是保持画面不消失。

实验一　　Python 环境与基本操作实验

一、实验目的
(1) 掌握 IDLE 集成开发环境的使用方法。
(2) 掌握 PyCharm 集成开发环境的使用方法。
(3) 掌握 Python 程序的书写规则。
(4) 理解 Python 简单程序的编辑和调试方法。

二、实验内容
(1) 利用 IDLE 输入例 1-1 和例 1-2 代码,并调试执行。
(2) 利用 PyCharm 输入例 1-1 和例 1-2 代码,并调试执行。
(3) 修改例 1-1 代码,实现密码正确时,输出"Hello World"。
(4) 修改例 1-2 代码,把蟒蛇颜色修改为红色,身体长度为原来的 2 倍。

习　　题　　一

一、选择题
1. Python 语言属于(　　)。
    A. 机器语言   B. 汇编语言
    C. 高级语言   D. 以上都不是
2. 在下列选项中,不属于 Python 语言特点的是(　　)。
    A. 面向对象   B. 运行效率高
    C. 可移植性   D. 免费和开源
3. Python 内置的集成开发工具是(　　)。
    A. Jupyter Notebook   B. PyCharm
    C. Spider   D. IDLE
4. Python 交互命令窗口提示符为(　　)。
    A. >   B. >>
    C. >>>   D. #

二、填空题
1. Python 语言是一种(　　)型计算机程序设计语言。
2. Python 语言的单行注释符号是(　　),多行注释符号是(　　)。
3. Python 语言自带的集成开发环境缩写是(　　)。

三、问答题

1. Python 语言的特点是什么？

2. Python 语言的主要应用领域是什么？

3. 如何理解 Python 语言是一种解释型语言？

4. 什么是 Python 源代码文件？如何运行 Python 源代码文件？

第2章

基本数据类型与运算

计算机图灵奖获得者、Pascal 编程语言之父尼古拉斯·沃斯(Niklaus Wirth)提出"程序＝算法＋数据结构",数据是程序的支撑基础。本章从 Python 语言支持的数据类型介绍入手,重点讲解常用基本数据类型(整型、浮点型、字符串型)的用法。读者需要理解 Python 中变量的命名规则,重点掌握基本数据类型的定义、数值运算符和字符串的使用方法,掌握标准输入/输出函数的使用方法。

2.1　数据类型概述

计算机程序设计的两个重要方面,是数据和程序控制。数据是信息的表示形式,是程序处理的对象,并且程序处理的结果也需要数据来表示和存储。在 Python 程序设计中,数据类型包括基本数据类型、组合数据类型和其他类型,如表 2.1 所示。

表 2.1　Python 数据类型

数据类型	基本数据类型	数值类型 (不可变)	整型(int)
			浮点型(float)
			复数型(complex)
		布尔型(bool)(不可变)	
		空类型(null)(不可变)	
	组合数据类型	列表(list)(可变)	
		元组(tuple)(不可变)	
		字符串(str)(不可变)	
		字典(dict)(可变)	
		集合(set)(可变)	
	其他类型(range、map、zip 等)		

2.2　常量与变量

常量是指在程序运行过程中,其值始终保持不变的量。例如,123、3.14、1.23e2 为数值类型的常量,"Python 程序设计"为字符串类型常量,[1,2,3,4,5]为列表类型常量。布尔型(bool)常量只有 True(真)、False(假)两个,常用于关系或逻辑判断。在程序运行过程中其值可能发生变化的量,称为变量。

2.2.1　标识符的命名规则

在使用变量之前,不需要显式地声明变量及其类型,但需要为其命名。变量的命名遵循标识符的命名规则。标识符是一个字符序列,用于标记变量名、函数名、类名、模块名和其他对象名等。简单地说,标识符就是一个名字,用于区分不同的对象。在 Python 中,标识符的命名规则如下:

(1) 只能以字母或下画线开头,不能以数字开头。

(2) 不能使用空格、标点符号、特殊符号等,可以使用下画线。

(3) 不能使用 Python 的关键字。

(4) 对英文字母的大小写敏感,例如 XY、Xy、xY、xy 均为不同的变量。

例如,下面标识符是合法的:

stu1、stu_1、_stuname、Stu、姓名

而下面标识符是不合法的:

```
5x                          #不允许以数字开头
x-y                         #不允许有减号
Ab c                        #不允许有空格
for                         #不允许用 Python 关键字
```

2.2.2　变量

1. 变量的定义形式

变量赋值的基本语法格式如下:

<变量名>=<表达式>

变量赋值语句的执行过程是:计算等号右侧表达式的值,将其赋给左侧的变量。这里的等号为**赋值符号**。

也可以为多个变量赋同一个值,语法格式如下:

<变量名 1>…=<变量名 N>=<表达式>

还可以同时为多个变量赋不同的值,语法格式如下:

<变量名 1>, … , <变量名 N>=<表达式 1>, … , <表达式 N>

例如:

```
>>>x=3                      #变量 x 赋值为 3
>>>x                        #输出 x 的值
    3                       #x 的输出结果为 3
>>>x=y=5                    #变量 x 和 y 均赋值为 5
```

```
>>>x=x+2                          #x 赋值为 x+2,其值为 7
>>>x,y=y,x                        #互换 x 和 y 的值
>>>x
    5
>>>y
    7
```

注意：语句 x,y＝y,x 是同时赋值,不等价于先 x＝y,再 y＝x。

2. 变量在内存中的管理

在执行语句 x=3 时,先将整数 3 保存在内存中,再创建变量 x 并指向该内存地址。Python 采用基于值的内存管理模式,当不同变量赋值相同时(−5～256 的整数和短字符串),这个值在内存中只有一份,多个变量指向同一内存地址。变量中不是直接存储值,而是值的内存地址或引用,因此变量的类型也可以变化。例如：

```
>>>x=3
>>>y=3
>>>id(x)                          #函数 id()返回变量 x 的内存地址
    1926595376
>>>id(y)
    1926595376
>>>x=1234
>>>y=1234
>>>id(x)
    2244704167568
>>>id(y)
    2244704167216
>>>type(x)                        #函数 type()返回 x 的类型
    <class 'int'>                 #输出 x 的类型为整型
>>>x="Hello World!"
>>>type(x)
    <class 'str'>                 #输出 x 的类型为字符串型
```

2.2.3　关键字

关键字又称为保留字,是系统预先规定的,在语法上有固定的含义,用于表示系统提供的常量、运算符、函数、语句结构等。用户在自定义变量时,不能使用关键字进行变量的定义。Python 提供的关键字有 33 个,如表 2.2 所示。

表 2.2　Python 的关键字

and	del	global	not	with
as	elif	if	or	yield
assert	else	import	pass	True

break	except	in	raise	False
class	finally	is	return	None
continue	for	lambda	try	
def	from	nonlocal	while	

Python 的关键字也对大小写敏感。例如，True 是关键字，而 true 则不是。

2.3　数值型数据操作

2.3.1　数值型数据

1. 整型

整型(int)能精确表示数，与数学中的整型概念一致，如 123、0、−45。Python 中的整型没有大小限制，只受限于计算机内存大小。整型默认为十进制表示，也可用二进制、八进制、十六进制表示。

- 二进制数以 0b 或 0B 引导，如 0b11 或 0B1010。
- 八进制数以 0o 或 0O 引导，如 0o35 或 0O477。
- 十六进制数以 0x 或 0X 引导，如 0x12 或 0X13F。

2. 浮点型

浮点型(float)是指带有小数部分的数，与数学中的实数概念一致。浮点型有两种表示方法：标准浮点表示和科学计数法表示。标准浮点表示，如 12.3、68.00、−0.45。科学计数法表示形式为：

<尾数>e|E<指数>

其中尾数、指数都不能为空，指数必须为整数，e 与 E 通用。

例如，1.23e5 表示 1.23×10^5，与 12.3E4、0.123e6 的值相同。12.3e-4 表示 12.3×10^{-4}，与 1.23E-3、0.123E-2 的值相同。

3. 复数型

复数型(complex)与数学中的复数概念一致。复数型表示形式为：

<实部>+<虚部>j|J

其中实部和虚部为浮点型数值，虚部不能为空，j 与 J 通用。

例如，1.2+3j、5+7.9J 都是复数。

2.3.2　数值运算符

数值运算符用于对数值型数据进行运算。Python 提供的内置数值运算符，如表 2.3 所示。

表 2.3   Python 的数值运算符

运算符	名称	优先级	功能说明	示例	结果
**	乘方	1	幂运算	10**4	10000
*	乘	2	算术乘法	10 * 4	40
/	除		浮点数除法	10/4	2.5
//	整除		求整数商,若操作数中有实数,结果为实数形式的整数	10//4	2
%	取余		求余数	10%4	2
+	加	3	算术加法	10+4	14
—	减		算术减法	10-4	6

1. 隐式类型转换

在数值型数据运算中,若有不同类型的数值型数据,Python 以"**整型→浮点型→复数型**"的顺序进行自动类型转换。若有复数型对象,则其他对象自动转换为复数型,结果为复数型。若有浮点型对象,则其他对象自动转换为浮点型,结果为浮点型。例如:

```
>>>10.2 * 3
    30.599999999999998
>>>10/3
    3.3333333333333335
>>>10.2//3
    3.0
>>>10.0//3
    3.0
>>>-10//3
    -4
>>>10.2%3
    1.1999999999999993
>>>10.0%3
    1.0
>>>2.1+4+5j
    (6.1+5j)
>>>3.1-1.2
    1.9000000000000001
```

由于计算机内部采用二进制运算,所以浮点型运算时会产生误差。浮点数运算结果最长可输出 17 位数字,其中前 15 位是准确的。因此,若要得到完全准确的运算结果,可以将小数点去掉,当作整数运算,最后将小数点放在结果的相应位置。

```
>>>(31-12)/10                #计算 3.1-1.2
    1.9
>>>102 * 3/10                #计算 10.2 * 3
```

```
    30.6
```

2. 运算优先级

Python 规定了运算符的优先级，因此在表达式求值时，按照优先级从高到低执行。例如，表 2.3 中的乘方优先级别为 1，级别最高，最先计算。优先级别相同的运算符，从左到右执行计算。也可以使用小括号调整运算顺序。

3. 复合赋值运算符

数值运算符和赋值符号，可以组成复合赋值运算符。例如，x+=1 相当于 x=x+1。

```
>>>x=5
>>>x=x*6
>>>x
    30
>>>x=5
>>>x*=6
>>>x
    30
```

2.3.3　数值运算函数

Python 提供了大量的内置函数，它们是系统为实现一些常用特定功能而设置的内部程序，可供用户直接调用。常用的数值运算函数如表 2.4 所示。

表 2.4　Python 的数值运算函数

函　　数	功 能 说 明	示　　例	结果
abs(x)	返回 x 的绝对值。若 x 为复数，则返回 x 的模	abs(−23)	23
divmod(x,y)	返回 x 除以 y 的商和余数	divmod(7,3)	(2,1)
pow(x,y[,z])	返回 x 的 y 次幂。若指定 z，则为 pow(x,y)%z	pow(10,2)	100
round(x[,n])	返回 x 四舍五入的整数值。若指定 n，则保留 n 位小数	round(12.345,2)	12.35
max(x1,x2,…,xn)	返回 x1,x2,…,xn 的最大值	max(1,3,5,2,4)	5
min(x1,x2,…,xn)	返回 x1,x2,…,xn 的最小值	min(1,3,5,2,4)	1

注意：若无特别说明，表中的省略号(…)表示该参数可以省略。

```
>>>abs(1+2j)
    2.23606797749979
>>>pow(10,2,9)
    1
>>>round(12.345)
    12
```

2.3.4　数值类型转换函数

Python 在进行不同类型的数值型数据运算时,会进行隐式类型转换,也可以使用内置的数值类型转换函数进行显式类型转换。数值类型转换函数如表 2.5 所示。

表 2.5　数值类型转换函数

函　数	功 能 说 明	示　例	结果
int(x)	将 x 转换为整数,截断取整	int(15.8)	15
float(x)	将 x 转换为浮点数	float(15)	15.0
complex(x[,y])	返回复数 x+yj。若省略 y,则为 x+0j	complex(1,2)	(1+2j)

对于复数,可以使用.real 和.imag 获得其实部和虚部。

```
>>>z=1+2j
>>>z.real
    1.0
>>>z.imag
    2.0
```

type(x)函数可以返回 x 的类型,适用于对所有类型的判断。

```
>>>type(10)
    <class 'int'>
>>>type(10.0)
    <class 'float'>
>>>type(1+2j)
    <class 'complex'>
```

2.4　字符串型数据操作

2.4.1　字符串型数据

字符串是一个有序的字符集合,可以是 Unicode 字符。字符串型(str)数据表示方法如下。

(1) 单引号:如'12.3','abcde','Python 程序设计'。单引号中可以包含双引号。

(2) 双引号:如"12.3+5","a","Python3.X 程序设计"。双引号中可以包含单引号。

(3) 三单引号或三双引号:如'''AB''',"""Python 程序设计"""。三引号中的字符可以换行。

```
>>>print("Hello")
    Hello
>>>print("hel'AAA'lo")
    hel'AAA'lo
```

```
>>>print("helAAA'lo")
    helAAA'lo
>>>print("""hel'AAA'lo""")
    hel'AAA'lo
>>>print('''Hello
        AAA''')
    Hello                          #这是输出的结果,包括两行
    AAA
```

还有一类特殊的字符,即转义字符,它以反斜杠开头,后跟一个字母,组合起来表示一种新的含义。常用转义字符如表 2.6 所示。

表 2.6　常用转义字符

转义字符	功 能 说 明	转义字符	功 能 说 明
\\	反斜杠	\a	响铃
\'	单引号	\t	水平制表符
\"	双引号	\v	垂直制表符
\n	换行	\b	退格(Backspace)
\r	回车	\ooo	八进制数 ooo 代表的字符
\f	换页	\xhh	十六进制数 hh 代表的字符

```
>>>s="学校\t\t 学生人数\t 地址\n 华北科技学院\t17000\t\t 北京东燕郊"
>>>print(s)                    #使用\t 实现数据对齐,\n 实现换行
    学校          学生人数    地址
    华北科技学院   17000       北京东燕郊
```

2.4.2　字符串基本操作

Python 提供了一些内置的常用字符串操作符,如表 2.7 所示,这里假设 s＝'Python'。

表 2.7　字符串操作符

操作符	功 能 说 明	示例	结果
＋	字符串连接	'he'＋'llo'	'hello'
*	字符串重复	"he" * 3 3 * "he"	'hehehe' 'hehehe'
[N]	索引,返回第 N 个字符	s[2]	't'
[M:N]	切片,返回从 M 到 N 个字符,不包含第 N 个字符,M 默认值为 0,N 默认值为 len(s)	s[2:4]	'th'
[M:N:K]	步长切片,返回从 M 到 N 个字符以 K 为步长的子串,K 默认值为 1	s[0:4:2]	'Pt'

续表

操作符	功 能 说 明	示例	结果
in	字符是否在字符串中,是则返回 True,否则返回 False	'k' in s 'th' in s	False True
not in	字符不在字符串中,是则返回 True,否则返回 False	't' not in s	False

字符串中的字符索引编号可以有两种方法。

(1) 从 0 开始递增,从左到右对每个字符编号。中文字符和英文字符都算一个字符。

(2) 从 −1 开始递减,从右到左对每个字符编号。

```
>>>s="Python 程序设计"
>>>s[0]
    'P'
>>>s[1]
    'y'
>>>s[9]
    '计'
>>>s[-1]
    '计'
>>>s[-10]
    'P'
>>>s[2:-2]
    'thon 程序'
>>>s[2:]                    #这里省略了参数 N,但冒号不能省略
    'thon 程序设计'
>>>s[:2]                    #这里省略了参数 M,但冒号不能省略
    'Py'
>>>s[:]                     #省略了参数 M 和 N
    'Python 程序设计'
>>>s[5:1:-2]               #步长为负数,返回索引为 5 和 3 的字符
    'nh'
>>>s[::-1]                 #省略 M 和 N,步长为-1,字符串倒序
    '计设序程 nohtyP'
```

2.4.3 字符串内置函数

Python 提供了一些内置的字符串处理函数,如表 2.8 所示。

表 2.8   字符串处理函数

函数	功 能 说 明	示 例	结果
len(x)	返回 x 的长度,即字符个数	len('Python 程序设计')	10
str(x)	返回 x 对应的字符串形式	str(12.3)	'12.3'
chr(x)	返回 x 对应的字符	chr(65)	'A'

函数	功能说明	示例	结果
ord(x)	返回单个字符 x 的 Unicode 编码	ord('a')	97
hex(x)	返回整数 x 对应的十六进制字符串	hex(20)	'0x14'
oct(x)	返回整数 x 对应的八进制字符串	oct(20)	'0o24'

2.4.4　字符串内置方法

Python 提供了很多内置的字符串方法,如表 2.9 所示,这里假设 s＝"Python 程序设计",r＝"good good study!"。

表 2.9　字符串内置方法

方　法	功能说明	示　例	结　果
lower()	转换为小写	s.lower()	'Python 程序设计'
upper()	转换为大写	s.upper()	'PYTHON 程序设计'
capitalize()	转换为首字母大写,其余小写	r.capitalize()	'Good good study!'
title()	转换为各单词首字母大写	r.title()	'Good Good Study!'
swapcase()	大小写互换	s.swapcase()	'pYTHON 程序设计'
islower()	返回是否全为小写,是返回 True,否则返回 False	r.islower()	True
isupper()	返回是否全为大写,是返回 True,否则返回 False	r.isupper()	False
isspace()	返回是否全为空格,是返回 True,否则返回 False	r.isspace()	False
isnumeric()	返回是否全为数字字符,是返回 True,否则返回 False,支持汉字数字、罗马数字	"123 四⑤Ⅵ".isnumeric()	True
isdigit()	返回是否全为数字字符,是返回 True,否则返回 False	"123⑤".isdigit()	True
isdecimal()	返回是否全为十进制数字字符,是返回 True,否则返回 False	"123".isdecimal()	True
isalpha()	返回是否全为字母,是返回 True,否则返回 False	s.isalpha()	True
isalnum()	返回是否全为字母或数字,是返回 True,否则返回 False	r.isalnum()	False
isprintable()	返回是否全为可打印的,是返回 True,否则返回 False	s.isprintable()	True

续表

方　　法	功 能 说 明	示　　例	结　　果
startswith(x[,M[,N]])	返回[M,N)内的字符串是否以 x 开头,是返回 True,否则返回 False。M 默认值为 0,N 默认值为 len(s)	r.startswith("go")	True
endswith(x[,M[,N]])	返回[M,N)内的字符串是否以 x 结尾,是返回 True,否则返回 False	r.endswith("dy!")	True
count(sub[,M[,N]])	返回[M,N)内的字符串中,sub 子串出现的次数	r.count("go")	2
index(sub[,M[,N]])	返回[M,N)内的字符串中,sub 子串首次出现的位置,不存在则报错	r.index("go")	0
rindex(sub[,M[,N]])	返回[M,N)内的字符串中,从右到左 sub 子串首次出现的位置,不存在则报错	r.rindex("go")	5
find(sub[,M[,N]])	返回[M,N)内的字符串中,sub 子串首次出现的位置,不存在则返回−1	r.find("go")	0
rfind(sub[,M[,N]])	返回[M,N)内的字符串中,从右到左 sub 子串首次出现的位置,不存在则返回-1	r.rfind("go")	5
replace(old,new[,N])	替换字符串中所有 old 子串为 new。替换次数 N 默认值为−1,无限制	r.replace ("good","day")	'day day study!'
split([sep[,N]])	使用分隔符 sep 分隔字符串,返回列表。sep 默认为空白字符,最大分隔次数 N 默认值为−1,无限制	r.split()	['good', 'good', 'study!']
rsplit([sep[,N]])	使用分隔符 sep,从右到左分隔字符串,返回列表	r.rsplit(" ",1)	['good,' good 'study!']
partition(sep)	使用分隔符 sep 分隔字符串为三部分,返回元组(sep 左边字符,sep,sep 右边字符)	r.partition(" ")	('good', ' ', 'good study! ')
rpartition(sep)	使用分隔符 sep,从右到左分隔字符串为三部分,返回元组(sep 左边字符,sep,sep 右边字符)	r.rpartition(" ")	('good good', ' ', 'study!')
join(iterable)	使用字符串,连接组合 iterable 的每个元素	",".join("hello")	'h,e,l,l,o'
strip([chars])	删除字符串两边的 chars 字符,chars 默认值为空白字符	" hello ".strip()	'hello'

续表

方　　法	功 能 说 明	示　　例	结　　果
lstrip([chars])	删除字符串左边开头的 chars 字符,chars 默认值为空白字符	"kkhellokk".lstrip("ok")	'hellokk'
rstrip([chars])	删除字符串右边开头的 chars 字符,chars 默认值为空白字符	"kkhellokk".rstrip("ok")	'kkhell'
zfill(width)	左填充,使用 0 填充字符串到长度为 width	"hello".zfill(9)	'0000hello'
center(width[,char])	两边填充,使用 char 填充字符串到长度为 width,字符串居中。char 默认值为空格	"hello".center(9," * ")	'**hello**'
ljust(width[,char])	左对齐填充,使用 char 填充字符串到长度为 width	"hello".ljust(9," * ")	'hello****'
rjust(width[,char])	右对齐填充,使用 char 填充字符串到长度为 width	"hello".rjust(9," * ")	'****hello'
format()	格式化字符串	"{: * ^9}".format("hello")	'**hello**'

1. 字符串内置方法返回值特点

字符串内置方法中对字符串进行改变的操作,都是返回新字符串,而原字符串不变。

```
>>>r="good good study!"
>>>r.upper()
    'GOOD GOOD STUDY!'
>>>r                          #字符串 r 的值没变
    'good good study!'
>>>t=r.upper()                #将返回的新字符串赋值给变量 t
>>>id(r)
    1360643934368
>>>id(t)                      #r 和 t 内存地址不同
    1360643934080
```

2. startswith()、endswith()、count()、index()、rindex()、find()和 rfind()方法使用

涉及查找范围的方法,查找范围[M,N)中包括第 M 个字符,但不包括第 N 个字符。字符串索引编号从左到右,从 0 开始递增,或者从右到左,从一1 开始递减都可以。

```
>>>r="good good study!"
>>>r.startswith("go",5)
    True
>>>r.startswith("go",5,7)
    True
>>>r.endswith("stu",5,12)
```

```
      False
>>>r.endswith("stu",5,13)
      True
>>>r.endswith("stu",5,-3)
      True
>>>r.count("go",2,9)
      1
>>>r.count("ok")                          #不存在"ok",返回 0
      0
>>>r.index("go",2,7)
      5
>>>r.rindex("go",6,10)                     #在[6,10)中不存在"go",报错
      Traceback (most recent call last):
        File "<pyshell#197>", line 1, in <module>
            r.rindex("go",6,10)
      ValueError: substring not found
>>>r.rfind("go",6,10)                      #在[6,10)中不存在"go",返回-1
      -1
```

3. split()和 rsplit()方法使用

若不指定分隔符,则字符串中的任何空白字符(空格、换行符、制表符等)都被认为是分隔符,连续多个空白字符视为一个分隔符。若指定分隔符,则连续多个分隔符视为独立的。另外,当最大分隔次数大于可分隔次数时无效。

```
>>>r="good\n\ngood\tstudy!"              #\n 与\t 都是空白字符
>>>r.split()                             #不指定分隔符,连续多个\n 视为一个
    ['good', 'good', 'study!']
>>>r.split("\n")                         #指定分隔符,连续多个\n 视为独立的
    ['good', '', 'good\tstudy!']
>>>r="good good study!"
>>>r.split("ood")
    ['g', 'g', ' study!']
>>>r.split("ood",5)                      #分隔次数大于可分隔次数时,无效
    ['g', 'g', ' study!']
>>>r.rsplit("ood",1)
    ['good g', ' study!']
>>>r.rsplit("ok")                        #字符串 r 中,不存在"ok"
    ['good good study!']
```

4. partition()和 rpartition()方法使用

分隔字符串,若指定的分隔符不在原字符串中,则返回原字符串和两个空字符串。

```
>>>r="good good study!"
>>>r.partition("ood")
```

```
   ('g', 'ood', ' good study!')        #元组
>>>r.rpartition("ood")
   ('good g', 'ood', ' study!')
>>>r.partition("ok")                   #字符串 r 中,不存在"ok"
   ('good good study!', '', '')
```

5. strip( )、lstrip( )和 rstrip( )方法使用

删除原字符串的两边、左边、右边的指定字符串。指定字符串并不视为一个整体。例如,strip()方法是在原字符串的两边,逐个字符比较,若该字符在指定字符串中,则删除,然后继续向中间查找,若该字符不在指定字符串中,则查找结束。

```
>>>"\n\nHello\t".strip()
   'Hello'
>>>"kkhellokk".strip("ko")
   'hell'
>>>"kkhellokk".strip("ok")
   'hell'
>>>"kkhellokk".replace("ok","")        #用空字符串""替换"ok",相当于整体删除"ok"
   'kkhellk'
```

2.4.5　字符串格式化方法

字符串格式化方法 format()的基本语法格式如下:

```
<格式字符串>.format(<参数列表>)
```

其中,格式字符串可以由多个占位符{ }组成,占位符的语法格式为:

```
{<参数序号>:<格式控制标记>}
```

而格式控制标记用来控制参数显示格式,它包括 6 个字段:

```
<填充><对齐><宽度>  ,  <.精度><类型>
```

这些字段都是可选的,也可以组合使用,各字段表示的含义如表 2.10 所示。

表 2.10　格式控制标记字段说明

字段	功 能 说 明	示例
<填充>	填充字符,可以是除{ }外的任意字符,默认为空格	*
<对齐>	对齐方式:<表示左对齐,>表示右对齐,^表示居中对齐	^
<宽度>	设定输出宽度,如实际宽度大于设定值,则按实际宽度,否则填充字符	10
,	千位分隔符,适用于整数和浮点数	,
<.精度>	浮点数的小数部分有效位数,或字符串的最大长度	.2
<类型>	整数和浮点数的格式	f

格式控制标记的类型字段包括 10 种,如表 2.11 所示。

表 2.11　类型格式说明

格式字符	功 能 说 明	格式字符	功 能 说 明
b	二进制数	c	对应的 Unicode 字符
d	十进制数	o	八进制数
x	小写十六进制数	X	大写十六进制数
e	小写 e 的科学计数法	E	大写 E 的科学计数法
f	标准浮点形式	%	百分形式

1. 参数序号的使用

```
>>>"学校为{0},学生数为{1},地址为{2}".format("华北科技学院",17000,"北京东燕郊")
    '学校为华北科技学院,学生数为 17000,地址为北京东燕郊'
```

format()中的三个参数从左到右依次对应序号 0、1、2,参数序号默认从 0 开始。输出时占位符中将替换为对应序号的参数值。例如,{0}替换为"华北科技学院",{1}替换为17000,{2}替换为"北京东燕郊"。

若参数与占位符从左到右依次对应,则可以省略参数序号。

```
>>>"学校为{},学生数为{},地址为{}".format("华北科技学院",17000,"北京东燕郊")
    '学校为华北科技学院,学生数为 17000,地址为北京东燕郊'
```

占位符中的参数序号可以不按照从小到大的顺序,可以不使用某些序号,也可以重复使用某些序号。例如:

```
>>>"学校为{2},学生数为{0},地址为{1}".format("华北科技学院",17000,"北京东燕郊")
    '学校为北京东燕郊,学生数为华北科技学院,地址为 17000'
>>>"学校为{2},学生数为{0},地址为{1}".format(17000,"北京东燕郊","华北科技学院")
    '学校为华北科技学院,学生数为 17000,地址为北京东燕郊'
>>>"学校为{2},学生数为{0},数据来源为{2}".format(17000,"北京东燕郊","华北科技学院")
    '学校为华北科技学院,学生数为 17000,数据来源为华北科技学院'
```

2. 格式控制标记的使用

```
>>>"{0:*^20,.3f},{0:.2f},{1:#<15,}".format(12345.6789,123456789)
    '*****12,345.679*****,12345.68,123,456,789####'
```

{0:*^20,.3f}中的 0 为参数序号,* 为填充字符,^为居中对齐,20 为输出宽度,逗号为千分符,.3f 为浮点数保留 3 位小数。

```
>>>"{0:->20},{0:*^6},{0:.6}".format("Python 程序设计")
    '----------Python 程序设计,Python 程序设计,Python'
```

2.5　标准输入/输出函数

2.5.1　输入函数 input()

1. 基本输入操作

Python 提供标准输入函数 input()，接收用户从键盘输入的字符数据。input() 函数的返回值为字符串型，所以无论用户输入的是什么类型，系统都按照字符串处理。input() 函数的语法格式为：

```
<变量名>=input([<输入提示信息>])
```

例如：

```
>>>x=input()                          #可以省略输入提示信息
    Python 程序设计                    #这是用户从键盘输入的字符串
>>>x
    'Python 程序设计'                  #这是代码输出到屏幕的结果
>>>y=input("请输入数据:")
    请输入数据:12.34                   #这段文字中"请输入数据:"是程序输出到屏幕的提示
>>>y
    '12.34'
>>>y+1                                 #字符串 y 加 1,提示错误
    Traceback (most recent call last):
        File "<pyshell#4>", line 1, in <module>
            y+1
    TypeError: must be str, not int
```

2. 输入数据类型转换

由于 input() 函数输入的是字符串，所以当用户需要从键盘获得字符串以外的其他类型（例如 int、float 型等）数据时，通常需要使用 eval()、int()、float() 等函数实现。

eval(x) 函数将 x 以表达式的方式解析并执行。

```
>>>x=eval(input("请输入数据:"))
    请输入数据:10
>>>y=eval(input("请输入数据:"))
    请输入数据:12.567
>>>print(type(x),x)
    <class 'int'>10
>>>print(type(y),y)
    <class 'float'>12.567
>>>x+y                                 #计算 x 与 y 的和
    22.567
```

上述示例中 eval() 函数可以替换为 int() 或 float() 函数，请读者尝试一下，看看它们

有什么不同。

3. 在一行输入多个数据

如果需要从键盘输入多个数据,可以采用编写多个 input()函数的方法。但还有更简单的方法,那就是在一行中输入多个数据,利用特定的分隔符(例如空格、逗号等)进行分隔数据(具体解释详见 3.2.1 节),赋值给不同的变量。例如:

```
>>>x,y=input("请用空格分隔输入数据:").split(" ")
20 1.23
```

注意:此时获得的 x 和 y 都是字符串。如果需要进行数学计算,要使用 eval()、int()、float()等函数进行类型转换。

2.5.2 输出函数 print()

Python 提供标准输出函数 print(),将数据输出到标准控制台或指定的文件对象。print()函数的基本语法格式为:

```
print(value1, value2, …, sep=' ', end='\n')
```

其中,value1,value2,…为要输出的数据,可以为多项,用逗号分隔。sep 指定多项数据之间的分隔符,默认为空格。end 指定结束输出数据后,以什么字符结尾,默认为回车符(转义字符为'\n')。print()函数的参数都为可选项,当所有参数都省略时,输出一空行。

示例程序:

```
1   print(12)                    #结尾默认为回车符
2   print(12,34,56,sep="#")
3   print("Python 程序设计")
4   x=12
5   print("x 的值为:",x)         #分隔符默认为空格
6   y=12.567
7   print("x+y 的值为:",x+y)     #计算 x+y 的值,再输出
8   z="Python 程序设计"
9   print(x,z)
10  print(x,end=",")             #输出完 x 的值后,以","结尾
11  print(z)
```

运行结果:

```
12
12#34#56
Python 程序设计
x 的值为: 12
x+y 的值为: 24.567
12 Python 程序设计
12,Python 程序设计
```

提示:如果要让 print()函数实现复杂的格式化输出,通常需要配合 format()函数来

实现。例如：

```
>>>print("{0:.2f},{1: * ^15,}".format(12345.6789,123456789))
```

运算结果：

```
12345.68,**123,456,789**
```

【例 2-1】　如果银行一年期定期存款利率为 2.3％。每年到期后"本金＋利息"自动转为下一个一年期定期存款。如果一个用户存入 X 元，请计算 N 年后，他总共能提取多少钱（保留小数点后两位）。

问题分析：

（1）数据初始化：编写程序首先要考虑基础数据从哪里获得，题目中需要两个数据，一个是本金 X 元，一个是存款年限 N，这两个数据没有具体的值，因此需要从键盘输入。

（2）数据处理：有了数据之后，就是处理数据。银行存储是按年计算利息，如果继续存款，则当年的利息计入第二年的本金。因此可以分析得到：

第一年到期后账户总金额：$Y1 = X \times 2.3\% + X$

$$= X \times (1 + 2.3\%)$$

第二年到期后账户总金额：$Y2 = Y1 \times 2.3\% + Y1$

$$= Y1 \times (1 + 2.3\%)$$

$$= X \times (1 + 2.3\%) \times (1 + 2.3\%)$$

$$= X \times (1 + 2.3\%)^2$$

第三年到期后账户总金额：$Y3 = X \times (1 + 2.3\%)^3$

……

第 N 年到期后账户总金额：$YN = X \times (1 + 2.3\%)^N$

（3）数据输出：题目要求数据结果保留小数点后两位，因此需要用到字符串的格式化输出方法，即用 format() 方法来实现，格式控制采用{:.2f}形式。

编写程序如下：

```
1   X,N=input("请用逗号分隔输入 X 和 N:").split(",")
2   X=float(X)                        #将 X 转换为浮点型
3   N=int(N)
4   a=0.023                           #变量 a 存储利率
5   YN=X * ((1+a)**N)                 #计算账户金额
6   print("{}年后的账户总金额是:{:.2f}元".format(N,YN))   #保留小数点后 2 位输出
```

运行结果：

```
请用逗号分隔输入 X 和 N:100,5
5 年后的账户总金额是:112.04 元
```

上述运行结果只是输入了一组测试数据，读者可以输入任意数据进行组合。请读者考虑，如果银行的一年期利率也是未知量 k，需要用户输入，应该如何修改程序？

2.6 扩展：math 库的使用

2.6.1 math 库的引用

math 库是 Python 提供的内置数学类函数库,也叫标准函数库。math 库一共提供了 4 个数学常数和 44 个函数,不支持复数类型。math 库中的常数和函数,不可以直接使用,必须首先使用关键字 import 来引用该库。

引用标准函数库的语法格式有三种,其他模块的引用方法类似。

1. import ＜函数库名＞[as ＜别名＞]

这种引用函数库的方式,可以使用库中所有函数。在使用函数时,必须以函数库名作为前缀。若函数库名较长,为方便书写,可以使用 as ＜别名＞为其设置一个别名,这样在使用函数时,就以该别名作为前缀。

```
>>>import math
>>>math.fabs(-12.3)              #求绝对值
   12.3
>>>import math as m
>>>m.pow(10,3)                   #幂运算
   1000.0
```

2. from ＜函数库名＞ import ＜函数名＞[as ＜别名＞]

这种引用方式,是导入了函数库中的指定函数,不能使用其他函数。在使用指定函数时,不需要以函数库名作为前缀。若函数名较长,也可以使用 as ＜别名＞为其设置一个别名。注意,这是函数的别名,不是第一种方式中提到的函数库的别名。

```
>>>from math import sqrt
>>>sqrt(9)                       #求平方根
   3.0
>>>from math import sqrt as sq
>>>sq(16)
   4.0
>>>fabs(-12.3)                   #没有导入 fabs()函数,将输出错误提示
   Traceback (most recent call last):
       File "<pyshell#4>", line 1, in <module>
           fabs(-12.3)
   NameError: name 'fabs' is not defined
```

3. from ＜函数库名＞ import ＊

这种引用函数库的方式,可以使用库中所有函数。在使用函数时,不需要以函数库名作为前缀。

```
>>>from math import *
>>>floor(-3.4)                   #向下取整
```

```
          -4
>>>gcd(12,8)                              #求最大公约数
          4
```

由于用户在实际应用中会用到各种第三方库,可能存在两个库中函数重名的问题,因此不建议大家使用第三种方法,推荐大家使用第一种方法。

2.6.2　math 库的常用函数

math 库常用的数学常数和函数如表 2.12 所示。这里假设已经使用 from math import * 引用了该库。

表 2.12　常用数学常数和函数

函数	功能说明	示　　例	结果
pi	圆周率,值为 3.141592653589793	pi	3.141592653589793
e	自然对数 e,值为 2.718281828459045	e	2.718281828459045
fabs(x)	返回 x 的绝对值	fabs(−12.3)	12.3
fmod(x,y)	返回 x 与 y 的模,x%y	fmod(10,3)	1.0
fsum(iterable)	浮点数精确求和	fsum([1.1,1.1])	2.2
ceil(x)	向上取整,返回不小于 x 的最小整数	ceil(3.4)	4
floor(x)	向下取整,返回不大于 x 的最大整数	floor(−3.4)	−4
factorial(x)	返回 x 的阶乘 x!	factorial(5)	120
gcd(x,y)	返回 x 与 y 的最大公约数	gcd(12,8)	4
modf(x)	返回 x 的小数和整数部分	modf(12.5)	(0.5,12.0)
trunc(x)	返回 x 的整数部分	trunc(12.5)	12
copysign(x,y)	用数值 y 的正负号替换数值 x 的正负号	copysign(12,−1.2)	−12.0
isfinite(x)	当 x 为有限值,返回 True;否则,返回 False	isfinite(123.56)	True
isinf(x)	当 x 为正负无穷大,返回 True;否则,返回 False	isinf(123.56)	False
isnan(x)	当 x 为 NaN,返回 True;否则,返回 False	isnan(12.5)	False
pow(x,y)	返回 x 的 y 次幂 x^y	pow(10,3)	1000.0
exp(x)	返回 e 的 x 次幂 e^x,e 是自然对数	exp(2)	7.38905609893065
sqrt(x)	返回 x 的平方根	sqrt(5)	2.23606797749979
log(x[,base])	返回 x 的 base 对数值。若省略 base,则 base 默认为 e	log(100,10)	2.0
log2(x)	返回 x 的 2 对数值	log2(8)	3.0
log10(x)	返回 x 的 10 对数值	log10(100)	2.0

续表

函数	功能说明	示　例	结果
degrees(x)	角度 x 的弧度值转角度值	degrees(3.14)	179.9087476710785
radians(x)	角度 x 的角度值转弧度值	radians(180)	3.141592653589793
hypot(x,y)	返回(x,y)坐标到原点(0,0)的距离	hypot(3,4)	5.0
sin(x)	返回 x 的正弦函数值 sin x,x 是弧度值	sin(1.57)	0.9999996829318346
cos(x)	返回 x 的余弦函数值 cos x,x 是弧度值	cos(0)	1.0
tan(x)	返回 x 的正切函数值 tan x,x 是弧度值	tan(1)	1.5574077246549023
asin(x)	返回 x 的反正弦函数值 arcsin x,x 是弧度值	asin(1)	1.5707963267948966
acos(x)	返回 x 的反余弦函数值 arccos x,x 是弧度值	acos(1)	0.0
atan(x)	返回 x 的反正切函数值 arctan x,x 是弧度值	atan(1.55741)	1.0000006642330295

请读者修改例 2-1 中计算幂次的方法,利用 math 库中的 pow(x,y)来实现幂次的计算。

实验二　数据操作实验

一、实验目的
(1)掌握整型、浮点型数据的操作。
(2)掌握字符串类型数据的基本操作。
(3)掌握字符串内置方法和函数的应用。
(4)掌握输入/输出函数的使用。
(5)掌握 math 库的使用。

二、实验内容
1.输入圆的半径,计算并输出圆的周长和面积,保留两位小数。

2.输入一个三位正整数,输出其各位上数字之和。

3.输入任意长度的字符串,判断它是否为回文。若是回文则输出 True,否则输出 False。例如,"asdfgfdsa"和"12344321"都是回文。

4.输入一个英文字符串,统计字符串中单词的个数。假设每两个单词中间,有且仅有一个空格。

5.输入两个正整数 m 和 n,计算它们的组合数并输出。提示:组合数计算公式为 c(m,n)=m!/((m−n)! * n!),使用 math 库函数计算阶乘值。

习　题　二

一、选择题

1. 下面属于合法变量名的是(　　)。

A. 2max　　　　　　B. while　　　　　　C. age　　　　　　D. my name

2. 下面属于不合法数字的有(　　)。

A. 0b1101　　　　　B. 0o784　　　　　　C. 0xb2　　　　　　D. 784

3. 为了给整型变量 x、y、z 赋初值 10,下面 Python 赋值语句正确的是(　　)。

A. xyz=10　　　　　　　　　　　B. x=10　y=10　z=10

C. x=y=z=10　　　　　　　　　　D. x=10,y=10,z=10

4. 字符串是一个字符序列,例如,字符串 s 从右向左第 3 个字符用(　　)索引。

A. s[3]　　　　　　B. s[−3]　　　　　　C. s[0:−3]　　　　　D. s[:−3]

5. 字符串函数 strip()的作用是(　　)。

A. 按照指定字符分隔字符串为数组　　B. 连接两个字符串序列

C. 去掉字符串两侧空格或指定字符　　D. 替换字符串中特定字符

6. 获得字符串 s 长度的语句是(　　)。

A. s.len()　　　　　B. s.length　　　　　C. len(s)　　　　　D. length(s)

7. 若 S='abcd',要将 S 变为'ebcd',则下列语句正确的是(　　)。

A. S[0]='e'　　　　　　　　　　B. S.replace('a','e')

C. S[1]='e'　　　　　　　　　　D. S='e'+a[1:]

8. 下面导入标准库对象的语句,错误的是(　　)。

A. from math import sin　　　　　B. from math

C. from math import *　　　　　　D. import math

9. 利用 print()格式化输出,能够控制浮点数的小数点后两位输出的是(　　)。

A. {.2}　　　　　　B. {: .2f}　　　　　C. {: .2}　　　　　D. {.2f}

10. 下面代码的输出结果是(　　)。

```
s="Python"
t="程序设计"
print("{:->10}:{:-<9}".format(s,t))
```

A. ----Python：程序设计----　　　B. ----Python：----程序设计

C. Python 程序设计　　　　　　　D. Python----：----程序设计

二、填空题

1. Python 表达式 13//4−2+5 * 8/4%5/2 的值为(　　)。

2. math 库的(　　)函数可以返回一个数的整数部分。

3. 可以使用(　　)函数接收用户输入的数据。

4. 下面代码的输出结果是(　　)。

```
z=12.3 +4.5j
print(z.real)
```

5. 下面代码的输出结果是(   )。

```
x=3.1415926
print(round(x,2) ,round(x))
```

6. 下面代码的输出结果是(   )。

```
x="ack"
y="bd"
z=x +y
print(z)
```

7. 下面代码的输出结果是(   )。

```
s='Python is beautiful!'
print(s[:6].upper())
```

8. 下面代码的输出结果是(   )。

```
s="Her name is my name."
print(s.find('name',5))
```

9. 下面代码的输出结果是(   )。

```
>>>x =5.14
>>>eval('x +10')
```

10. 下面代码的输出结果是(   )。

```
a="alex"
b=a.capitalize()
print(a,end=",")
print(b)
```

第3章

组合数据类型

Python 之所以简单易学、使用方便，其中一个重要支持技术就是组合数据类型。各类组合数据类型提供了能满足各种应用需要的数据定义形式，极大方便了程序的开发，缩减了代码量。因此，要想学好 Python，一定要掌握组合数据类型的定义与使用。本章从组合数据类型概述入手，讲解列表、元组、字典和集合等常用的组合数据类型。读者应该重点掌握列表、字符串和字典的使用，以及相互间的类型转换。

3.1 组合数据类型概述

在 Python 程序设计中，基本数据类型主要处理简单的数据计算，但对于复杂数据计算，例如一组数据的统计计算，就需要组合数据类型进行处理。组合数据类型包括列表、元组、字符串、字典、集合等。其中字符串可以看成是单一字符的有序组合，属于组合数据类型，也可以看成是一串字符，也属于基本数据类型。

在组合数据中，一个重要的特性就是数据的存储是否有序。如果是有序的，就可以利用存储的坐标索引来获得数据。例如，字符串就是有序组合数据，设字符串 s="Python"，利用 s[2] 就可以获得字符"t"。而对于无序数据，要获得数据，只能通过数据标识的关键值(key)以字典方式获得，或者通过循环迭代的方式逐一随机获得(例如集合)。

在组合数据中，另外一个重要特性，就是组合数据中的值是否可以被修改，即组合数据类型是否"可变"。例如，字符串就是一个不可修改的数据类型，列表就是可修改类型。根据以上描述，总结如表 3.1 所示的常用组合数据类型分类。

表 3.1 组合数据类型分类

组合数据类型	有序类型	列表(list,[ ]),可变
		元组(tuple,()),不可变
		字符串(str," "),不可变
	无序类型	字典(dict,{key: value}),可变
		集合(set,{ }),可变

3.2　列　　表

3.2.1　列表的定义与赋值

1. 列表定义与元素访问

列表是常用的组合数据类型,它是包含 0 个或多个元素的有序序列。列表的基本形式为:

[<元素 1>, <元素 2>,…, <元素 n>]

[ ]

多个元素之间用逗号分隔,元素个数无限制。各元素可以是不同的任意数据类型,包括组合数据类型。0 个元素的列表为空列表[ ]。列表中元素的索引编号,与字符串中的字符编号方法相同,也是从左到右,从 0 开始递增;或从右到左,从 −1 开始递减。可以通过索引编号访问元素,语法格式为:

<列表名>[索引编号]

示例如下:

```
>>>x=[1,2,3,4,5]
>>>x
    [1, 2, 3, 4, 5]
>>>x[0]
    1
>>>x[1]
    2
>>>x[-1]
    5
>>>x[-4]
    2
>>>x=[]                        #空列表
>>>x
    []
>>>y=["华北科技学院",17000,"北京东燕郊"]
>>>y[2]
    '北京东燕郊'
>>>y[3]                        #索引 3 超出范围,提示错误
    Traceback (most recent call last):
        File "<pyshell#151>", line 1, in <module>
            y[3]
    IndexError: list index out of range
```

列表 y 有 3 个元素,索引为 0、1、2,所以 y[3]中的索引编号 3 超出了范围,程序提示错误。

也可以直接以列表形式输入数据,例如:

```
>>>x=eval(input("请输入数据:"))
    请输入数据:[1,3,5,7]
>>>x
    [1, 3, 5, 7]
```

2. 使用列表为多变量赋值

可以使用列表同时为多个变量赋值,通常使用 input()函数配合 split()等方法来创建列表,从而实现同时为多个变量赋值。例如:

```
>>>x,y,z=[1,2,3]
>>>print(x,y,z)
    1 2 3
>>>a,b,c=input("请输入数据:").split()
    请输入数据:11 22 33
>>>a
    '11'
>>>b
    '22'
>>>c
    '33'
>>>a,b,c=input("请输入数据:").split(",")
    请输入数据:11,22,33
>>>a
    '11'
>>>b
    '22'
>>>c
    '33'
```

使用 input()输入的数据都被视为字符串,split()将字符串分隔成列表,列表中的每个元素仍是字符串。若要处理数字类型,可以使用 map()函数来配合实现,详见 3.2.4 节。

```
>>>x,y,z=map(int,input("请输入数据:").split())
```

上例中通过 map()函数把 x、y 和 z 都转换为整型数据。

3. 不可变与可变数据类型

Python 数据类型分为不可变数据类型和可变数据类型。不可变类型的对象一旦创建,其值就不能被修改了,如果修改就会为其分配新的内存空间。可变类型的对象值可以被修改。不可变类型包括数字型、字符串、布尔型、元组,可变类型包括列表、字典、集合。列表的元素个数和内容都是可变的。

```
>>>x=3
>>>id(x)
    1922990256
>>>x=x+1
>>>id(x)                          #整数 x 的值变化,内存地址变化
    1922990288
>>>x=[1,2,[3,4],5]
>>>id(x)
    1905953032264
>>>x[1]=7                         #列表元素 x[1]赋值为 7
>>>x
    [1, 7, [3, 4], 5]
>>>id(x)                          #列表 x 的值变化,内存地址没变
    1905953032264
>>>x[2]                           #x[2]为一个列表元素
    [3, 4]
>>>x[2][0]                        #x[2]中的第 0 个元素
    3
>>>x[2][1]=9                      #x[2]中的第 1 个元素赋值为 9
>>>x
    [1, 7, [3, 9], 5]
```

x[2][1]是将 x[2]看作一个整体,它是列表 x 的一个列表元素,但它又是一个列表,所以它的第一个元素就表示为 x[2][1]。可以采用这种多级索引方式,方便逐级访问元素的信息。

3.2.2 列表的基本操作

列表的基本操作符与字符串的操作符功能类似。列表的基本操作符如表 3.2 所示,可与字符串操作符比较来理解。这里假设 s=[1,2,3,4,5],t=['a','b'],x=3。

表 3.2 列表基本操作符

操作符	功 能 说 明	示 例	结 果
+	列表连接	s+t	[1, 2, 3, 4, 5, 'a', 'b']
*	列表重复	t*2	['a', 'b', 'a', 'b']
[N]	索引,返回列表的第 N 个元素	t[0]	'a'
[M:N]	切片,返回列表中第 M 到 N 个元素的子序列,不包含第 N 个元素	s[1:4]	[2, 3, 4]
[M:N:K]	步长切片,返回列表中第 M 到 N 个元素以 K 为步长的子序列,K 为正负整数	s[1:4:2] s[4:1:-2]	[2, 4] [5, 3]
in	元素是否在列表中,是则返回 True,否则返回 False	x in s	True

续表

操作符	功能说明	示例	结果
not in	元素不在列表中,是则返回 True,否则返回 False	x not in s	False
del	删除列表中的元素	del t[0]	#输出 t 的结果 ['b']

```
>>>t=['a','b']
>>>2 * t
    ['a', 'b', 'a', 'b']
>>>s=[1,2,3,4,5]
>>>del s[1:3:2]                #删除索引值从 1 到 3(不包括 3)步长为 2 的元素
>>>s
    [1, 3, 4, 5]
>>>s[::-1]                     #列表翻转
    [5,4,3,1]
```

3.2.3 列表的内置方法

列表的内置方法如表 3.3 所示,这里假设 s=[1,2,3,4,5],t=['a','b'],x=3。

表 3.3 列表内置方法

方法	功能说明	示例	输出 s 结果
count(x)	返回 x 在列表中的出现次数	s.count(2)	1#输出结果
index(x,[M,[N]])	返回列表中第一个值为 x 的元素的索引,若不存在,则抛出异常	s.index(5)	#输出结果 4
append(x)	将 x 追加至列表尾部	s.append(x)	[1, 2, 3, 4, 5, 3]
extend(t)	将列表 t 所有元素追加至列表尾部	s.extend(t)	[1, 2, 3, 4, 5, 'a', 'b']
insert(i,x)	在列表第 i 位置前插入 x	s.insert(1, 7)	[1, 7, 2, 3, 4, 5]
remove(x)	在列表中删除第一个值为 x 的元素	s.remove(2)	[1, 3, 4, 5]
pop([i])	删除并返回列表中下标为 i 的元素,若省略 i,则 i 默认为 -1,弹出最后一个元素	s.pop(2)	#输出结果 3
clear()	列表清空,删除列表中所有元素,保留列表对象	s.clear()	[ ]
reverse()	列表翻转	s=[1,3,5,4,2] s.reverse()	[2, 4, 5, 3, 1]
sort([key=None, reverse=False])	列表排序,key 用来指定排序规则,reverse 为 False 则升序,True 则降序	s=[1,3,5,4,2] s.sort()	[1, 2, 3, 4, 5]
copy()	列表浅复制	s1=s.copy()	#输出 s1 的结果 [1, 2, 3, 4, 5]

1. 查找数据：index(x，[M，[N]])方法的使用

在列表第 M 到 N 个元素内查找第一个值为 x 的元素，返回其索引，不包括第 N 个元素。若不指定 M 和 N，则在整个列表中查找。若不指定 N，则从第 M 个到最后查找。若不存在 x，则抛出异常。

```
>>>s=[1,3,2,3,4,5]
>>>s.count(3)
    2
>>>s.count(7)                    #列表中 7 出现次数为 0
    0
>>>s.index(3)
    1
>>>s.index(3,2)                  #省略 N,则从第 2 个到最后
    3
>>>s.index(3,2,4)
    3
>>>s.index(3,2,3)                #从第 2 个到第 3 个,不包括第 3 个
    Traceback (most recent call last):
        File "<pyshell#18>", line 1, in <module>
            s.index(3,2,3)
    ValueError: 3 is not in list
>>>s.index(6)
    Traceback (most recent call last):
        File "<pyshell#87>", line 1, in <module>
            s.index(6)
    ValueError: 6 is not in list
```

2. 插入数据：insert(i，x)方法的使用

在列表的第 i 位置前插入 x，该位置后面的所有元素后移并且在列表中的索引加 1，如果 i 为正数且大于等于列表长度，则在列表尾部追加 x，如果 i 为负数且小于等于列表长度的相反数，则在列表头部插入元素 x。

```
>>>s=[1,2,3,4,5]
>>>s.insert(0, 7)
>>>s
    [7, 1, 2, 3, 4, 5]
>>>s.insert(6, 8)
>>>s
    [7, 1, 2, 3, 4, 5, 8]
>>>s.insert(-1, 9)
>>>s
    [7, 1, 2, 3, 4, 5, 9, 8]
>>>s.insert(-8, 0)
>>>s
```

```
    [0, 7, 1, 2, 3, 4, 5, 9, 8]
```

3. 按值删除数据：remove(x)方法的使用

在列表中删除第一个值为 x 的元素，该元素之后所有元素前移并且索引减 1，如果列表中不存在 x，则抛出异常。

```
>>>s=[1,3,2,3,4,5]
>>>s.remove(3)                          #删除第一个 3
>>>s
    [1, 2, 3, 4, 5]
>>>s.remove(7)                          #删除 7,提示错误
Traceback (most recent call last):
        File "<pyshell#45>", line 1, in <module>
            s.remove(7)
    ValueError: list.remove(x): x not in list
```

4. 按索引删除数据：pop([i])方法的使用

删除并返回列表中下标为 i 的元素。若省略 i，则 i 默认为 −1，弹出最后一个元素。如果弹出中间位置的元素，则后面的元素索引减 1。如果 i 不是索引范围内的整数，则抛出异常。

```
>>>s=[1,2,3,4,5]
>>>s.pop()
    5
>>>s
    [1, 2, 3, 4]
>>>s.pop(-2)
    3
>>>s
    [1, 2, 4]
>>>s.pop(3)
    Traceback (most recent call last):
        File "<pyshell#80>", line 1, in <module>
            s.pop(3)
    IndexError: pop index out of range
```

5. 列表排序：sort([key，reverse])方法的使用

key 用来指定排序规则，默认按照数值排序。reverse 默认值为 False，表示升序。两个参数可以省略一个，也可以都省略。

```
>>>s=[1,3,0,5,12,4,2]
>>>s.sort(key=str, reverse=True)        #按照字符串类型,降序排列
>>>s
    [5, 4, 3, 2, 12, 1, 0]
>>>s.sort(key=str)                      #按照字符串类型,升序排列
>>>s
```

```
    [0, 1, 12, 2, 3, 4, 5]
>>>s.sort(reverse=True)          #按照数值类型,降序排列
>>>s
    [12, 5, 4, 3, 2, 1, 0]
>>>s.sort()                      #按照数值类型,升序排列
>>>s
    [0, 1, 2, 3, 4, 5, 12]
```

6. 列表浅复制：copy()方法的使用

Python 程序设计中的复制,分为浅复制和深复制。浅复制是将原列表的引用复制到一个新列表。原列表与新列表中的不可变类型数据变化时,互不影响;若是可变类型数据变化时,则互相影响。深复制是将原列表的数值复制到一个新列表,两个列表互相独立,互不影响。可以使用标准库 copy 中的 deepcopy()函数来实现深复制。

```
>>>s=[1,2,[3,4],5]
>>>x=s.copy()
>>>x
    [1, 2, [3, 4], 5]
>>>id(s)
    2223554802312
>>>id(x)
    2223554802824
>>>s[0]=0                        #s[0]、s[1]为整型,修改后不会相互影响
>>>x[1]=7
>>>s
    [0, 2, [3, 4], 5]
>>>x
    [1, 7, [3, 4], 5]
>>>s[2][0]=0                     #s[2]为列表类型,修改后会相互影响
>>>x[2][1]=9
>>>s
    [0, 2, [0, 9], 5]
>>>x
    [1, 7, [0, 9], 5]
>>>y=x                           #赋值语句,x 和 y 指向同一个列表对象
>>>y
    [1, 7, [0, 9], 5]
>>>id(x)                         #内存地址相同,x 和 y 所有修改互相影响
    2223554802824
>>>id(y)
    2223554802824
```

3.2.4 列表的内置函数

可操作列表的内置函数如表 3.4 所示,这里假设 s=[1,2,3,4,5],t=['a','b']。

表 3.4　可操作列表的内置函数

函　　数	功　能　说　明	示　　　例	结　　果
list([x])	将字符串或元组 x 转换为列表,若省略 x,则创建空列表	list("Python 程序") list((1,2,3))	['P', 'y', 't', 'h', 'o', 'n', '程', '序'] [1, 2, 3]
len(s)	列表 s 的元素个数(长度)	len(s)	5
min(s)	列表 s 中的最小元素	min(s)	1
max(s)	列表 s 中的最大元素	max(t)	'b'
sum(s[,start])	列表 s 中元素求和,可设起始值 start,若省略,start 默认为 0	sum(s)	15
sorted(s[,key=None,reverse=False])	列表排序,参数含义同 sort() 方法	s=[1,3,5,4,2] sorted(s)	#输出 s 的结果 [1, 2, 3, 4, 5]
map(fun,iterable)	函数 fun 依次作用在 iterable 的每个元素上,得到一个新的迭代对象并返回	x,y=map(int,['1','2'])	#输出 x 的结果 1 #输出 y 的结果 2

常用内置函数的使用示例如下:

```
>>>s=list()                          #创建一个空列表
>>>s
    []
>>>s=[1,2,[3,4],5]
>>>len(s)
    4
>>>s=[1,2,3,4,5]
>>>sum(s,10)                         #相当于 10+sum(s)
    25
>>>x,y,z=map(int,input("请输入数据:").split())
    请输入数据:1 2 3                   #看似整数,实际被视为'1 2 3'
>>>x
    1
>>>y
    2
>>>z
    3
>>>'1 2 3'.split()
    ['1', '2', '3']
>>>type(map(int,['1', '2', '3']))
    <class 'map'>                     #map 类型
>>>x,y,z=map(int,['1', '2', '3'])    #对['1', '2', '3']中每个元素都调用 int()函数
>>>x                                 #转换为整型后,分别赋值给 x,y,z
```

```
    1
>>>y
    2
>>>z
    3
```

【例 3-1】 利用列表建立一个存储学生的学号、姓名和成绩的列表结构,存储两门课的成绩,并输出。

编写程序如下:

```
1   id=["1001","1002","1003"]
2   name=["张一","张二","张三"]              #存储姓名
3   value1=[91,92,93]                      #存储课程 1 的成绩
4   value2=[81,82,83]                      #存储课程 2 的成绩
5   data=[id,name,value1,value2]           #组合存储
6   print(data)
```

运行结果:

```
[['1001', '1002', '1003'], ['张一', '张二', '张三'], [91, 92, 93], [81, 82, 83]]
```

3.2.5 range()函数的使用

列表的产生需要编写一定量的代码,能否自动生成符合一定规则的列表呢?答案是肯定的。例如,可以实现存储 1～100 的等差序列列表 $[1,2,\cdots,100]$。

range()函数就是可以迭代产生指定范围内的数字序列,其语法格式为:

```
range([start ,] end [, step])
```

range()函数返回从 start 到 end、步长为 step 的整型数据序列,不包括 end 的值。start、end 和 step 必须为整型数据。start 默认值为 0,step 默认值为 1,且不可为 0。可以只省略 step,或者同时省略 start 和 step。注意,该函数返回的是 range 类型。要想获得 list 类型数据,需要使用 list()函数进行强制类型转换。例如:

```
>>>range(5)
   range(0, 5)                       #start 默认为 0
>>>type(range(-5,5))
   <class 'range'>                   #range 类型
>>>list(range(2,10,2))
   [2, 4, 6, 8]
>>>list(range(10,5,-2))             #步长可以为负数,此时要求 end<start
   [10, 8, 6]
>>>for i in range(10,20):          #for 循环结构
      print(i,end=" ")             #每输出一个 i 的值,后跟一个空格" "
   10 11 12 13 14 15 16 17 18 19   #for 循环的输出结果
```

3.3　元　　　组

3.3.1　元组的定义与赋值

元组可以看作不可变的、只读版的列表,一旦创建就不能被修改。元组的基本形式为:

(<元素 1>, <元素 2>,…, <元素 n>)

或

( )

其中,小括号可以省略。当元组只有一个元素时,逗号不能省略。

tuple()函数与 list()函数类似,可以转换或创建成一个元组。

例如:

```
>>>s=(1,2,3,4,5)
>>>s
    (1, 2, 3, 4, 5)
>>>type(s)
    <class 'tuple'>
>>>s=tuple("Python 程序")
>>>s
    ('P', 'y', 't', 'h', 'o', 'n', '程', '序')
>>>s=tuple([1,2,3])
>>>s
    (1, 2, 3)
>>>s=(5)                          # (5)不能表示一个元素的元组,这是整数 5
>>>type(s)
    <class 'int'>
>>>s=(5,)                         #逗号不能省略
>>>type(s)
    <class 'tuple'>
>>>s=()                           #空元组
>>>s
    ()
>>>s=tuple()                      #空元组
>>>s
    ()
```

3.3.2　元组的基本操作

在列表的基本操作、内置方法和内置函数中,那些不会改变元素值的基本都适用于元

组,在此不再累述。不适用于元组的方法和函数有 append()、extend()、insert()、remove()、pop()等。请读者参照列表学习内容,扩展学习元组。

　　元组就是不变的列表,正是元组不可修改的特点,使得它在某些场合是不可替代的。很多内置函数和序列类型方法的返回值为元组类型。元组可以用作字典的键,也可以作为集合的元素,而列表则不能。元组比列表的访问和处理速度更快,因此在不需要修改元素的操作时,建议使用元组。

3.4　字　　典

3.4.1　字典的定义与赋值

　　字典是键和值的映射关系,每个键对应一个值,它是键值对的无序可变序列,也是常用组合数据类型之一。字典的基本形式为:

　　{<键 1>: <值 1>, <键 2>: <值 2>, … , <键 n>: <值 n>}

或

　　{ }

　　注:Python 3.5(含)以前,字典为无序,3.6(含)以后版本为有序,提升访问效率。

　　字典的键只能使用不可变的类型,但值可以是可变的或者不可变的类型。键是唯一的,不能重复,值可以重复。字典的多个键值对之间是无序的,所以打印输出的顺序与开始创建的顺序可能不同。可以通过键访问获得字典中该键对应的值,语法格式为:

　　<字典名>[<键>]

也可以为键赋新的值,来修改原有键对应的值。若键不存在,则添加一个新元素。

1. 字典的创建

dict()函数可以创建一个字典。其使用方法如下:

```
>>>d={"学校":"华北科技学院","学生数":17000,"地址":"北京东燕郊"}
    {'学校': '华北科技学院', '学生数': 17000, '地址': '北京东燕郊'}
>>>d={}                                    #d为一个字典,包括三个键值对
>>>d
    {}
>>>type(d)
    <class 'dict'>
>>>d=dict()                                #空字典
>>>d
    {}
>>>d=dict(学校='华北科技学院', 学生数=17000, 地址='北京东燕郊')
>>>d
    {'学校': '华北科技学院', '学生数': 17000, '地址': '北京东燕郊'}
```

2. 字典取值与赋值

```
>>>d["地址"]                              #访问键"地址"的值
   '北京东燕郊'
>>>d["学生数"]=18000                      #修改键"学生数"的值
>>>d["电话"]                              #访问不存在的键"电话",输出错误提示
   Traceback (most recent call last):
       File "<pyshell#30>", line 1, in <module>
           d["电话"]
   KeyError: '电话'
>>>d["电话"]="01061591417"               #键"电话"不存在,则添加键值对
>>>d
   {'学校': '华北科技学院', '学生数': 18000, '地址': '北京东燕郊', '电话':
'01061591417'}
```

3.4.2　字典的基本操作

字典的常用函数和方法如表 3.5 所示,这里假设 d={"学校"："华北科技学院","学生数"：17000,"地址"："北京东燕郊"},t={'学生数'：18000}。

表 3.5　字典常用函数和方法

函数和方法	功 能 说 明	示 例	结　果
keys()	返回所有的键信息	d.keys()	dict_keys(['学校', '学生数', '地址'])
values()	返回所有的值信息	d.values()	dict_values(['华北科技学院', 17000, '北京东燕郊'])
items()	返回所有的键值对	d.items()	dict_items([('学校', '华北科技学院'), ('学生数', 17000), ('地址', '北京东燕郊')])
get(key[,default])	返回键对应的值,若键不存在,则返回默认值	d.get("地址")	'北京东燕郊'
setdefault(key[,default])	返回键对应的值,若键不存在,则添加该键值对	d.setdefault("地址")	'北京东燕郊'
pop(key[,default])	返回键对应的值,并删除该键值对,若键不存在,则返回默认值	d.pop("地址")	'北京东燕郊'
popitem()	随机返回一个键值对,并删除该键值对	d.popitem()	('学生数', 17000)
clear()	清除所有的键值对	d.clear()	#输出 d 的结果{ }
update(t)	修改键对应的值,若键不存在,则添加该键值对	d.update(t)	#输出 d 的结果 {'学校': '华北科技学院', '学生数': 18000, '地址': '北京东燕郊'}

续表

函数和方法	功能说明	示例	结果
copy()	浅复制字典	t=d.copy()	#输出 t 的结果 {'学校': '华北科技学院', '学生数': 17000, '地址': '北京东燕郊'}
del	删除字典中指定的键值对	del d["地址"]	#输出 d 的结果 {'学校': '华北科技学院', '学生数': 17000}
in	返回键是否在字典中，是返回 True，否则返回 False	"学校" in d	True
len(d)	返回字典的长度，即键值对个数	len(d)	3

常用函数举例如下。

get(<key>[,<default>])函数返回键对应的值，若键不存在，则返回默认值，但不会将键和默认值添加到字典中。例如：

```
>>>d={"学校":"华北科技学院","学生数":17000,"地址":"北京东燕郊"}
>>>d.get("电话","01061591417")
    '01061591417'
>>>d
    {'学校': '华北科技学院', '学生数': 17000, '地址': '北京东燕郊'}
>>>d.setdefault("电话","01061591417")    #键"电话"不存在,添加键值对
    '01061591417'
>>>d
    {'学校': '华北科技学院', '学生数': 17000, '地址': '北京东燕郊', '电话':
'01061591417'}
>>>d.pop("地址")                          #返回键"地址"对应的值,并删除该键值对
    '北京东燕郊'
>>>d.pop("数据来源","华北科技学院")        #键"数据来源"不存在,返回默认值
    '华北科技学院'
>>>d.popitem()                           #随机返回一个键值对,并删除
    ('电话', '01061591417')
>>>d
    {'学校': '华北科技学院', '学生数': 17000}
>>>d1={"学生数":18000,"地址":"北京东燕郊"}
>>>d.update(d1)                          #更新键"学生数"的值,添加"地址"键值对
>>>d
    {'学校': '华北科技学院', '学生数': 18000, '地址': '北京东燕郊'}
>>>del d["电话"]                          #删除不存在的键"电话",输出错误提示
    Traceback (most recent call last):
        File "<pyshell#100>", line 1, in <module>
```

```
      del d["电话"]
  KeyError: '电话'
```

【例 3-2】　修改例 3-1,采用字典形式存储学生学号、姓名和两门课成绩,其中 key 为学生的学号,value 为姓名和学生的成绩。

编写程序如下:

```
1   data={'1001':["张一",91,81],'1002':["张二",92,82],'1003':["张三",93,83]}
                                                    #组合存储
2   print(type(data),data)
3   print(type(data.items()),data.items())
4   print(type(data.keys()),data.keys())            #字典的所有 key
5   print(type(data.values()),data.values())        #字典的所有 value
6   mykey='1002'
7   print(mykey,data.get(mykey))                     #获得具体的值
```

运行结果:

```
<class 'dict'>{'1001': ['张一', 91, 81], '1002': ['张二', 92, 82], '1003': ['张三',
93, 83]}
<class 'dict_items'>dict_items([('1001', ['张一', 91, 81]), ('1002', ['张二',
92, 82]), ('1003', ['张三', 93, 83])])
<class 'dict_keys'>dict_keys(['1001', '1002', '1003'])
<class 'dict_values'>dict_values([['张一', 91, 81], ['张二', 92, 82], ['张三',
93, 83]])
1002 ['张二', 92, 82]
```

程序分析:本例中第 1 行存储的是字典数据结构,key 为学号字符串,value 为列表。列表里面采用混合数据类型存储,姓名为字符串,成绩为整型数值。第 2~5 行为输出字典中不同的特征数据。第 7 行为利用 key 获得具体的值。

3.5　集　　合

3.5.1　集合的定义与赋值

集合类型与数学中集合的概念一致,即包含 0 个或多个元素的无序组合。集合中元素不可重复,元素类型只能是不可变数据类型。集合的基本形式为:

{<元素 1>,<元素 2>,…,<元素 n>}

集合中元素是无序的,它没有索引和位置的概念,元素打印输出的顺序与开始创建的顺序可能不同。由于集合元素不可重复,使用集合类型能过滤掉重复元素。

set()函数可以转换或创建成一个集合。

```
>>>s={1,2,3,4,5}
>>>s
```

```
    {1, 2, 3, 4, 5}
>>>s[0]                                    #集合不支持索引
    Traceback (most recent call last):
        File "<pyshell#23>", line 1, in <module>
            s[0]
    TypeError: 'set' object does not support indexing
>>>s=set([1,2,3,4,5])                      #set()函数将列表转换成集合
>>>s
    {1, 2, 3, 4, 5}
>>>s=set()                                 #创建空集合
>>>s
    set()
>>>type(s)
    <class 'set'>
>>>s={}                                    #创建空字典,不是空集合
>>>type(s)
    <class 'dict'>
```

3.5.2　集合的基本操作

集合的常用函数和方法如表 3.6 所示,这里假设 s={1,2,3,4,5},t={3,9}。另外,集合还提供了数学意义上的交集、并集、差集等运算。

表 3.6　集合常用函数和方法

函数和方法	功 能 说 明	示例	输出 s 结果
add(x)	添加元素 x 到集合中	s.add(6)	{1, 2, 3, 4, 5, 6}
pop()	随机返回一个元素,并删除该元素	s.pop()	1#输出结果
discard(x)	删除元素 x,若不存在 x,不报错	s.discard(3)	{1, 2, 4, 5}
remove(x)	删除元素 x,若不存在 x,报错	s.remove(3)	{1, 2, 4, 5}
clear()	清除集合中所有元素	s.clear()	set()
update(t)	合并集合 t 到原集合中,并自动过滤重复元素	s.update(t)	{1, 2, 3, 4, 5, 9}
copy()	复制集合	t=s.copy()	#输出 t 的结果 {1, 2, 3, 4, 5}
isdisjoint(t)	若集合与 t 没有相同元素,返回 True,否则返回 False	s.isdisjoint(t)	#输出结果 False
len(s)	返回集合元素个数	len(s)	#输出结果 5
in	返回元素是否在集合中,是返回 True,否则返回 False	3 in s	#输出结果 True

```
>>>s={1,2,3,4,5}
>>>s.pop()
```

```
    1
>>>s
    {2, 3, 4, 5}
>>>s.discard(6)                    #删除不存在的 6,不报错
>>>s.remove(6)                     #删除不存在的 6,报错
    Traceback (most recent call last):
        File "<pyshell#58>", line 1, in <module>
            s.remove(6)
    KeyError: 6
```

3.6　列表与其他数据类型的转换

　　列表属于 Python 语言中最灵活的"胶水"式数据类型,它的特点是可以用来存储任意类型的数据。若在编程中遇到不能访问的数据类型,最简单的解决方案就是转换为列表,然后利用列表进行访问。通常,这种方式可以解决大量问题。因此,掌握列表和不同类型之间的转换,非常关键。

3.6.1　列表与字符串间的转换

1. 字符串转列表
字符串转列表就是按单个字符拆分,每个字符作为列表中的一个元素。例如:

```
>>>x=list("人生苦短、快学 Python")
>>>x
    ['人', '生', '苦', '短', '、', '快', '学', 'P', 'y', 't', 'h', 'o', 'n']
```

2. 列表转字符串
列表转字符串的思路,是把列表中的每个元素连接成一个整体的字符串。这里有一个前提条件,即列表中的每个元素都是字符串才可以进行连接。

```
>>>x1=['abc','A','B']
>>>x2="".join(x1)                  #""代表连接时采用的分隔符,没有字符表示分隔为空
>>>x2
    'abcAB'
```

　　如果列表中存在非字符串数据,需要先利用 map()函数把所有元素转换为字符串,然后再进行连接。

```
>>>x3=['a','b','c',123,5,6]
>>>x4="".join(x3)
    Traceback (most recent call last):
        File "<input>", line 1, in <module>
    TypeError: sequence item 3: expected str instance, int found
>>>x4="".join(map(str,x3))
>>>x4
```

```
    'abc12356'
```

3.6.2 列表与字典间的转换

1. 字典转列表

字典转列表的关键点是 key 和 value 的采集与转换，两者不能同时进行转换，只能一次转换一种，具体方法示例如下：

```
>>>d1={"1001":"wang01","1002":"wang02","1003":"wang03"}
>>>d2=list(d1)
>>>d2
    ['1001', '1002', '1003']
>>>d3=list(d1.keys())
>>>d3
    ['1001', '1002', '1003']
>>>d3=list(d1.values())
>>>d3
    ['wang01', 'wang02', 'wang03']
```

2. 列表转字典

列表转字典的关键点在于确定列表中哪些数据作为 key，哪些数据作为 value。直接转换方式是实现不了的，需要借助于 zip() 函数来实现，示例如下：

```
>>>y1=["a","b","c"]
>>>y2=[1,2,3]
>>>y3=zip(y1,y2)
>>>y3
    <zip object at 0x0000015EB70F2648>
>>>type(y3)
    <class 'zip'>                    #zip 类型
>>>y3=dict(y3)
>>>y3
    {'a': 1, 'b': 2, 'c': 3}
>>>y4=dict(zip(y2,y1))
>>>y4
    {1: 'a', 2: 'b', 3: 'c'}
```

zip(x,y) 函数是对 x 和 y 中的数据重新进行打包组合，构成新的数据 zip 类型，利用 dict() 函数就可以把这个数据转换为字典。

3.7 扩展：random 库

random 库是 Python 的标准函数库，用于产生伪随机数。random 库常用的函数如表 3.7 所示。这里假设已经使用 from random import * 语句引用了该库，且假设 s=[1,2,3,4,5]。

表 3.7　常用随机函数

函　数	功 能 说 明	示　例	随机结果
random()	生成一个[0.0,1.0]之间的随机小数	random()	0.2340904626116812
uniform(M,N)	生成一个[M,N]之间的随机小数	uniform(1,10)	6.631482736972486
randint(M,N)	生成一个[M,N]之间的随机整数	randint(1,10)	4
randrange([M,]N[,K])	生成一个[M,N]之间,以 K 为步长的随机整数。M 默认值为0,K 默认值为1	randrange(1,10,2)	7
getrandbits(K)	生成一个 K 比特长度的随机整数	getrandbits(3)	6
choice(s)	从序列 s 中随机返回一个元素	choice(s)	3
sample(pop,K)	从 pop 类型中随机选取 K 个元素	sample(s,2)	[4,3]
shuffle(s)	将序列 s 中元素随机排列,返回打乱后的序列	shuffle(s)	[5,4,2,1,3]

随机函数的用途之一是产生随机数供调试程序使用,这样可以省去人工输入数据的麻烦,同时提高工作效率。但每次运行程序产生的随机数都不相同,不便比较运行结果的正确性。所以若需要产生相同的随机数序列,可以使用 seed()函数设置随机数种子,只要种子相同,则每次运行程序产生的随机数序列就相同。

seed(N)函数用于初始化随机数种子,若不指定 N,则 N 的默认值为系统当前时间,且 N 一般为整数。

```
>>>seed(1)
>>>randint(1,10)
    3
>>>randint(1,10)
    10
>>>randint(1,10)
    2
```

当种子为 1 时,多次运行 randint(1,10)产生的序列为 3、10、2、5、2 等。

当种子为 2 时,多次运行 randint(1,10)产生的序列为 1、2、2、6、3 等。

【例 3-3】　编写一个随机课堂考勤程序。设学生序号和姓名已存入字典中,请随机确定一个考勤学生,并输出学生序号和姓名。

编写程序如下:

```
1    import random
2    data={1:"张一",2:"张二",3:"张三",4:"张四"}
3    n=len(data)                              #n 为学生人数
```

```
4    x=random.randint(1,n)                        #设学生的序号从 1 开始,且连续
5    print("随机选中的学生为:",x,data[x])
```

运行结果:

随机选中的学生为:2 张二

程序分析: 代码中第 2 行利用字典存储了学生的信息,其中 key 为学生的序号,是整型数据。第 4 行为调用 random 库的 randint() 函数产生随机数。第 5 行利用这个随机数作为字典的 key,获得对应的 value 值。

题目扩展:能否把本例的字典形式修改为列表形式来存储学生信息,并进行随机点名?**提示:** 可以利用列表中有序结构的索引值作为查询依据。

实验三   组合数据类型的操作

一、实验目的

(1)掌握列表的基本操作。

(2)掌握列表的内置方法和函数的应用。

(3)掌握字典的内置方法和函数的应用。

(4)掌握元组、集合的应用。

(5)掌握 random 库的使用。

二、实验内容

1.计算 100 以内所有奇数的和,并输出结果。

2.输入任意个整数,用逗号分隔,计算并输出它们的平均值,保留一位小数。

3.输入 10 个正整数,将前 5 个升序排列,后 5 个降序排列,并输出结果。

4.随机产生一个 6 位密码并输出。要求密码中只包含 0~9 数字和大写英文字母 A~Z。例如,8LTXGD、OSXVTR、BKG64J 都是随机产生的密码。

5.使用字典存储学生的学号和姓名。请编程模拟以下过程:(1)设 3 个同学的信息已存入字典中,如 d={1:"张三",2:"李四",3:"王五"}。(2)输入一个新同学信息添加到字典中。(3)输入一个学号,查询对应学生的姓名并输出。(4)输入一个学号,修改对应学生的姓名。(5)输入一个学号,删除对应学生的信息。最后输出字典中的所有信息。

习   题   三

一、选择题

1.下列(   )类型数据是不可变化的。

   A. 集合   B. 字典   C. 元组   D. 列表

2.下面不属于 Python 内置对象的是(   )。

   A. char   B. list   C. dict   D. set

3.已知 x=[1,2]和 y=[3,4],那么 x+y 的结果是(   )。

A. 3 　　　　　　　B. 7 　　　　　　C. [1，2，3，4] 　　　D. [4，6]

4. 已知 x＝[1，2，3]，那么 x＊3 的值为（　　）。

A. 6 　　　　　　　　　　　　　　B. 18

C. [3，6，9] 　　　　　　　　　　D. [1，2，3，1，2，3，1，2，3]

5. 已知 x＝[1，2，3]，执行语句 x.append(4)之后，x 的值是（　　）。

A. [1，2，3，4] 　　B. [4] 　　　　　C. [1，2，3] 　　　D. 4

6. 下列（　　）不是 Python 元组的定义方式。

A. (1) 　　　　　　　　　　　　　B. (1，)

C. (1，2) 　　　　　　　　　　　D. (1，2，(3，4))

7. 若 a＝(1，2，3)，下列（　　）操作是不合法的。

A. a[1：−1] 　　B. a＊3 　　　　C. a[2]＝4 　　D. list(a)

8. 对于一个列表 a 和一个元组 b，（　　）函数调用是错误的。

A. sorted(a) 　　　B. sorted(b) 　　C. a.sort() 　　　D. b.sort()

9. 以下（　　）语句定义了一个 Python 字典。

A. { } 　　　　B. {1，2，3} 　　　C. [1，2，3] 　　D. (1，2，3)

10. 以下不能作为字典的 key 的是（　　）。

A. 'num' 　　　　　　　　　　　　B. A＝['stuName']

C. 123 　　　　　　　　　　　　　D. A＝('sum')

二、填空题

1. 表达式[4] in [1,2,3,4]的值为（　　）。

2. 设列表 x＝[5,2,8,9,6,1,12,17,15]，则 x[2：5]的值为（　　）。

3. 设列表 x＝[1，2，3，4，5，6，7]，那么 x.pop()的结果是（　　）。

4. 设列表 s＝['1', '10', '3', '5']，则表达式 max(s)的值为（　　）。

5. 字典的（　　）方法，返回所有的键值对。

6. 下面代码的输出结果是（　　）。

```
x=list(range(10))
x[:8]=[ ]
print(x)
```

7. 下面代码的输出结果是（　　）。

```
x=list(range(5))
x.remove(3)
print(x.index(4))
```

8. 下面代码的输出结果是（　　）。

```
x,y=map(int,['1','2'])
print(x+y)
```

9. 下面代码的输出结果是（　　）。

```
x={1:2, 2:3, 3:4}
print(sum(x.values()))
```

10. 下面代码的输出结果是(　　　　)。

```
x={1,2,3}
x.add(3)
print(x)
```

第4章

选择程序

结构化程序设计包括顺序、选择和循环三种结构,其中选择结构是基础结构,包括单分支、双分支和多分支结构。本章以程序设计结构概念为切入点,让读者理解算法的基本概念,掌握关系运算符、逻辑运算符和成员运算符的使用方法,在此基础上,重点掌握选择结构的语法要求和使用方法。

4.1 程序设计结构概述

所有程序设计的算法都可以由顺序结构、选择结构和循环结构这三种基本控制结构中的一种或几种组成。本节主要介绍这三种算法基本控制结构的特征及 Python 中相应结构的语句。

4.1.1 算法的概念

在日常生活中,人们做任何事情都有一定的步骤,这些步骤都是按照一定的顺序进行的,不是只有"计算"的问题才有算法,生活中为解决一个问题而采取的方法和步骤都可以称为算法。例如,学生"听见上课铃声,开始上课",这就是生活中的"算法"。

对于算法的概念,不同的专家有不同的定义。简单地说,算法就是为解决一个具体问题而采取的确定的、有限的、有序的、可执行的操作步骤。程序设计中的算法仅指计算机算法,即计算机能够执行的算法。比如,让计算机执行 $1+2+3+\cdots+100$,或者将某个专业的学生按成绩的高低顺序排列,这些是可以做到的,但是让计算机执行"我现在正在想什么"是做不到的(至少目前为止)。

计算机算法可以分为两大类:

(1) 数值算法:主要用于解决数值求解问题,例如求 $1\sim100$ 的和、求方程的根等。

(2) 非数值算法:主要用于需要用逻辑推理才能解决的问题,例如图书检索、人事管理、地铁的行车调度等。

对于算法而言,并不是任意写出一些执行步骤就能构成一个算法,一个有效算法必须具备以下特征:

(1) 有穷性:一个算法包含的操作步骤应该是有限的,而不能是无限的,每一步都应该能在合理的时间内完成,否则算法就失去了它的使用价值。

(2) 确定性:算法中的每一个步骤都有精确的含义,且无二义性,在任何条件下,算法只有唯一的一条执行路径,即对于相同的输入数据,只能得到相同的输出数据。

（3）有零个或多个输入：一个算法可以有零个或多个输入，它是由外部提供的，作为算法执行前的初始值或初始状态。

（4）有一个或多个输出：一个算法有一个或多个输出，这些输出与输入有着特定的关系。不同的输入，产生不同的输出。

（5）有效性：算法中的每一个步骤都应当能有效地执行，并得到确定的结果。

在算法的这 5 个特征中，有穷性和有效性是算法的两个最重要特征。有穷性的限制是不充分的，一个实用的算法，要求有穷的操作步骤和有限的操作时间，而有穷性又是一个相对的概念，对于不同的计算速度而言，有穷性是可以变化的。例如，历史上的四色定理（每幅地图都可以用四种颜色着色，使得有共同边界的国家都被着上不同的颜色）证明：1852 年，毕业于伦敦大学的弗南西斯·格思里和他的弟弟决定证明四色定理。尽管二人为证明这一问题所使用的稿纸已经堆了一大沓，研究工作仍没有进展。后经多人证明，一直没有结论。电子计算机问世以后，由于其具备远超于人类的运算速度，因此在两台计算机上，用了 1200 个小时，做了 100 亿多次判断，终于完成了四色定理的证明问题，轰动了世界。由此可知，在设计算法时，要对算法的执行效率进行一定的分析。

下面通过一个示例，来加深读者对算法概念的理解。

【例 4-1】 给定两个整数 m 和 n(m＞n)，求它们的最大公约数。

算法 1 枚举法，步骤如下：

① r＝n；

② 用 m 除以 r，n 除以 r，并令所得余数为 r1、r2；

③ 若 r1＝r2＝0，则 r 为 m、n 的最大公约数；否则 r＝r－1，继续执行步骤②；

④ 输出结果 r。

算法 2 辗转相除法，步骤如下：

① 以 m 除以 n，并令所得余数为 r(r 必小于 n)；

② 若 r＝0，输出结果 n，算法结束；否则执行步骤③；

③ 将 m 置换为 n，将 n 置换为 r，继续执行步骤①。

从例 4-1 可以看出，对于同一个问题，可以有两种完全不同的解决方法，每种方法都是一个有穷规则的集合，其中的规则确定了解决最大公约数问题的运算序列。很显然，两个算法在有穷步骤之后都会结束，算法中的每个步骤都有确切的定义，这两个算法均有两个输入和一个输出，算法利用计算机可以求解，并最终得到正确的结果。

4.1.2　算法的表示

原则上说，算法可以用任何形式的语言和符号来描述，常用的描述方法有自然语言、程序流程图、N-S 图、伪代码、计算机语言、UML 图等。自然语言是用语言来描述算法，程序流程图和 N-S 图使用图形来描述算法，其中，程序流程图是最早提出的用图形表示算法的工具，所以也称为传统流程图，它具有直观性强、便于阅读等特点。N-S 图符合结构化程序设计要求，是软件工程中强调使用的图形工具。随着面向对象程序设计的出现，又出现了采用面向对象程序设计的 UML(Unified Modeling Language，统一建模语言)图。本节只介绍自然语言、程序流程图、计算机语言三种算法的表示。

1. 用自然语言表示算法

自然语言即日常说话所使用的语言,如果计算机能完全理解人类的语言,按照人类的语言要求去解决问题,那么人工智能中的很多问题就不成问题了,这也是人们所期望看到的结果。使用自然语言描述算法不需要专门的训练,而且所描述的算法也通俗易懂。

【例 4-2】 用自然语言描述求解 $\text{sum}=1+2+3+4+5+\cdots+(n-1)+n$ 的算法。

① 确定一个 n 的值;

② 设 i 的初始值为 1;

③ 设 sum 的初始值为 0;

④ 如果 i≤n 时,执行⑤,否则转出执行⑧;

⑤ 计算 sum 加上 i 的值,然后把该值赋给 sum;

⑥ 计算 i 加 1 的值,然后赋给 i;

⑦ 继续执行④;

⑧ 输出 sum 的值,算法结束。

从上述算法的描述中不难发现,使用自然语言描述算法虽然比较容易掌握,但也存在着很大的缺陷,主要表现在以下几个方面:

(1) 语言的歧义性容易导致算法执行的不确定性。

(2) 自然语言的语句一般太长,从而导致用自然语言描述的算法不够简洁、精炼。

(3) 由于自然语言表达的顺序性,因此,当一个算法中循环和分支较多时表达比较混乱。

(4) 自然语言表示的算法不便翻译成计算机程序设计语言能理解的语句。

自然语言的这些缺陷目前还是难以解决的,例如有这样一句话——“武松打死老虎”,既可以理解为“武松/打死老虎”,又可以理解为“武松/打/死老虎”。自然语言中的语气和停顿不同,就可能使他人对相同的一句话产生不同的理解。

2. 用程序流程图表示算法

程序流程图是表示算法的一种图形工具,它以特定的几何图形框来代表不同性质的操作,用带箭头的流程线指示算法的执行方向。美国国家标准化协会规定了一些常用的程序流程图符号,它已为全世界的程序工作者所采用,如表 4.1 所示。

表 4.1   程序流程图符号

符 号	名 称	意 义
◯	起止框	算法的开始或结束
▭	处理框	具体的任务或工作
◇	判断框	算法中的条件判断操作
⟶	流程线	指示算法的方向
▱	输入/输出框	表示数据的输入/输出操作

续表

符　　号	名　　称	意　　义
─┤	注释框	表示附注说明之用
○	连接点	流程图向另一流程图之出口或从另一地方之入口

（1）起止框：表示算法的开始或结束。每个算法的程序流程图中必须有且仅有一个开始框和一个结束框，开始框只有一个出口，没有入口，结束框只有一个入口，没有出口。

（2）处理框：算法中各种计算和赋值的操作均用处理框表示。处理框内填写处理说明或具体的算式。也可在一个处理框内描述多个相关的处理。一个处理框只有一个入口和一个出口。

（3）判断框：表示算法中的条件判断操作。判断框说明算法中产生了分支，需要根据某个关系或条件的成立与否来确定下一步的执行路线。判断框内应当填写判断条件，一般用关系比较运算或逻辑运算来表示。判断框一般有两个出口，但只能有一个入口。

（4）流程线：表示算法执行的方向。事实上，流程线非常灵活，它可以指向程序流程图中的任意位置，这体现了它的随意性。如果程序流程图的使用者毫无受限地利用流程线随意跳转，会使得程序流程图变得难以阅读和理解，使算法的可靠性和可维护性难以保证，如图 4.1 所示。因此在使用程序流程图时必须防止箭头的滥用，不允许无规律地使流程线随意跳转，只能顺序地进行下去。

（5）输入/输出框：表示算法的输入和输出操作。输入操作是指从输入设备上将算法所需要的数据传递给指定的内存变量；输出操作则是将常量或变量的值传到输出设备。输入/输出框中填写需输入或输出的各项列表，可以是一项或多项，多项之间用逗号分隔。输入/输出框只能有一个入口和一个出口。

（6）注释框：表示对算法中的某一操作或某一部分操作所做的备注说明。这种说明是为了使程序流程图的阅读者易于理解而提供的一种信息提示，并不反映流程和操作，所以不是程序流程图中必要的部分，框内一般是用简明扼要的文字进行填写。

（7）连接点：表示不同地方的程序流程图之间的连接关系，主要是用于将画在不同地方的流程线连接起来。如图 4.2 所示，有两个标志为①的连接点，它表示这两个点是互相连接在一起的，实际上是同一个点，只是由于某种原因分开绘制。用连接点可以防止流程线过长或交叉，使程序流程图清晰。

结构化程序设计的三种基本结构的程序流程图的表示如下。

（1）顺序结构。顺序结构的程序流程图如图 4.3 所示。虚线框内是顺序结构，语句块 1、语句块 2 是两个顺序执行的程序段，表示执行完语句块 1 内的所有指定操作后，再接着执行语句块 2 内所有指定的操作。

（2）选择结构。选择结构的程序流程图如图 4.4 所示。虚线框内是一个选择结构，根据给定条件的值决定执行的路径。若条件值为真则执行语句块 1，否则执行语句块 2。由此看出，当条件一定时，语句块 1 或语句块 2 只能执行其中的一个，不能同时执行。当语句块 1 或语句块 2 中有一个为空时，表示该分支不执行任何操作。

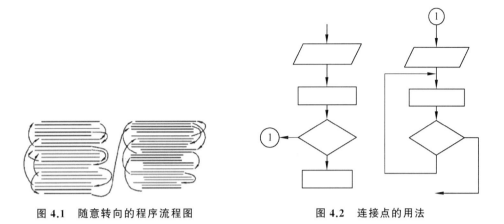

图 4.1　随意转向的程序流程图　　　　　　　图 4.2　连接点的用法

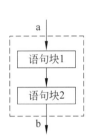

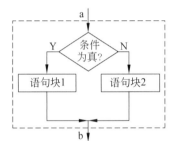

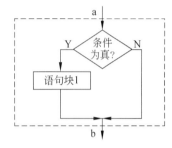

图 4.3　顺序结构程序流程图　　　　　　图 4.4　选择结构程序流程图

在选择结构中,还有一种多分支选择结构,根据给定的表达式的值决定执行哪一条语句,如图 4.5 所示。虚线框内是一个多分支的选择结构,若表达式 1 为真则执行语句块 1,然后跳出此多分支选择结构,否则判断表达式 2;若表达式 2 为真则执行语句块 2,然后跳出此多分支选择结构,否则判断表达式 3;……;若所有的表达式均为假则执行语句块 5。

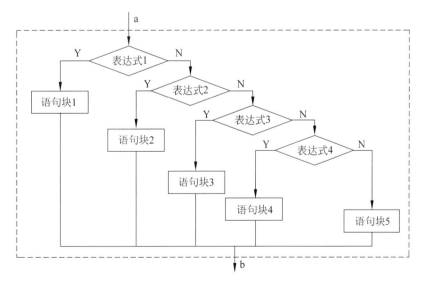

图 4.5　多分支选择结构程序流程图

（3）循环结构。循环结构是程序根据条件判断结果向后反复执行的一种方式，如图 4.6 所示，根据循环触发条件不同，循环结构包括条件循环和遍历循环结构。

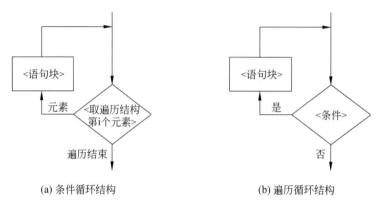

(a) 条件循环结构　　　　　　　　(b) 遍历循环结构

图 4.6　循环结构程序流程图

【**例 4-3**】　画出求 sum＝1＋2＋3＋4＋5＋…＋(n－1)＋n 的程序流程图，如图 4.7 所示。例 4-1 中辗转相除法用程序流程图表示如图 4.8 所示。

从以上各程序流程图中可以清晰地理解求解问题的执行过程。画程序流程图时需要注意的是，流程线不要忘记带箭头，因为箭头反映了流程执行的先后顺序，若没有箭头则很难判断各程序块执行的先后顺序。

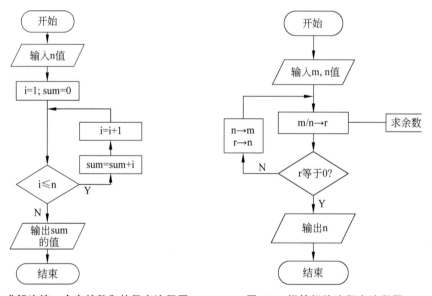

图 4.7　求解连续 n 个自然数和的程序流程图　　　图 4.8　辗转相除法程序流程图

3. 用计算机语言表示算法

前面只是对算法进行描述，即用不同的形式来表示操作的步骤。而要得到计算的结果，就必须实现算法。实现算法的方式可能有多种，如人工心算、笔算，或使用算盘、计算器来计算等。这里设计算法的目的是为了用计算机来解题，也就是用计算机来实现算法，而计算机是无法识别程序流程图和伪代码的,只有用计算机语言编写的程序才能被计算机执行,因此,使用程序流程图和伪代码描述一个算法后,还需要将它转换成某种计算机语言表达的程序。

用计算机语言表示算法,必须严格遵守所用语言的语法规则,这是与伪代码不同的。

【例4-4】 写出求解 sum＝1＋2＋3＋4＋5＋…＋100 的 Python 语言描述方法。

```
1    sum=0
2    for i in range(1,101,1):
3        sum+=i
4    print(sum)
```

上面是用 Python 语言实现算法的程序,这仍然是描述了算法,只有执行了程序才是实现了算法。应该说,用计算机语言表示的算法,才是计算机能够执行的算法。

4.2 关系运算符与逻辑运算符

在选择结构中,需要根据条件的值来选择执行的路径。那么如何用合法的 Python 语言表达式来描述判断条件呢? 对于简单的判断条件,可以用关系表达式来表示,对于复杂的一些条件,可用逻辑表达式来表示。

4.2.1 关系运算符

关系运算符有时也称为比较运算符,即将两个数进行比较,判定两个数据是否符合给定的关系。用关系运算符将两个操作数连接起来的表达式,称为关系表达式(Relational Expression)。关系表达式通常用于表达一个判断条件,而一个条件判断的结果只能有两种可能:True 或 False。Python 中的关系运算符如表 4.2 所示。

表 4.2 关系运算符

运 算 符	含 义	示 例
＝＝	相等	10 ＝＝ 20 结果为 False
!=	不相等	10 != 20 结果为 True
>	大于	10 > 20 结果为 False
<	小于	10 < 20 结果为 True
>=	大于或等于	10 > =20 结果为 False
<=	小于或等于	10 < =20 结果为 True

关系运算符的运算顺序是从左往右。可以对数值进行比较,也可以对字符串进行比较。数值比较是按值的大小进行比较,字符串的比较则是按 ASCII 码值的大小进行比较,特别是字符数超过 1 时,要按照关系运算符左右两边的字符串从第 1 个字符开始依次

对对应位置的字符进行比较。例如：

```
>>>10==20
    False
>>>20==20
    True
>>>'abc'=='abd'
    False
>>>'abc'>'abd'
    False
```

Python 中可以用"10<20<30"表示数学中的连续不等式。

```
>>>10<20<30              #等价于 10<20 and 20<30
    True
>>>20>10==10             #等价于 20>10 and 10=10
    True
```

4.2.2　逻辑运算符

关系运算符只能描述单一的条件，如果需要同时描述多个条件，就要借助逻辑运算符，将几个条件进行组合使用。Python 提供的逻辑运算符有 3 种，如表 4.3 所示。

表 4.3　逻辑运算符

运算符	含义	说　　　　明
not	逻辑非	操作数为 True,则结果为 False;操作数为 False,则结果为 True
and	逻辑与	两个操作数都为 True,则结果为 True,否则为 False
or	逻辑或	两个操作数都为 False,则结果为 False,否则为 True

逻辑运算的结果和关系运算的结果一样，都是布尔型值 True 或 False,逻辑运算符的优先级顺序是：not>and>or。逻辑运算经常与关系运算混合使用。

逻辑运算符连接操作数组成的表达式称为逻辑表达式(Logic Expression),逻辑表达式主要用来表示多个条件，例如：

(1) 描述条件"x 满足在区间[2,10]"的逻辑表达式为：x>=2 and x<=10。

(2) 描述条件"ch 是小写英文字母"的逻辑表达式为：ch>='a' and ch<='z'。

(3) 某计算机专业招生的条件是"总分(total)超过分数线 600 并且数学成绩(math)不低于 130 分",该条件的逻辑表达式为：total>600 and math>=130。

(4) 判断某年是闰年应满足以下两个条件之一：该年(year)能被 4 整除但不能被 100 整除，或该年能被 400 整除。该条件对应的逻辑表达式为：year%4==0 and year%100 !=0 or year%400==0。假设,year=2000,则运行结果如下：

```
>>>year=2000
>>>year%4==0 and year%100!=0 or year%400==0
```

```
     True
```

提示：逻辑运算有一个称为短路逻辑的特性，即逻辑运算符的第 2 个操作数有时会被"短路"，实际上，这是为了避免无用地执行代码。例如：

```
>>>a=5
>>>a>3 and print(a)
     5
>>>a>3 or print(a)
     True
```

对于变量 a，其值为 5，因此表达式"a>3 and print(a)"中 and 运算符前面的第一个表达式"a>3"的计算结果为 True，但因为表达式中使用了 and 运算符，所以还需要继续执行 and 后的运算才能获得最终的结果，因此执行第二个表达式"print(a)"后输出 a 的值 5；而表达式"a>3 or print(a)"中因为使用了 or 运算符，or 前面的第一个表达式"a>3"的结果为 True，整个表达式结果已经确定为 True，根据短路逻辑，不需要再计算第二个表达式，因此不输出 a 的值，直接返回表达式的运算结果 True。

4.2.3 优先级

在实际使用中，多种运算符经常混合使用，不同类运算符之间存在优先级顺序，总体上的优先级顺序为：算术运算符＞位运算符＞关系运算符＞逻辑运算符，但按位取反运算符"～"的优先级位于算术运算符的正负号"＋、－"和乘方"**"之间。例如：

```
>>>x=6;y=4;z=5
>>>x+3/y-z%2>2
     True
>>>5<2 and 6<1 or 8>4
     True
>>>~1+2
     0
```

在混合运算中，如果记不住优先级，最好的办法是在表达式中加上圆括号，标明运算优先级。

4.3 成员运算符与一致性运算符

除了以上的一些运算符之外，Python 还支持成员运算符(in)与一致性运算符(is)。

4.3.1 成员运算符

Python 成员运算符测试给定值是否为序列中的成员，例如字符串、列表或元组。Python 中有两个成员运算符，如表 4.4 所示。

表 4.4　成员运算符

运算符	描　　述	示　　例
in	如果在指定的序列中找到一个变量的值,则返回 True,否则返回 False	x in y,如果 x 在 y 序列中返回 True
not in	如果在指定序列中找不到变量的值,则返回 True,否则返回 False	x not in y,如果 x 不在 y 序列中返回 True

例如:

```
a = 3
list = [1, 2, 3, 4, 5]
if ( a in list ):
    print ("变量 a 在给定的列表 list 中")
else:
    print ("变量 a 不在给定的列表 list 中")
```

运行结果:

变量 a 在给定的列表 list 中

4.3.2　一致性运算符

一致性运算符也称为身份运算符,用于测试是否为同一个对象或两个对象的内存地址是否相同,如表 4.5 所示。

表 4.5　一致性运算符

运算符	描　　述	示　　例
is	is 判断两个标识符是不是引用自一个对象	x is y,类似于 id(x) == id(y),如果引用的是同一个对象则返回 True,否则返回 False
is not	is not 判断两个标识符是不是引用自不同对象	x is not y,类似于 id(a) != id(b)。如果引用的不是同一个对象则返回结果 True,否则返回 False

注意:id()函数用于获取对象内存地址。

例如,下面代码段:

```
a = 20
b = 20
if ( a is b ):
    print("1:a 和 b 有相同的标识")
else:
    print("1:a 和 b 没有相同的标识")
if ( a is not b ):
    print("2:a 和 b 没有相同的标识")
else:
    print("2:a 和 b 有相同的标识")
```

运行结果：

```
1:a 和 b 有相同的标识
2:a 和 b 有相同的标识
```

4.4　顺 序 结 构

顺序结构的各语句是按自上而下的次序执行的,执行完上一条语句就自动执行下一条语句,是无条件的,也不需要做任何判断,每个操作能且仅能被执行一次,是最简单的程序结构。图 4.9 是一个顺序结构流程图,按照语句的顺序先执行语句块 1,再执行语句块 2,仅有一个入口 a 和一个出口 b。

顺序结构程序中通常包含赋值语句和内置的输入和输出函数。例如,下面的 2 行代码包含了一条赋值语句和一条输出函数调用语句。

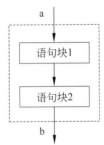

图 4.9　顺序结构流程图

```
x='Hello,我爱 Python!'
print(x)
```

【例 4-5】 输入三角形三条边的边长(为了简单起见,假设这三条边可以构成三角形),计算三角形的面积。

分析：三角形面积＝sqrt(h×(h−a)×(h−b)×(h−c)),其中,a、b、c 分别是三角形三边的边长,h 是三角形周长的一半。

编写程序如下：

```
1    import math
2    a=float(input('请输入三角形的边长 a:'))
3    b=float(input('请输入三角形的边长 b:'))
4    c=float(input('请输入三角形的边长 c:'))
5    h=(a+b+c)/2
6    area=math.sqrt(h * (h-a) * (h-b) * (h-c))          #三角形面积
7    print(str.format("三角形三边分别为:a={0},b={1},c={2}",a,b,c))
8    print(str.format("三角形的面积={0}",area))
```

运行结果：

```
请输入三角形的边长 a:5
请输入三角形的边长 b:6
请输入三角形的边长 c:7
三角形三边分别为:a=5.0,b=6.0,c=7.0
三角形的面积=14.696938456699069
```

4.5　选　择　结　构

如果仅有顺序结构,则只能实现一些简单的算法,对于一些相对复杂的问题则无法解决。在很多实际情况中,需要根据某个条件的结果来决定是否执行任务,或者从两个或者多个选项中选择其中一个来执行。例如猜数字游戏,其游戏规则是随机出一个数字,让玩家通过键盘输入所猜的数。如果大于预设的数,显示"遗憾,太大了!";如果小于预设的数,显示"遗憾,太小了!";如果输入的数正好等于预设的数,显示"恭喜你猜中了!"。这个问题中有一个条件判断,即随机数和玩家所猜数字之间的关系比较,根据条件对结果进行判断,决定下一步要进行的操作,这就是选择结构需要解决的问题。

选择结构是根据条件判断的结果控制代码执行分支的算法结构(也称分支结构)。与其他程序设计语言一样,Python 语言程序设计中使用 if 语句来实现选择结构。

4.5.1　单分支结构: if 语句

选择结构的单分支结构是一种最简单的选择结构,它主要是通过 if 语句来实现的,if 语句的单分支结构的语法形式为:

```
if  表达式:
    语句/语句块
```

其中:

(1) 表达式:也称为条件表达式,可以是一个简单的数字或字符,也可以是包含多个运算符的复杂表达式。通常,表达式中包含关系运算符、成员运算符或逻辑运算符,表达式后面的冒号必须有。

当条件表达式的结果为真(True)时,执行 if 后的语句或语句块(语句序列),否则不做任何操作,控制将转到 if 语句的结束点。例如,表示闰年的条件表达式为:

```
year%4==0 and year%100!=0 or year%400==0
```

(2) 语句块也称语句序列:可以是单个语句,也可以是多个语句。多个语句必须在同一列上进行相同的缩进;否则,表示内部的语句块已经结束。其流程图如图 4.10 所示。

【例 4-6】　单分支结构示例:输入两个数 a 和 b,比较两者大小,并从大到小输出 a 和 b。

编写程序如下:

```
1    a=int(input("请输入第 1 个整数:"))
2    b=int(input("请输入第 2 个整数:"))
3    print(str.format("输入值:{0},{1}",a,b))
4    if (a<b):
5        t=a
6        a=b
```

图 4.10　单分支结构
流程图

```
7        b=t
8     print(str.format("降序值:{0},{1}",a,b))
```

运行结果:

请输入第 1 个整数:5
请输入第 2 个整数:9
输入值:5,9
降序值:9,5

【例 4-7】　编程实现猜数字游戏。在程序中要求随机产生一个 0~100 的整数,玩家从键盘输入所猜的数字,若猜中,则提示"恭喜你,猜对了!"。

分析:利用 random 模块中的 randint()函数随机产生一个整数 x,玩家输入一个自己所猜的数字 num,如果 x 等于 num,则提示输出字符串"恭喜你,猜对了!"。

编写程序如下:

```
1    from random import randint
2    x=randint(0,100)
3    num=int(input("从键盘输入一个整数 0-100:"))
4    if num==x:
5        print('恭喜你,猜对了!')
```

若产生的随机数 x 是 55,输入的整数 num 是 66,则程序不会有任何输出。

在大多数情况下,会需要在条件为真时执行一种操作,在条件为假时执行另一种操作,对于这种情况,单分支结构就不能满足要求了,需要用到 if 语句的 else 语句,即双分支结构。

4.5.2　双分支结构: if-else 语句

if-else 语句双分支结构的语法形式为:

```
if 表达式:
    语句/语句块 1
else:
    语句/语句块 2
```

if-else 语句执行时先计算表达式的值,若结果为 True,则执行语句/语句块 1;否则,执行 else 后的语句/语句块 2。这种形式称为双分支结构,其流程图如图 4.11 所示。

注意:在 if-else 双分支结构中,else 必须与 if 对齐,并且它们所在语句的后面都必须带有冒号。

【例 4-8】　编程实现猜数字游戏。在程序中要求随机产生一个 0~100 的整数,玩家从键盘输入所猜的数字,若猜中,则提示"恭喜你,猜对了!";否则提示"你猜错了,加油!"。

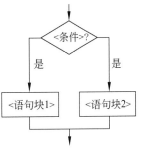

图 4.11　双分支结构流程图

编写程序如下:

```
1   from random import randint
2   x=randint(0,100)
3   num=int(input("Please enter a number between 0-100:"))
4   if num==x:
5       print('恭喜你,猜对了!')
6   else:
7       print('你猜错了,加油!')
```

若随机产生的整数 x 是 55,输入的整数 num 是 66,程序的执行过程为:

```
Please enter a number between 0 -100:55
你猜错了,加油!
```

若随机产生的整数 x 为 45,输入的整数 num 为 45,程序的执行过程为:

```
Please enter a number between 0-100:45
恭喜你,猜对了!
```

4.5.3 条件表达式

if-else 双分支结构也常用于如下情况:

```
x=eval(input('输入一个数 x:'))
y=eval(input('输入一个数 y:'))
if x>y:
    t=x
else:
    t=y
```

在程序中输入 x 和 y,若 x 大于或等于 y,将 x 赋给变量 t;否则,将 y 赋给 t,即检查条件"x>=y"是否满足,若满足则取 x,否则取 y 赋给变量 t。这种情况在 Python 语言程序设计中也可以用专门的条件表达式(也称为三元运算符)来实现。条件表达式的常见形式如下所述:

```
<语句 1>  if <条件>  else  <语句 2>
```

执行过程为先计算条件表达式,若条件表达式值为真,则返回语句 1 的值;否则,返回语句 2 的值。因此,前一个双分支结构的代码也可以写成:

```
t=x if x>=y else y
```

注意:条件表达式在 Python 的所有运算符中优先级最低。

双分支结构在选择结构中使用频率非常高,但有时一个问题可能会有更多路分支的选择。例如,在例 4-8 中,若没有猜对数字则要给出"太大了!"或"太小了!"这样的提示,这就需要使用 elif 语句。

4.5.4 多分支结构: if-elif-else 语句

if-elif-else 多分支结构语法形式为:

if 表达式 1:
　　语句/语句块 1
elif 表达式 2:
　　语句/语句块 2
…
elif 表达式 N:
　　语句/语句块 N
[else:
　　语句/语句块 N+1]

elif 是"else if"的缩写。执行时先计算表达式 1 的值,若结果为 True,则执行语句(块)1;否则,计算表达式 2,若结果为 True,则执行语句(块)2;以此类推。若表达式 1 至表达式 N 的计算结果都为 False,则执行 else 部分的语句(块)N+1。这种形式称为多分支结构,其流程图如图 4.12 所示。

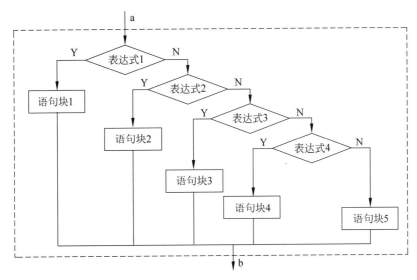

图 4.12 多分支结构流程图

【例 4-9】 编程实现猜数字游戏。在程序中要求随机产生一个 0~100 的整数,玩家从键盘输入所猜的数字,若猜中,则提示"恭喜你,猜对了!",若猜大了,提示"太大了!";否则,提示"太小了!"。

编写程序如下:

```
1    from random import randint
2    x=randint(0,100)
3    print(x)
```

```
4    num=int(input("Please enter a number between 0-100:"))
5    if num==x:
6        print('恭喜你,猜对了!')
7    elif num>x:
8        print('太大了!')
9    else:
10       print('太小了!')
```

若随机产生的整数 x 为 51,输入的整数 num 为 65,程序的执行过程为:

```
Please enter a number between 0-100:65
太大了!
```

因为输入的 num 与随机产生的整数 x 不相等,因此 if 语句的表达式值为 False,所以计算第一个 elif 部分的表达式。因为 num 比 x 大,表达式"num>x"值为 True,因此输出字符串"太大了!"。

如果在逻辑上希望首先判断数字猜对或猜错,如果猜错了则接着判断猜大了还是猜小了,要实现这种结构则需要使用 if 语句的嵌套结构。

4.5.5 if 语句的嵌套结构

在 if 语句中又包含一个或多个 if 语句称为 if 语句的嵌套。其语法形式为:

```
1    if 表达式 1:
2        if 表达式 2:
3            语句/语句块 1
4        else:
5            语句/语句块 2
6    else:
7        if 表达式 3:
8            语句/语句块 3
9        else:
10       语句/语句块 4
```

在上述结构中,第 2~5 行和第 7~10 行的 if-else 结构分别是第 1 行 if 语句和第 6 行 else 语句的子句,例 4-9 的代码可以用嵌套的 if 语句进行改写。

```
1    from random import randint
2    x=randint(0,100)
3    num=int(input('Please enter a number between 0-100:'))
4    if num==x:
5        print('恭喜你,猜对了!')
6    else:
7        if num>x:
8            print('太大了!')
9        else:
```

```
10          print('太小了!')
```

改写后的程序进行了优化,区分了猜对和猜错两种情况,并对猜错的情况进行猜大了或猜小了的进一步判断,第一个 else 相当于是"elif num!=x"。

注意:使用嵌套的 if 结构时要特别注意 else 与 if 的匹配,Python 中利用缩进结构来匹配 if 和 else。例如,对于如下形式结构:

```
1   if 表达式 1:
2       if 表达式 2:
3           语句/语句块 1
4   else:
5       语句/语句块 2
```

第 4 行的 else 并不与内层第 2 行的 if 匹配,而是与外层第 1 行的 if 匹配。继续查看如下形式:

```
1   if 表达式 1:
2       if 表达式 2:
3           语句/语句块 1
4       else:
5           语句/语句块 2
6       else:
7           语句/语句块 3
```

第 4 行和第 6 行的 else 均与第 2 行的 if 对齐,显然第 4 行的 else 会与第 2 行的 if 匹配,第 6 行的 else 由于缩进错误无法与第 1 行的 if 匹配,这就是常见的悬挂 else(dangling else)现象。解决这个问题的关键是注意缩进。

再以一个经典的分段函数为例,对比 if-elif-else 结构和 if 语句的嵌套结构在解决同一个问题时的不同写法。

【例 4-10】 请分别用 if-elif-else 结构和 if 语句的嵌套结构实现分段函数。编写程序,根据从键盘输入的 x 值,计算输出相应的 y 值。

函数的定义如下:

$$y=\begin{cases} 1 & (x>0) \\ 0 & (x=0) \\ -1 & (x<0) \end{cases}$$

编写程序如下。

(1) 用 if-elif-else 结构:

```
1   x=eval(input('Enter a number:'))
2   if x>0:
3       y=1
4   elif x==0:
5       y=0
6   else:
```

```
7       y=-1
8   print(y)
```

（2）用 if 语句的嵌套结构：

```
1   x=eval(input('Enter a number:'))
2   if x!=0:
3       if x>0:
4           y=1
5       else:
6           y=-1
7   else:
8       y=0
9   print(y)
```

4.6 扩展：time 库和 datetime 库的使用

Python 环境提供了多个标准库用于操作日期和时间，如 time、datetime、calendar 等。其中 time 为最基础的模块，提供日期和时间的操作函数，而 datetime 在 time 基础上进一步封装为库，提供更加方便的接口，calendar 是一种提供日历式输出结果的库。

4.6.1 calendar 库使用

使用 calendar 标准库可以将给定年份/月份的日历输出到标准输出设备上。例如，使用 calendar 模块打印月历。

```
>>>import calendar
>>>calendar.prmonth(2020,6)
    June 2020
Mo Tu We Th Fr Sa Su
 1  2  3  4  5  6  7
 8  9 10 11 12 13 14
15 16 17 18 19 20 21
22 23 24 25 26 27 28
29 30
```

如要打印年历（例如 2020 年年历），可使用如下语句：

```
calendar.prcal(2020)
```

4.6.2 time 库和 datetime 库使用

time 库和 datetime 库在处理日期和时间时使用都较多，其中 time 是底层库，datetime 属于封装的高级库，两个都可以实现一些相同的基础功能。

1. 显示当前日期和时间

```
>>>import time
>>>time.localtime()                                        #time 方式
    time.struct_time(tm_year=2020, tm_mon=3, tm_mday=2, tm_hour=10, tm_min=
15, tm_sec=32, tm_wday=0, tm_yday=62, tm_isdst=0)
>>>import datetime
>>>datetime.datetime.now()                                 #datetime 方式一
    datetime.datetime(2020,3,2,10,15,2,182446)             #年、月、日、时、分、秒、微秒
>>>datetime.datetime.today()                               #datetime 方式二
    datetime.datetime(2020, 3, 2, 10, 21, 34, 942798)
```

从上述代码可以看出,两个都返回了当前日期和时间,但是 datetime 的返回内容更加简洁明了,使用也更简单。

2. 格式化输出日期和时间

在我们日常生活中,日期和时间的表达形式往往采用"2020-3-2 13:24:12"这种形式,time 和 datetime 库也提供了丰富的输出形式控制方式,通过特定的方法实现。

```
>>>time.strftime ("%Y-%m-%d %X",time.localtime ())
    '2020-3-2 15:54:37'
>>>time.strftime("%y-%m-%d %x",time.localtime())
    ' 20-03-02 03/02/20'
>>>time.strftime(""%Y-%m-%d %H:%M:%S ",time.localtime())
    '2020-3-2 15:55:57'
```

time.strftime()的功能是输出当前的日期和时间,其常用的格式参数如下:

- %m 表示月份(01~12),%d 表示一个月中的第几天(01~31)。
- %Y(大写 Y)表示 4 位数字的年份,%y(小写 y)表示 2 位数字的年份。
- %X(大写 X)表示时间字符串,%x(小写 x)表示日期字符串。
- %H 表示小时(24 小时制,00~23);%M 表示分钟数(00~59);%S 表示秒。
- %a 为星期的简写,如星期一为 Mon;%A 为星期的全写,如星期一为 Monday。
- %b 为月份的简写,如 4 月份为 Apr;%B 为月份的全写,如 4 月份为 April。

以上介绍的格式函数 strftime()在 datetime 库也可使用。例如下面的代码:

```
>>>datetime.datetime.strftime(datetime.datetime.now(),
                              "%Y-%m-%d %H:%M:%S")
    '2020-3-2 15:56:27'
```

注意 time 和 datetime 在使用 strftime()函数是的区别:time 库中的第一个参数是格式,第二参数是日期;而 datetime 库中的第一个参数是日期数据,第二个参数是格式。

3. 将字符串转换为时间结构元组

在 Python 的 time 库中有以下几种表示时间的形式:

(1) 时间结构元组(time.struct_time):时间结构元组共有 9 个元素,依次为年、月、日、时、分、秒、星期(0~6,0 为星期日)、一年中第几天、是否夏令时等(0 为普通,1 为夏令

时)。例如,前面已举例的 time.localtime(),得到的就是时间结构元组。

（2）格式化的时间字符串。

（3）时间戳:时间戳是相对于 1970.1.1 00:00:00 以秒计算的偏移量。例如,执行 d=time.time()得到的一个浮点数就是时间戳,可使用 time.ctime(d)转换为字符串。关于时间戳这里不展开讨论。

在上面例子中,time.strftime()是将日期(时间结构元组)转换为字符串表示,如需将字符串转换为时间结构元组,可使用 time. strptime()。

```
>>>a="2020-1-1 23:20:00"                         #字符串
>>>t=time.strptime (a,"%Y-%m-%d %H:%M:%S")       #时间变量
>>>type(t)
    <class 'time.struct_time'>
>>>time.strftime ("%y-%m-%d %X",t)               #时间转字符串
    '20-01-01 23:20:00'
>>>time.strftime("%y 年 %m 月 %d 日",t)
    '20 年 01 月 01 日'
```

此外,格式参数%c 表示标准的日期格式字符串。例如:

```
>>>t=time.localtime ()
>>>type(t)
    <class 'time.struct_time'>
>>>d=time.strftime("%c",time.localtime ())
>>>d
    'Thu Jan 16 16:26:49 2020'
```

上述方法也适用于 datetime 库中的使用:

```
>>>a="2020-3-2 13:14:15"
>>>x=datetime.datetime.strptime(a,"%Y-%m-%d %H:%M:%S")
>>>type(x)
    <class 'datetime.datetime'>
>>>datetime.datetime.strftime(x,"%y-%m-%d %X")
    '20-03-02 13:14:15'
```

4. 计算两个日期间隔的天数
例如:

```
>>>import datetime
>>>d1=datetime.datetime(2020,1,1)
>>>d2=datetime.datetime(2019,12,31)
>>>print((d1-d2).days)
    1
```

5. 获取日期时间间隔
使用 datetime.timedelta()函数可以得到日期/时间的间隔,如显示时间差,或将日

期/时间加(减)一个间隔等。例如：

```
>>>import datetime
>>>a=datetime.datetime(2020,8,1)
>>>c=a-datetime.timedelta (days=3)
>>>a
    datetime.datetime(2020, 8, 1, 0, 0)
>>>c
    datetime.datetime(2020, 7, 29, 0, 0)
```

其他使用方法,可参考网站 https://www.w3cschool.cn/python 进行学习。

4.7　综合案例

【例 4-11】　输入三个数,按从大到小的顺序排序。

分析:先让 a 和 b 进行比较,使得 a＞b;然后 a 和 c 进行比较,使得 a＞c,此时 a 最大;最后 b 和 c 进行比较,使得 b＞c。

编写程序如下:

```
1   a=int(input("请输入整数 a:"))
2   b=int(input("请输入整数 b:"))
3   c=int(input("请输入整数 c:"))
4   if(a<b):
5       t=a;a=b;b=t                    #a>b
6   if(a<c):
7       a,c=c,a                        #a>c
8   if(b<c):
9       b,c=c,b                        #b>c,交换两个数据
10  print("排序结果(降序):",a,b,c)
```

运行结果:

```
请输入整数 a:45
请输入整数 b:56
请输入整数 c:11
排序结果(降序): 56 45 11
```

【例 4-12】　编程判断某一年是否为闰年。判断闰年的条件是:年份能被 4 整除但不能被 100 整除,或者能被 400 整除。

编写程序如下:

方法一,使用一个逻辑表达式包含所有的闰年条件,程序如下。

```
1   y=int(input("请输入年份:"))
2   if ((y%4==0 and y%100!=0) or y%400==0):
3       print("是闰年")
```

```
4    else:
5        print("不是闰年")
```

方法二,使用嵌套的 if 语句,程序如下。

```
1    y=int(input("请输入年份:"))
2    if y%400==0:
3        print("是闰年")
4    else:
5        if y%4==0:
6            if y%100==0:
7                print("不是闰年")
8            else:
9                print("是闰年")
10       else:
11           print("不是闰年")
```

方法三,使用 if-elif 语句,程序如下。

```
1    y=int(input("请输入年份:"))
2    if y%400==0:
3        print("是闰年")
4    elif y%4!=0:
5        print("不是闰年")
6    elif y%100==0:
7        print("不是闰年")
8    else:
9        print("是闰年")
```

方法四,使用 calendar 模块的 isleap()函数来判断闰年,程序如下。

```
1    y=int(input("请输入年份:"))
2    if calendar.isleap(y):
3        print("是闰年")
4    else:
5        print("不是闰年")
```

【例 4-13】　从键盘输入一串字符,统计其中字母字符、数字字符和其他字符的个数。
编写程序如下:

```
1    ch=input("输入一串字符:")
2    n1=n2=n3=0
3    for c in ch:
4        if 'a'<=c<='z' or 'A'<=c<='Z':
5            n1+=1
6        elif '0'<=c<='9':
7            n2+=1
```

```
8       else:
9              n3 +=1
10  print("字母字符个数是:",n1)
11  print("数字字符个数是:",n2)
12  print("其他字符个数是:",n3)
```

运行结果:

输入一串字符:123abcdsA ?
字母字符个数是: 6
数字字符个数是: 3
其他字符个数是: 2

【例 4-14】　根据输入的学生成绩,输出学生成绩对应的等级,要求:设计的程序具有一定的容错能力,即当输入的分数大于 100 分或者小于 0 分时,能给出错误信息。其中 90~100 分为 A 等(优秀),80~89 分为 B 等(良好),70~79 分为 C 等(中等),60~69 分为 D 等(及格),60 分以下为 E 等(不及格)。

问题解析:按照成绩的如下等级,程序使用多分支结构,程序流程图如图 4.13 所示。

成绩	等级
90~100	A 等
80~89	B 等
70~79	C 等
60~69	D 等
0~59	E 等

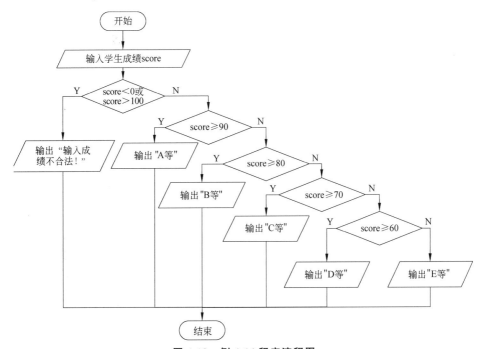

图 4.13　例 4-14 程序流程图

编写程序如下:

```
1   score=int(input("请输入学生成绩:"))
2   if score>100 or score<0:
3       print("成绩录入非法!")
4   elif score>=90:
5       print("学生成绩等级为:"," A 等")
6   elif score>=80:
7       print("学生成绩等级为:"," B 等")
8   elif score>=70:
9       print("学生成绩等级为:"," C 等")
10  elif score>=60:
11      print("学生成绩等级为:"," D 等")
12  elif score>=0:
13      print("学生成绩等级为:"," E 等")
```

【例 4-15】 编程输入三角形的三条边 a、b、c,判断它们是否能组成三角形。若能构成三角形,指出是等腰三角形、直角三角形、等边三角形、等腰直角三角形还是一般三角形?

问题解析:本题处理的一个难点是,要处理好各种三角形之间的逻辑关系,它涉及条件语句的合理运用。三角形之间的逻辑关系如图 4.14 所示。

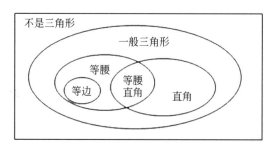

图 4.14   各种三角形之间的逻辑关系

从图 4.14 可以看出,三角形之间不是完全独立的关系,它们之间存在一定的交叉,如等腰三角形和直角三角形之间存在一个交集——等腰直角三角形。另外,等腰三角形中还有一个等边三角形,它是包含在等腰三角形中的一个小子集。若三角形为等边三角形则肯定不是直角三角形。若显示等边三角形则不应该再显示等腰三角形。因此等边三角形的判断和等腰、直角之间可以使用 if-elif 的嵌套结构。

编写程序如下:

```
1   a,b,c=map(int,input().split())
2   if a<b+c and b<a+c and c<a+b:
3       if a==b==c:
4           print('等边三角形')
5       elif a==b or a==c or b==c:
6           if a*a+b*b==c*c or a*a+c*c==b*b or b*b+c*c==a*a:
```

```
7            print('等腰直角三角形')
8        else:
9            print('等腰三角形')
10   elif a*a+b*b==c*c or a*a+c*c==b*b or b*b+c*c==a*a:
11       print('直角三角形')
12   else:
13       print('普通三角形')
14 else:
15   print('无法构成三角形')
```

运行结果：

```
5 6 7
普通三角形
3 4 5
直角三角形
5 5 5
等边三角形
```

实验四　选择结构使用

一、实验目的

(1) 掌握关系运算符和逻辑运算符的使用方法。

(2) 掌握 in 和 is 运算符的使用方法。

(3) 掌握三种选择结构(单分支、双分支、多分支)的使用方法。

(4) 掌握第三方库(time 和 datetime)的使用方法。

二、实验内容

1. 输入一个字符,判断它是否是大写字母,如果是,将它转换成它所对应的小写字母;如果不是,则不转换,然后输出所得的字符。

提示:假设变量 ch 为输入的字符,用条件表达式来处理,当字母是大写时,转换为小写,否则不转换。

2. 输入一个日期,判断这天是某年的第几天。

3. 编程输出 PM2.5 空气质量提醒:如果 PM2.5 值大于或等于 75,输出"空气重度污染警告!";如果 PM2.5 值大于或等于 35 且小于 75,输出"空气污染警告!";如果 PM2.5 值小于 35,输出"空气质量优,建议户外运动!"。

4. 某快递公司,邮寄包裹的运费和重量的关系如下:1kg 及以内是 10 元;若重量超过 1kg,每 kg 的续重价格是 9 元;若重量超过 10kg,则每公斤的续重价格是 8 元。编程实现根据输入的重量计算出应付的运费。

5. 某大学对不同类型的学生听课采取不同的收费标准,按规定:本校全日制学生不收费;本校自费生选修 12 学分及以下收费 300 元,在此基础上,每增加一个学分收费 50 元;外校学生选课 12 学分及以下收费 600 元,在此基础上,每增加一个学分收费 80 元。

输入某个学生的学号和所修学分,根据选择的学生类型,计算该学生应付的学费。

6. 用户输入若干个分数,求所有分数的平均分。要求每输入一个分数后询问是否继续输入下一个分数,回答"Yes"就继续输入下一个分数,回答"No"就停止输入分数。

7. 编写一个程序输出当前时间的下一秒,要求用户在第一行按照"小时:分钟:秒"的格式输入一个时间。在下一行输出这个时间的下一秒。

8. 计算工资收入,假设税前工资和税率如下(s 代表税前工资,t 代表税率):

$$s < 1000 \qquad t = 0$$
$$1000 <= s < 2000 \qquad t = 10\%$$
$$2000 <= s < 3000 \qquad t = 15\%$$
$$3000 <= s < 4000 \qquad t = 20\%$$
$$4000 <= s \qquad t = 25\%$$

编写一程序,要求用户输入税前工资额,然后用多分支语句计算税后工资额。从键盘输入的税前工资 s,可以是浮点数。输出税后工资额,保留小数后两位。

9. 编程实现模拟袖珍计算器:要求输入两个整数运算数(data1 和 data2),以及一个运算符(op),计算表达式 data1 op data2 的值,其中 op 可以是+、-、*、/,根据操作符输出结果。要注意除法中除数为零的异常情况。

10. 编程实现鸡兔同笼的问题。假设在同一个笼子里共有 x 只鸡和兔,鸡和兔的总脚数为 y 只,其中,x 和 y 由用户从键盘输入,计算鸡和兔各有多少只?

11. 编写一个根据体重和身高计算 BMI 值的程序,并同时输出国际、国内的 BMI 指标建议值。

BMI 的定义如下:

$$BMI = 体重(kg) \div 身高^2(m^2)$$

例如,一个人身高 1.75m、体重 75kg,其 BMI 值为 24.49。

分类	国际 BMI 值/(kg/m²)	国内 BMI 值/(kg/m²)
偏瘦	<18.5	<18.5
正常	18.5~25	18.5~24
偏胖	25~30	24~28
肥胖	>=30	>=28

三、实验指导

请仔细分析 4.6 节综合案例,根据综合案例完成实验题目。

习 题 四

一、判断题

1. if 语句代码块必须缩进,且必须是 4 个空格。   (   )

2. 以下两段代码功能等价的说法正确吗?   (   )

```
x=int(input("input x:"))         x=int(input("input x:"))
if x<=10:                        if x<=10:
    result=x * 0.1                  result=x * 0.1
elif x<20:                       elif x>10 and x<20:
    result=x * 10                   result=x * 10
print(result)                    print(result)
```

3. 表达式 3<5>2 的值为 True。　　　　　　　　　　　　　　　　（　　）

4. 表达式 3 and not 5 的值为 True。　　　　　　　　　　　　　　（　　）

5. 表达式 5 if 5>6 else（6 if 3>2 else 5）的值为 5。　　　　　　（　　）

6. 在 Python 中可以使用 if 作为变量名。　　　　　　　　　　　　（　　）

7. Python 使用缩进来体现代码之间的逻辑关系。　　　　　　　　（　　）

二、单选题

1. 执行下列 Python 语句后将产生的结果是（　　）。

```
a=5;b=5.0
if (a==b):
    print("相等")
else:
    print("不相等")
```

　　A. 相等　　　　　　　　B. 不相等　　　　　　　C. 编译错误　　　　　　D. 运行时错误

2. 执行下列 Python 语句后,输出的结果是（　　）。

```
x=55
if (x):
    print (True)

else:
    print(False)
```

　　A. 1　　　　　　　　　B. 55　　　　　　　　　C. True　　　　　　　　D. False

3. 用 if 语句表示如下分段函数 f(x),下面不正确的代码段是（　　）。

$$f(x)=\begin{cases} 2x+1 & x\geqslant 1 \\ 3x/(x-1) & x<1 \end{cases}$$

　　A. if x>=1：f=2 * x+1
　　　　　　f=3 * x/(x-1)

　　B. if x>=1：f=2 * x+1
　　　　　　if x<1：f=3 * x/(x-1)

　　C. f=3 * x/(x-1)
　　　　　　if (x>=1)：f=2 * x

　　D. if (x<1)：f=3 * x/(x-1)
　　　　　　else：f=2 * x+1

4. 下面 if 语句统计同时满足"职业(x)为学生、性别(y)为女、年龄(z)小于 20 岁"条件的人数,正确的语句为(   )。

    A. if (x=='学生' or y=='女' or z<20):n+=1

    B. if (x=='学生' and y=='女' and z<20):n+=1

    C. if (x=='学生' or y=='女' and z<20):n+=1

    D. if (x=='学生' and y=='女' or z<20):n+=1

5. 下面程序段求两个数 x 和 y 中的较大数,(   )是不正确的。

    A. maxnum=x if x>y else y

    B. maxnum=math.max(x,y)

    C. if(x>y):maxnum=x

        else:maxnum=y

    D. if(y>=x):maxnum=y

        maxNum=x

6. 下面 if 语句统计"成绩(score)良好的男生以及不及格的男生"的人数,正确的语句为(   )。

    A. if(sex=='男' and score<60 or score>=80):n+=1

    B. if(sex=='男' and score<60 and score>=80):n+=1

    C. if(sex=='男' and (score<60 or score>=80)):n+=1

    D. if(sex=='男' or score<60 or score>=80):n+=1

7. 关于分支结构,以下选项描述不正确的是(   )。

    A. if 语句中条件部分可以使用任何能够产生 True 和 False 的语句和函数

    B. 双分支结构有一种紧凑形式,使用关键字 if 和 elif 实现

    C. 多分支结构用于设置多个判断条件以及对应的多条执行路径

    D. if 语句中的语句块执行与否依赖于条件判断

第5章

循 环 结 构

在结构化程序设计方法中,循环结构是最复杂的结构。通过循环结构与顺序结构、选择结构相结合,可以解决所有的计算机编程问题。本章从循环结构的基本概念入手,读者需要掌握 while 和 for-in 结构,理解嵌套式循环结构的使用方法,掌握控制循环结构的 break 和 continue 语句的使用,以及两者之间的区别;了解 Python 语言中异常捕捉的使用方法;掌握 turtle 库的常用函数使用方法,绘制简单图形。

5.1　循环结构概述

利用选择结构可以根据条件确定执行的流程,但如果要重复执行一些操作,如计算连续多个整数的和,例如求 1～1000 的累加和,选择结构就无法实现。这种情况就需要用程序设计语言中的循环结构。

循环结构是在满足一个指定的条件下,重复执行一条或多条语句的过程。Python 根据循环体触发条件的不同,分为无限循环 while 结构和遍历循环 for-in 结构。循环体执行与否,以及执行的次数由循环条件来决定。使用循环结构,可以减少源程序重复编写的工作量,降低程序的复杂度。

相同或不同的循环结构之间可以相互嵌套,也可以与选择结构嵌套使用,用来编写更为复杂的程序。为了优化程序以获得更高的效率和运行速度,在编写循环结构时,应尽量减少循环体内部不必要的计算,将与循环变量无关的代码尽可能放到循环体外。对于多重循环,尽可能减少内循环的计算。

5.2　while 循环结构

5.2.1　while 的基本结构

while 语句是一种"当型"循环结构,只有当条件满足时才执行循环体。while 循环语句的语法格式为:

```
while 表达式:
    语句/语句块
```

执行时先计算表达式(条件)的值,当给定的条件成立,即表达式的结果为 True 时,执行语句/语句块(循环体);当到达循环语句的结束点时,转到 while 处继续判断表达式

Python 基础与应用开发

的值是否为 True,若是,则继续执行循环体,如此周而复始,直到表达式的值为 False 退出 while 循环,转到循环语句的后继语句执行。其流程图如图 5-1 所示。

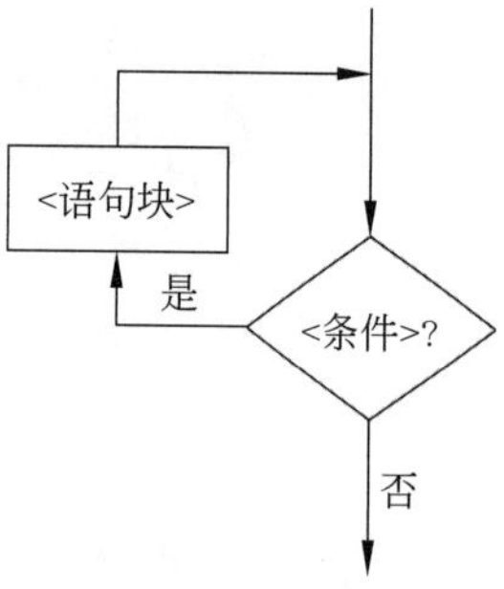

这里有几点要注意:

(1) while 语句是先判断再执行,所以循环体有可能一次也不执行。

(2) 循环体中必须包含能改变循环条件的语句,使循环趋于结束,否则,若表达式的结果始终是 True,会造成死循环。

(3) 要注意语句序列的对齐,while 语句只执行其后的一条或一组同一层次的语句。

图 5.1 while 循环的流程图

5.2.2 while 的使用示例

【例 5-1】 计算 $1+2+\cdots+100$ 的累加和。
编写程序如下:

```
1    sum=0
2    i=1
3    while i<=100:
4        sum+=i
5        i+=1
6    print("1+2+...+100={:d}".format(sum))
7    程序运行结果为:
8    1+2+… +100=5050
```

本例的 while 循环体包括两条语句 sum+=i 和 i+=1,如果漏写 i+=1,则循环变量 i 始终等于 1,条件表达式 i<=100 始终满足,将造成死循环。另外,如果 i+=1 无缩进而与 while 对齐,则表示它不在 while 语句的循环体中,这种情况同样会造成死循环。因此,在使用 while 语句时要注意条件表达式是否发生变化。

【例 5-2】 求两个正整数的最大公约数和最小公倍数。

分析:计算两个正整数的最大公约数可以用辗转相除法。辗转相除法的具体描述如下:

① 判断 x 除以 y 的余数 r 是否为 0。若 r 为 0,则 y 是 x、y 的最大公约数,继续执行后续操作;否则 y→x,r→y,重复执行第①步。

② 输出(或返回)y。

③ 两数乘积除以最大公约数即可得到最小公倍数。

编写程序如下:

```
1    x=eval(input('输入第一个数:'))
2    y=eval(input('输入第二个数:'))
3    z=x*y
```

```
4    if x<y:
5        x,y=y,x
6    while x%y!=0:
7        r=x%y
8        x=y
9        y=r
10   print('最大公约数=',y)
11   print('最小公倍数=',z//y)
```

运行结果：

```
输入第一个数:14
输入第二个数:6
最大公约数=2
最小公倍数=42
```

【例 5-3】 利用如下公式计算 π。当通项的绝对值小于或等于 10^{-8} 时停止计算。

$$\frac{\pi}{4}=1-\frac{1}{3}+\frac{1}{5}-\frac{1}{7}+\cdots$$

编写程序如下：

```
1    import math
2    x,s=1,0
3    sign=1
4    k=1
5    while math.fabs(x)>1e-8:
6        s+=x
7        k+=2
8        sign*=-1
9        x=sign/k
10   s*=4
11   print('pi={:.15f}'.format(s))
```

运行结果：

```
pi=3.141592633590251
```

math 标准库中的 pi 值等于 3.141592653589793，可以看到，本例中利用公式计算的结果在误差的要求范围内，与标准库中的标准值基本一致。

5.3 for-in 循环结构

Python 中的 for-in 循环一般适用于已知循环次数的场合，尤其适用于枚举、遍历序列或迭代对象中的元素。Python 中的 for-in 循环语句功能更加强大，编程时一般优先考虑使用 for-in 循环。

5.3.1 for-in 的基本结构

for-in 循环语句用于遍历可迭代对象集合中的元素,并对集合中的每个元素执行一次相关的循环语句块,当集合中所有元素完成迭代后,结束循环体,继续执行后面的语句。在 Python 中 for-in 语句语法形式为:

```
for  <循环变量>  in  序列或可迭代对象:
    语句/语句块
[else:
    else 子句代码块]
```

例如:

```
for num in ['11','22','33']:
    print(num)
```

注意:如果循环是因为 break 结束的,就不执行 else 中的代码,具体请参考 5.5.3 节。

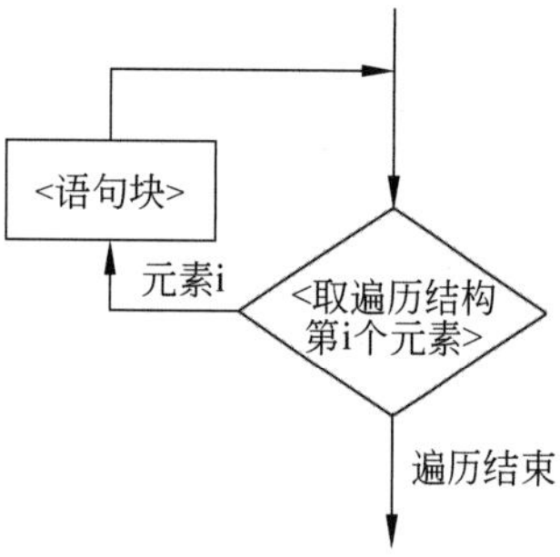

for-in 循环结构的流程图如图 5.2 所示。

图 5.2 for-in 语句流程图

可迭代对象指可以按次序迭代(循环)的对象,一次返回一个元素,适用于循环。Python 包括以下几种可迭代对象。

(1) 序列:字符串(str)、列表(list)、元组(tuple)。

(2) 迭代器对象(iterator)。

(3) 生成器函数(generator)。

(4) enumerate()函数产生字典的键和文件的行等。

迭代器是一个对象,表示可迭代的数据集合,包括方法__iter__()和__next__(),可实现迭代功能。

生成器是一个函数,使用 yield 语句,每次产生一个值,也可以用于循环迭代。执行时变量取可迭代对象中的一个值,执行语句序列,再取下一个值,继续执行语句序列。

例如:

```
for i in [1,2, 3]:
    print(i)
```

运行结果如下:

```
1
2
3
```

又如:

```
>>>for item in enumerate(['a','b','c']):
    print(item)
```

运行结果如下：

```
(0, 'a')
(1, 'b')
(2, 'c')
```

其中，前一示例中的[1,2,3]是一个列表，产生的是一个包含 3 个元素的序列，后一示例中的 enumerate(['a','b','c'])产生的是一个迭代器，对于每一个产生的元素执行一次 print()函数。序列中使用最多的是列表，迭代时为什么不直接使用列表（或其他序列对象）而要用迭代器呢？那是因为若使用列表，在每次取值时会一次性获取所有值，如果值较多，会占用较多的内存；迭代器则是一个接一个地计算值，在计算一个值时只获取一个值，占内存少。

使用迭代器还有很多其他优点，如使代码更通用简单，更为优雅，有兴趣的读者可以继续深入挖掘。for-in 语句主要用来迭代，但迭代的方式有多种，可以用序列迭代，也可以用序列索引迭代，还可以用迭代器迭代。另外，如字典的键和文件的行等可迭代对象也有自己的迭代方式。

range()函数是一个可迭代对象，产生不可变的整数序列，常常用在 for 循环语句中，为 for 循环提供所需的数字容器。range()函数返回的结果是一个整数序列的对象，而不是列表。

例如：

```
>>>ls=range(0,24,5)
>>>list(ls)
    [0, 5, 10, 15, 20]
>>>ls1=range(0,-10,-2)
>>>list(ls1)
    [0, -2, -4, -6, -8]
>>>for i in range(1,5):
    print(i * i)
    1
    4
    9
    16
```

例如，求 1＋2＋3＋…＋100 累加和的代码如下：

```
sum=0
for i in range(0,101,1):
    sum=sum+x
    print('累加和是：', sum)
```

5.3.2　for-in 的使用示例

【例 5-4】　求斐波那契(Fibonacci)数列的前 20 项。斐波那契数列定义如下：

$$\begin{cases} F_0 = 0 \\ F_1 = 1 \\ F_i = F_{i-1} + F_{i-2} \end{cases}$$

分析：斐波那契数列的前两项分别是 0 和 1，从第 3 项开始，后项都是前两项之和。

斐波那契数列的每一项可以用简单的整型变量表示、迭代并逐步输出，也可以用列表将数列中的所有值都保存下来，最后统一输出该列表。这里我们使用列表来求解。

编写程序如下：

```
1    f=[0]*20                          #生成一个元素是 20 个 0 的列表
2    f[0],f[1]=0,1
3    for i in range(2,20):
4        f[i]=f[i-1]+f[i-2]
5    print(f)
```

运行结果：

```
[0, 1, 1, 2, 3, 5, 8, 13, 21, 34, 55, 89, 144, 233, 377, 610, 987, 1597, 2584, 4181]
```

再以一个简单的例子，来对比一下同一个问题怎样用序列索引迭代和序列迭代来求解。

【例 5-5】 竖着打印"Hello World!"字符串。

编写程序如下：

方法一

```
1    x = 'Hello World!'
2    for i in x:
3        print(i)
```

方法二

```
1    x = 'Hello World!'
2    for i in range(len(x)):
3        print(x[i])
```

【例 5-6】 编程求 n!的值。

分析：此题目为经典的累计求和变形问题。n 从键盘输入，t 用于存放累乘结果，t= 1 * 2 * 3 * 4 * ⋯ * n，t 的初值为 1，控制循环的变量 i 的初值为 1，终值为 n，当 i=n+1 时结束循环。

编写程序如下：

```
1    n=int(input("请输入要求阶乘的 n 值:"))
2    t=1
3    for i in range(1,n+1):
4        t=t*i
5    print(t)
```

运行结果：

请输入要求阶乘的 n 值:5

120

拓展：如果把此例改为求 1!＋2!＋3!＋…＋n!,如何实现?

参考实现代码如下：

```
n=int(input("请输入 n 的值:"))
t=1               #累乘初值
s=0               #累加和初值
for i in range(1,n+1):
    t=t * i
    s=s+t
print(t,s)
```

【例 5-7】 使用 for 循环语句编写程序,打印由★、■符号组成的一座房子。程序运行效果如图 5.3 所示。

分析：需要 2 个循环语句分别打印房子的顶部和底部。使用语句 i * "★"打印 i 个★,语句 i * "■"打印 i 个■,使用方法 center(20-i)控制打印位置。

编写程序如下：

图 5.3 例 5-7 运行效果

```
1   for i in range(1,5):
2       print((i * "★").center(20-i))
3   for j in range(1,5):
4       print((4 * "■ ").center(20))
```

【例 5-8】 输出“水仙花数”。所谓水仙花数是指一个 3 位的十进制数,其各位数字的立方和等于该数本身。例如,153 是水仙花数,因为 $1^3＋5^3＋3^3＝153$。

编写程序如下：

方法一,序列解包法。

```
1   for i in range(100, 1000):
2       bai, shi, ge =map(int, str(i))
3       if ge**3 +shi**3 +bai**3 ==i:
4           print(i)
```

方法二,函数式编程。

```
1   for num in range(100, 1000):
2       r =map(lambda x:int(x)**3,str(num))
3       if sum(r) ==num:
4           print(num)
```

运行结果：

```
153
370
371
407
```

5.4   嵌套循环

一个循环结构可以包含一个或多个循环结构，这种一个循环结构的循环体内又包含一个或多个循环结构的情况，称为嵌套循环，也称为多重循环，其嵌套层数视问题复杂程度而定。while 语句和 for-in 语句可以嵌套自身语句结构，也可以相互嵌套，可以呈现各种复杂的形式。下面来看一个经典的嵌套循环示例。

【例 5- 9】　编写程序，统计一元人民币换成一分、两分和五分的所有兑换方案个数。

分析：这个问题可以用三重循环直接解决，也可以用两重循环，且两重循环效率更高。

编写程序如下：

方法一，利用 for-in 结构。

```
1   i,j,k=0,0,0                          #i,j,k分别代表五分、两分和一分的数量
2   count=0
3   for i in range(21):
4       for j in range(51):
5           k=100-5*i-2*j
6           if k>=0:
7               count+=1
8   print('count={:d}'.format(count))
```

方法二，利用 while 结构。

```
1   i,j,k=0,0,0                          #i,j,k分别代表五分、两分和一分的数量
2   count=0
3   while i<=20:
4       j=0
5       while j<=50:
6           k=100-5*i-2*j
7           if k>=0:
8               count+=1
9           j+=1
10      i+=1
11  print('count={:d}'.format(count))
```

运行结果：

```
count=541
```

【**例 5-10**】 从两个列表中分别选出一个元素,组成一个元组放到一个新列表中,要求新列表中包含所有的组合。

编写程序如下:

```
1   result=[]
2   pdlList=['C++','Java','Python']
3   creditList=[2,3,4]
4   for pdl in pdlList:
5       for credit in creditList:
6           result.append((pdl,credit))
7   print(result)
```

运行结果:

```
[('C++', 2), ('C++', 3), ('C++', 4), ('Java', 2), ('Java', 3), ('Java', 4),
('Python', 2), ('Python', 3), ('Python', 4)]
```

5.5 break 与 continue 语句

正常来说,执行到条件为假,或迭代取不到值时,循环将结束,但有时需要提前终止循环或提前结束本轮循环的执行(并非终止循环语句的执行),这就需要用到 break 语句和 continue 语句。

5.5.1 break 语句

break 语句用来终止当前循环,转而执行循环之后的语句。例如,对于如下程序:

```
s=0
i=1
while i<10:
    s+=i
    if s>10:
        break
    i+=1
print('i={0:d},sum={1:d}'.format(i,s))
```

程序运行结果为:

```
i =5,sum=15
```

从程序运行结果可以看到,s 是 1+2+3+⋯不断累加的和,当 i 等于 5 时,s 第一次大于 10,执行 break 语句跳出 while 循环语句,继续执行 print 函数调用语句,此时 s 的值为 15,i 的值为 5。

上例中语句"while i<10:"意义不大,这种情况常常会将此条语句替换成另一种在 Python 中常与 break 语句一起使用的循环控制语句 while True。因此,上面程序中的核

心代码可替换成如下形式：

```
s=0
i=1
while True:
    s+=i
    if s>10:
        break
    i+=1
print('i={0:d},sum={1:d}'.format(i,s))
```

break 语句用来跳出其所在的循环。如果是一个双重循环，那么在内层循环有一个 break 语句时将如何执行？是否会跳出两重循环？来看一个简单的例子。

```
for i in range(11):
    for j in range(11):
        if i * j>=50:
            break
print(i,j)
```

上述代码的运行结果是：

```
10 5
```

当 i 和 j 分别等于 5 和 10 时，i 和 j 的乘积第一次等于 50，如果 break 语句可以跳出双重循环，则输出结果应该是"5 10"，而程序的实际输出结果是"10 5"，这表明 break 只能跳出紧包层，即 break 所在层次的循环。在使用嵌套循环时要注意这类问题。

【例 5-11】 输出 2～100 的素数，每行显示 5 个。

分析：如果一个正整数 n 只能被 1 和 n 自身整除，则称 n 为素数（prime）。例如，13 是素数，而 6 不是素数。因此，可以将素数判断算法设计为：若 n 不能被 2～n－1 的任一个整数整除，则 n 是素数，否则 n 不是素数；如果发现能被某个整数整除了，可立即停止判断 n 是否能被范围内其他整数整除。进一步分析，如果确定 n 不能被 2～n/2 的所有整数整除，就可以断定 n 是素数；接着还可以证明，如果 n 不能被 2～$\sqrt{n}$ 的所有整数整除，则 n 是素数。

编写程序如下：

```
1    from math import sqrt
2    j=2
3    count=0
4    while j<=100:
5        i=2
6        k=int(sqrt(j))              #sqrt 函数用来求平方根
7        while i<=k:
8            if j%i==0:
9                break
```

```
10          i+=1
11      if i>k:
12          count+=1
13          if count%5==0:
14              print(j,end='\n')
15          else:
16              print(j,end=' ')
17
18      j+=1
```

运行结果：

```
 2  3  5  7 11
13 17 19 23 29
31 37 41 43 47
53 59 61 67 71
73 79 83 89 97
```

5.5.2　continue 语句

continue 语句用在 while 循环和 for 循环中，用来跳过循环体内 continue 后面的语句，并开始新一轮的循环。例如，对于如下程序：

```
for i in range(1,21):
    if i%3!=0:
        continue
    print(i,end=' ')
```

程序的功能是对于在 1～20 的数，当它是 3 的倍数时执行 print(i, end='')函数调用语句；当它不是 3 的倍数时执行 continue 语句，跳过其后的 print()函数调用语句，继续执行下一轮循环。由此可以很容易看出程序的输出结果为：

```
3 6 9 12 15 18
```

将 break 和 continue 语句做一个对比。

```
for i in range(1,21):          for i in range(1,21):
    if i%3!=0:                     if i%3!=0:
        break                          continue
    print(i,end=' ')               print(i,end=' ')
```

当 i 等于 1 时，i%3 不等于 0，执行 break 语句将直接跳出循环，print()函数调用语句一次都没有执行；而执行 continue 语句则只是跳过该轮循环中的 print(i, end='')语句，进入下一轮循环。两者区别的关键点是 break 语句跳出所有轮循环，而 continue 语句则是跳出本轮循环。由此可以知道，第一个程序没有任何输出，第二个程序则输出 1～20 中所有 3 的倍数。

break 语句使用较多,而 continue 语句实际使用次数并不多,一般在能够明显降低程序的设计和算法理解难度时才使用 continue 语句,这是因为 continue 语句常常是可替代的。例如,前面的例子可以改写成如下形式:

```
for i in range(1,21):
    if i%3==0:
        print(i,end=' ')
```

改写的方式很简单,把原先执行 continue 语句的条件取反即可。

注意:continue 可能带来一些问题。例如,如果输出 10 以内所有奇数,看看下面两段代码。分别运行这两段代码会发现,右侧代码正常输出,而左侧代码是死循环,按 Ctrl+C 键可退出死循环。这里的问题就出在 i+=1 上,左侧代码中 i 的值始终 0,i+=1 语句始终没有被执行到。

```
i=0
while i<11:
    if i%2==0:
        continue
    print(i)
    i+=1
```

```
i=0
while i<11:
    i=i+1
    if i%2==0:
        continue
    if i<11:
        print(i)
```

5.5.3 循环结构中的 else 子句

在 Python 中,在 while 语句和 for 语句中还可以使用 else 子句,使用时 else 子句放在 while 和 for 语句的下面,如果循环是从正常出口(即 while 后的表达式为 False 或 for 语句后面的迭代正常结束时)结束退出的,则执行 else 子句;若非正常迭代结束退出(如因为执行了 break 语句而提前退出循环),则不执行 else 子句。

else 子句的使用非常简洁有效,可以让程序员或用户很清楚地知道循环结束后是正常退出还是中途退出。例如,判断一个数是不是素数,用 else 子句设计会比较简单自然,也更为容易被理解。

【例 5-12】 输入一个整数,并判断其是否为素数。

如果输入的整数有有效因子(除了 1 和它本身的因子),则可以直接输出该数为非素数的结论,并继而执行 break 语句跳出循环;如果没有执行过 break 语句,则表示循环正常结束,即此整数无有效因子,则表明它是一个素数,因此执行 else 子句的输出语句。

编写程序如下:

```
1    from math import sqrt
2    num=int(input('Please enter a number:'))
3    j=2
4    while j<=int(sqrt(num)):
```

```
5        if num%j==0:
6            print('{:d} is not a prime.'.format(num))
7            break
8        j+=1
9    else:
10       print('{:d} is a prime.'.format(num))
```

运行结果：

```
Please enter a number:13
13 is a prime.
Please enter a number:6
6 is not a prime.
```

【例 5-13】　程序随机产生一个 0～100 的整数，让玩家竞猜，允许玩家自己控制游戏次数。如果猜中系统给出提示"恭喜你，猜对了！"并退出程序；如果猜错则给出"Too large，please try again."或"Too small，please try again."的提示；如果不想继续玩，可以退出并给出提示"byebye！"。

分析：之前提出的猜数字游戏问题（如例 4-9）都只能猜一次，但这并不符合游戏精神，玩家更希望能控制游戏次数并自由决定是继续或是退出游戏。学习了循环结构和 break 语句后，就可以比较容易地解决这个问题了。另外，为了更明确地表示用户没有猜对但自己选择提前退出游戏，可以在尾部加入 else 子句加以说明。

编写程序如下：

```
1    from random import randint
2    x=randint(0,100)
3    go='y'
4    while(go=='y'):
5        digit=int(input('Please input a number between 0-100:'))
6        if digit==x:
7            print('恭喜你,猜对了!')
8            break
9        elif digit>x:
10           print('Too large,please try again.')
11       else:
12           print ('Too small,please try again.')
13       print('Input y if you want to continue.')
14       go=input()
15   else:
16       print(' byebye !')
```

运行结果：

```
Please input a number between 0-100:9
Too small,please try again.
```

```
Input y if you want to continue.
y

Please input a number between 0-100:88
Too large,please try again.
Input y if you want to continue.
n
byebye !
```

如果输入的整数与生成的随机数 x 相等,就会执行 break 语句,然后跳出 while 循环,从而结束程序运行;如果没有猜中,则会执行"print('Input y if you want to continue.')"语句,然后根据输入是否为"y"来确定 while 循环是否从正常出口退出。如果输入的不是"y",则会执行最后的 else 子句,表示主动结束游戏。

5.6　特殊循环——列表解析

Python 中有一种特殊的循环,即通过 for 语句结合 if 语句,利用其他列表动态生成新列表,这种特殊的轻量级循环称为列表解析(list comprehension,也称为列表推导式)。列表解析的语法形式如:

```
[表达式 for 表达式 1 in 序列 1
    for 表达式 2 in 序列 2
     …
    for 表达式 N in 序列 N
    if 条件]
```

列表解析中的多个 for 语句相当于 for 结构中的嵌套使用。方括号[]不能省略。列表解析在内部实际上是一个循环结构,只是形式更加简洁,例如:

```
>>>aList = [x * x for x in range(5)]
    [0, 1, 4, 9, 16]
```

相当于

```
>>>aList = []
>>>for x in range(10):
        aList.append(x * x)
```

也相当于

```
>>>aList =list(map(lambda x: x * x, range(5)))
```

列表解析举例:

```
>>> [x for x in range(10)]                          #1
    [0, 1, 2, 3, 4, 5, 6, 7, 8, 9]
>>> [x**2 for x in range(10)]                       #2
```

```
    [0, 1, 4, 9, 16, 25, 36, 49, 64, 81]
>>>[x**2 for x in range(10) if x**2<50]                    #3
    [0, 1, 4, 9, 16, 25, 36, 49]
>>>[(x+1,y+1) for x in range(2) for y in range(2)]         #4
    [(1, 1), (1, 2), (2, 1), (2, 2)]
```

第 1 个列表解析动态创建了一个 0～9 的简单整数序列;第 2 个列表解析对 range(10)中每一个值求平方数;第 3 个列表解析进一步对于 range(10)中的每一个值加入 if 语句"if x**2<50",只生成比 50 小的平方数;第 4 个列表解析中使用了嵌套的 for 语句。(x+1,y+1)的所有组合就包含了 x 按 0～1、y 也按 0～1 的变化。

通过以上 4 个例子可以看到,用列表解析动态生成列表是一种简单、快速和有效的方法。列表解析也可以与其他语句一起使用,下面举一个有趣的例子。

【例 5-14】　阿凡提与国王比赛下棋。棋盘一共 64 个小格子,在第一个格子里放 1 粒米,第二个格子里放 2 粒米,第三个格子里放 4 粒米,第四个格子里放 8 粒米,以此类推,后面每个格子里的米都是前一个格子里的 2 倍,一直把 64 个格子都放满,问需要多少粒米?

编写程序如下:

```
print(sum([2**i for i in range(64)]))
```

运行结果:

```
18446744073709551615
```

提示:Python 中还有一个语法形式上与列表解析很相似的生成器表达式,只是把"[…]"换成"(…)"。与列表解析不同的是,生成器表达式并不是创建一个列表,而是返回一个生成器,生成器是一个返回迭代器的函数,是一种特殊的迭代器,它在内部实现了迭代器协议,每次计算出一个条目后把这个条目"产生"(yield)出来,使用"惰性计算"(lazy evaluation)机制,只有在检索时才被赋值,因此在处理量大数据时有优势。

5.7　异常捕捉

在编写程序时常常会犯错。程序设计错误可以分为 3 类:语法错误、运行时错误和逻辑错误。错误可能会导致一些非预期的结果或终止程序运行,排除错误后才能再次编译或解释执行。在 Python 中同样如此,如果解释器检测到错误时,就会终止程序运行并报告错误类型,这就是异常(Exception)。Python 有很有效的异常处理方法,本节介绍 Python 中异常发生的情况、常见的异常类、如何检测和捕捉异常。

5.7.1　Python 中的异常

程序产生语法错误是由于没有按照程序设计语言的语法规则书写程序而导致的。例如,漏写了空格,在 Python 3.X 中将 print()函数误写成 print 语句等;运行时错误是运行程序时发生的错误,如除数为 0、打开一个不存在的文件等;逻辑错误是程序逻辑上发生的错误,如引用了错误的变量、算法不正确等,这类错误编译器和解释器无法直接发现。

为了保证程序的健壮性,在编写程序时,除了要考虑通常情况,还需要考虑可能会发生的异常情况,如果程序中有除法,需要考虑除数是 0 的情况,否则会发生错误。例如:

```
>>>1/0
    Traceback (most recent call last):
        File "<pyshell#6>", line 1, in <module>
            1/0
    ZeroDivisionError: division by zero
```

Python 用异常对象(exception object)表示异常情况,遇到错误时如果异常对象没有被捕捉或处理时,程序就会出现如上述代码所示的错误信息,给出提示,并终止程序的执行(因为异常可能会在一系列嵌套较深的函数调用中引发,所以称为回溯(Traceback),或称为跟踪)。Python 中的每一个异常都是类的实例。例如,执行"1/0"后引发的 ZeroDivisionError。再如:

```
>>>y=x+1
    Traceback (most recent call last):
        File "<pyshell#0>", line 1, in <module>
            y=x+1
    NameError: name 'x' is not defined
```

由于使用了未定义的变量 x,所以引发了 NameError 异常。Python 中内建的异常类很多,与查看内部函数的方法一样,也可以利用 dir()函数来查看异常类:

```
>>>dir (__builtins__)
[' ArithmeticError ', ' AssertionError ', ' AttributeError ', …]
```

Python 中的重要内部异常类和描述如表 5.1 所示。

表 5.1 重要内部异常类及其描述

序号	异 常 名 称	描　述
1	AttributeError	尝试访问未知的对象属性
2	EOFError	用户输入文件末尾标志 EOF
3	FloatingPointError	浮点计算错误
4	ImportError	导入模块失败
5	IndexError	索引超出序列的范围
6	NameError	尝试访问一个不存在的变量
7	SyntaxError	Python 的语法错误
8	TypeError	不同类型间的无效操作
9	UnboundLocalError	访问一个未初始化的本地变量(NameError 的子类)
10	UnicodeError	Unicode 相关的错误(ValueError 的子类)
11	UnicodeEncodeError	Unicode 编码时的错误(UnicodeError 的子类)

编程时也可以用 if 语句对特殊情况进行处理,比如判断除数是否为 0:

```
if y!=0:
    print(x/y)
else:
    print('division by zero')
```

但这种做法不够灵活,有时效率也不高。Python 中提供了简单且自然的异常处理方法。因为这些示例可以被引发、捕捉,对捕捉到的异常可以进行处理,以免程序因为异常而终止运行。

5.7.2 捕捉异常

1. try-except 语句

可以使用 try-except 语句来实现异常捕捉。try-except 语句的一般语法形式为:

```
try:
    被检测的语句块
except 异常类名:
    异常处理语句块
```

例如,对于一个简单的程序:

```
num1=int(input('Enter the first number:'))
num2=int(input('Enter the second number:'))
print(num1/num2)
```

除了为 num2 输入 0 会产生异常外,如下输入也会引发异常:

```
Enter the first number:a
Traceback (most recent call last):
    File "C:\Users\ldy\Desktop\5-16.py", line 1, in <module>
        num1=int(input('Enter the first number:'))
ValueError: invalid literal for int() with base 10: 'a'
```

由于输入了一个 int()函数不支持的字符参数 a,引发了 ValueError 异常。可用 try-except 语句捕捉异常并给出错误处理信息(本例中为简单的输入提示)。

【例 5-15】 改写上述示例,实现程序代码的异常捕捉。

编写程序如下:

```
1   try:
2       num1=int(input('Enter the first number:'))
3       num2=int(input('Enter the second number:'))
4       print(num1/num2)
5   except ValueError:
6       print('Please inputa digit!')
```

运行结果：

```
Enter the first number:a
Please inputa digit!
```

通常，将被检测的语句块放在 try 块中，而将异常处理语句块放在 except 块中。如果被检测的语句块中没有异常，则忽略 except 后的异常处理；否则，执行异常处理语句块，如例 5-15 所示。也可以将例 5-15 改写成处理 ZeroDivisionError 异常类的程序：

```python
try:
    num1=int(input('Enter the first number:'))
    num2=int(input('Enter the second number:'))
    print(num1/num2)
except ZeroDivisionError:
    print('the second number cannot be zero!')
```

输入和执行结果为：

```
Enter the first number:8
Enter the second number:0
the second number cannot be zero!
```

2. 多个 except 子句和一个 except 块捕捉多个异常

可以用多个 except 子句来捕捉不同的异常。例如：

```python
try:
    num1=int(input('Enter the first number:'))
    num2=int(input('Enter the second number:'))
    print(num1/num2)
except ValueError:
    print('Please inputa digit!')
except ZeroDivisionError:
    print('the second number cannot be zero!')
```

这段代码中使用了两个 except 子句来捕捉两种不同的异常。事实上，也可以用一个 except 子句来捕捉多种类型的异常。因此，此段代码也可以改写成如下更简单的形式：

```python
try:
    num1=int(input('Enter the first number:'))
    num2=int(input('Enter the second number:'))
    print(num1/num2)
except (ValueError,ZeroDivisionError):
    print('Invalid input!')
```

如果想要捕捉所有的异常，可以在 except 子句后加 as 子句。利用 as 子句可以获知具体的错误原因，具体格式为：

```python
try:
```

被检测的语句块

except 异常类名 as 错误原因名：

异常处理语句块

print(错误原因名)

例如，给错误原因命名为 err，并在异常处理块中输出该错误原因。

```
try:
    num1=int(input('Enter the first number:'))
    num2=int(input('Enter the second number:'))
    print(num1/num2)
except Exception as err:
    print('Something went wrong!')
    print(err)
```

此段代码运行结果如下：

```
Enter the first number:a
Something went wrong!
invalid literal for int() with base 10: 'a'
```

Exception 类可以捕获所有的常规异常。

5.7.3 else 子句

与 if 语句或循环语句一样，一个 try-except 块也可以有一条 else 子句，如果在 try 块中没有异常引发，则 else 子句被执行，从逻辑上看 else 子句是针对 except 子句而言的。

```
try:
    num1=int(input('Enter the first number:'))
    num2=int(input('Enter the second number:'))
    print(num1/num2)
except(ValueError,ZeroDivisionError):
    print('Invalid input!')
else:
    print('Haha,I am smart.')
```

如果输入正确没有引发异常，则跳过 except 块，执行 else 子句中的语句。输入和执行结果如下：

```
Enter the first number:8
Enter the second number:4
2.0
Haha,I am smart.
```

上面这段中虽然都做了异常处理，但只有简单的提示信息，不能再次输入，如果想要在产生异常后能多次输入直到正确为止，则可以在外层加上 while True 语句。

```
while True:
```

```
try:
    num1=int(input('Enter the first number:'))
    num2=int(input('Enter the second number:'))
    print(num1/num2)
except ValueError:
    print('Please input a digit!')
except ZeroDivisionError:
    print('The second number cannot be zero!')
else:
    break
```

程序的示例输入和执行结果如下：

```
Enter the first number:a
Please input a digit!
Enter the first number:8
Enter the second number:0
The second number cannot be zero!
Enter the first number:8
Enter the second number:4
2.0
```

因为外层有 while True 语句，所以如果没有正确输入，则会引发异常并允许继续循环以等待输入，直到输入正确后跳过 except 块，此时执行 else 子句中的 break 语句来结束循环。

5.7.4   finally 子句

异常语句还可以与 finally 子句配合使用。无论是否发生异常，finally 子句中的语句块都要被执行。

finally 语句的一般格式为：

```
try:
    语句块 1
except 异常类型 1 as 错误原因名:
    语句块 2
    …
else:
    语句块 3
finally:
    语句块 4
```

查看下面的代码及其运行时的输入和输出结果：

```
def finallyTest():
    try:
        num1=int(input('Enter the first number:'))
```

```
        num2=int(input('Enter the second number:'))
        print(num1/num2)
        return 1
    except Exception as err:
        print(err)
        return 0
    finally:
        print('It is a finally clause.')
result=finallyTest()
print(result)
```

正确输入数据时程序运行结果如下：

```
Enter the first number:8
Enter the second number:4
2.0
It is a finally clause.
1
```

错误输入数据时程序运行结果如下：

```
Enter the first number:8
Enter the second number:0
division by zero
It is a finally clause.
0
```

正确输入数据时没有发生异常，执行完 try 中的语句后返回 1，接着执行 finally 中语句，最后输出返回值 1；如果错误输入数据时发生异常，执行 except 中的语句，将错误原因输出后返回 0，接着执行 finally 子句中的语句，最后输出返回值 0。可以看到，不管是否发生异常，finally 子句中的语句块都会被执行。

还可以利用 raise 语句主动引发异常。raise 语句的一般语句格式如下：

```
raise [异常名]
```

读者可自行测试。

5.8　扩展：turtle 库的使用

5.8.1　海龟绘图概述

所谓的海龟绘图，即假定一只海龟（海龟带着一支笔）在一个屏幕上来回移动，当它沿直线移动时会绘制直线。海龟可以沿直线移动指定的距离，也可以旋转一个指定的角度。通过编写代码，可以控制海龟的移动，从而绘制图形。使用海龟绘图，不仅能够使用简单的代码创建出令人印象深刻的视觉效果，而且还可以跟随海龟，动态查看程序代码如何影响海龟的移动和绘制，从而帮助我们理解代码的逻辑。

5.8.2　turtle 库常用方法

Python 标准库中的 turtle 库是绘制图像的函数库,想象有一个小海龟,在一个横轴为 x、纵轴为 y 的坐标系原点(0,0)位置开始(此位置在屏幕中间)。它根据一组函数指令的控制,在这个平面(基于 tkinter 的画布)坐标系中移动,从而在它爬行的路径上绘制了图形,实现海龟绘图的功能。

(1)引入 turtle 库:

```
import turtle
```

(2)创建绘图区域:

```
turtle.setup(width,height,startx,starty)
```

它有 4 个参数:width、height 分别是窗口的宽度和高度;startx、starty 分别是窗口左上角在屏幕中的坐标位置,海龟默认位置在窗口中央。所使用的显示屏幕也是一个坐标系,该坐标系以左上角为原点,向右和向下分别是 x 轴和 y 轴,如图 5.4 所示。

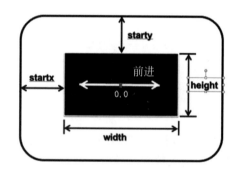

图 5.4　海龟在屏幕的位置示意图

(3)创建海龟对象:

```
tl=turtle.Turtle()                    #创建海龟对象,方便输入 turtle 命令使进行命令提示
```

由于 turtle 库同时实现了函数模式,故也可以不创建海龟对象,直接利用 turtle 调用函数进行绘图。

(4)设置海龟绘图属性。海龟绘图跟人绘图一样,在绘图前先要选择画纸颜色,以及画笔的各种属性。如果不进行这些属性的配置,就采用默认模式。

```
tl.screen.bgcolor("red")              #背景色
tl.pensize(width) /width (width)      #绘制图形时的宽度
tl.color(colorstring)                 #绘制图形时的画笔颜色和填充颜色
tl.pencolor(colorstring)              #绘制图形的画笔颜色
tl.fillcolor(colorstring)             #绘制图形的填充颜色
```

（5）控制和操作海龟绘图。

```
tl.pendown() /pd() /down()                                 #移动时绘制图形,默认时为绘制
tl.penup() /pu() /up()                                     #移动时不绘制图形
tl.forward( distance) /fd(distance)                        #向前移动 distance 指定的距离
#向后移动 distance 指定的距离
tl.backward (distance) /bk (distance) /back( distance)
tl.right(angle)/rt (angle)                                 #向右旋转 angle 指定的角度
tl.left (angle) /lt (angle)                                #向左旋转 angle 指定的角度
tl.goto(x,y)/setpos (x,y)/setposition (x, y)   #将画笔移动到坐标为(x,y)的位置
tl.dot(size=None, * color)                                 #绘制指定大小的圆点
tl.circle (radius, extent=None, steps=None)   #绘制指定大小的圆
#绘制文本
tl.write (arg, move=False, align='left', font=('Arial', 8,'normal'))
tl.stamp ()               #复制当前图形
tl.speed (speed)          #画笔绘制的速度([0,10]之间整数,1 最慢、10 最快,0 没有)
tl.showturtle () /st ()   #显示海龟
tl.hideturtle () /ht ()   #隐藏海龟
tl.clear ()               #清除海龟绘制的图形
tl.reset ()               #清除海龟绘制的图形并重置海龟属性
tl.seth(angle)            #表示小海龟启动时运动的方向。它包含一个输入参数,是角度值
                          #其中,0 表示向东,90°表示向北,180°表示向西,270°表示向南;
                          #负值表示相反方向
```

（6）图形填充颜色：

```
tl.fillcolor('yellow')   #填充颜色
tl.begin_fill()          #填充区域开始
…                        #绘制一个闭合图形
tl.end_fill()            #填充区域结束
```

（7）画面保持：

```
tl.screen.mainloop()     #保持画面不消失,使用 turtle.done()效果一样
```

turtle 库有丰富的绘图函数,读者有兴趣可以访问官方网站进一步学习,网址如下：

https://docs.python.org/zh-cn/3.6/library/turtle.html

5.8.3　turtle 库绘图示例

【例 5-16】　利用 turtle 绘制正方形。

```
1    import turtle
2    tl=turtle.Turtle()            #下面可用 tl,也可用 turtle 调用方法
3    tl.color("blue")
4    tl.pensize(3)
5    tl.speed(1)
```

```
6    tl.goto(0,0)
7    for i in range(4):
8        tl.forward(200)
9        tl.right(90)
```

【例 5-17】 绘制六角星并填涂颜色,效果如图 5.5 所示。

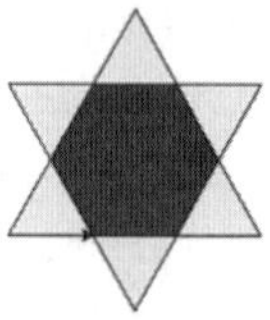

分析:

(1) 每个角是一个标准的等边三角形,把绘制等边三角形作为一个标准函数。

(2) 查看图形,可以看出,绘制的三角形在不断旋转和移动,因此第一步找到三角形绘制起始点的海龟头旋转角度。

图 5.5　例 5-17 程序运行效果图

(3) 转动海龟头后,把海龟移动到新的绘制起点处。

(4) 此时的海龟头刚好与绘制三角形的第一条直线的起始方向相反,因此再转动海龟头 $180°$。

(5) 循环画三角即可。

重点:要计算相邻两个三角旋转的角度,可以利用通用公式进行计算,先算内角,为 $360°/N$,再算外角,为 $180°-360°/N$。

编写程序如下:

```
1    import turtle
2    L=80                          #边长
3    N=6                           #角的个数
4    jiaodu=180-360/(N)            #每个三角形相对于上一个三角的角度,left 转动
5    tl=turtle.Turtle()            #海龟的对象
6    tl.speed(0)
7    tl.screen.delay(20)           #设置以毫秒为单位的绘图延迟
8    def f1():
9        tl.fillcolor("yellow")    #三角形填充颜色
10       tl.begin_fill()           #填充开始
11       for i in range(3):
12           tl.fillcolor()
13           tl.forward(L)
14           tl.right(120)
15       tl.end_fill()             #填充结束
16   #画外部的三角
17   for i in range(N):
18       tl.left(jiaodu)           #下一个三角形的角度
19       tl.penup()
20       tl.forward(L)             #新三角的起始位置
21       tl.pendown()
22       tl.right(180)             #转动到画三角形的相对 0 度
23       f1()
24   #画内部的多边形
```

```
25  tl.fillcolor("red")           #填充颜色
26  tl.begin_fill()
27  for i in range(N):
28      tl.left(jiaodu)
29      tl.forward(L)
30      tl.right(180)             #转动到画三角形的相对 0°
31  tl.end_fill()
32  tl.screen.mainloop()          #启动事件循环,调用 tkinter 的 mainloop 函数必须是
                                  #turtle 图形程序的最后一个语句,作用同 done()函数
```

实验五　循环结构使用

一、实验目的

(1) 掌握 while 循环结构的使用方法。

(2) 掌握 for-in 循环结构的使用方法。

(3) 掌握 break 和 continue 的使用方法。

(4) 理解 break 与 continue 用法的区别。

(5) 掌握利用 turtle 库绘制简单图形的方法。

二、实验内容

1. 打印直角三角形图案。

【问题描述】　编写一个程序,输入一奇数 n(2<n<80),n 表示最长一行的 * 符号的个数,打印如下三角形:

```
*
***
*****
*******
*********
***********
```

该三角形为直角三角形,其底边 * 符号的个数为 n。

输入形式:从标准输入读取一个奇数,表示要打印的最长行中 * 符号的个数(可以加入判断 n 是否为奇数的条件)。

输出形式:向标准输出打印一个三角形,如上图所示,并且在最后一行末也输出一个回车。

2. 求和:编写一个程序,求 s=1+(1+2)+(1+2+3)+…+(1+2+3+…+n)。

3. 韩信点兵:在一千多年前的《孙子算经》中,有这样一道算术题:今有物不知其数,三三数之剩二,五五数之剩三,七七数之剩二,问物几何? 按照今天的话来说就是:一个数除以 3 余 2,除以 5 余 3,除以 7 余 2,求这个数。这样的问题,也有人称为"韩信点兵"。请编程输出 0～1000 以内满足此条件的所有数。

4. 编写一个程序,用户输入若干整数,求出其中的最大、最小整数以及这组数的平

均值。

5. 换钱交易：一个百万富翁碰到一个陌生人，陌生人找他谈了一个换钱的计划。该计划如下：我每天给你十万元，而你第一天给我一元；第二天我仍给你十万元，你给我二元；第三天我仍给你十万元，你给我四元；以此类推。也即是，你每天给我的钱是前一天的两倍，直到满n(0<=n<=30)天。百万富翁非常高兴，欣然接受了这个契约。请编写一个程序，计算这n天中，陌生人累计给了富翁多少钱，富翁又累计给了陌生人多少钱？

6. 改写例5-4，显示斐波那契数列的前20项，每行显示四项，运行效果如下图所示。

```
    1       1       2       3
    5       8      13      21
   34      55      89     144
  233     377     610     987
 1597    2584    4181    6765
```

7. 输出九九乘法表。

（1）输出完整的九九表，如下图所示。

```
1*1= 1 1*2= 2 1*3= 3 1*4= 4 1*5= 5 1*6= 6 1*7= 7 1*8= 8 1*9= 9
2*1= 2 2*2= 4 2*3= 6 2*4= 8 2*5=10 2*6=12 2*7=14 2*8=16 2*9=18
3*1= 3 3*2= 6 3*3= 9 3*4=12 3*5=15 3*6=18 3*7=21 3*8=24 3*9=27
4*1= 4 4*2= 8 4*3=12 4*4=16 4*5=20 4*6=24 4*7=28 4*8=32 4*9=36
5*1= 5 5*2=10 5*3=15 5*4=20 5*5=25 5*6=30 5*7=35 5*8=40 5*9=45
6*1= 6 6*2=12 6*3=18 6*4=24 6*5=30 6*6=36 6*7=42 6*8=48 6*9=54
7*1= 7 7*2=14 7*3=21 7*4=28 7*5=35 7*6=42 7*7=49 7*8=56 7*9=63
8*1= 8 8*2=16 8*3=24 8*4=32 8*5=40 8*6=48 8*7=56 8*8=64 8*9=72
9*1= 9 9*2=18 9*3=27 9*4=36 9*5=45 9*6=54 9*7=63 9*8=72 9*9=81
```

（2）分别输出九九表的上三角和下三角，如下图所示。

```
1*1= 1 1*2= 2 1*3= 3 1*4= 4 1*5= 5 1*6= 6 1*7= 7 1*8= 8 1*9= 9
2*2= 4 2*3= 6 2*4= 8 2*5=10 2*6=12 2*7=14 2*8=16 2*9=18
3*3= 9 3*4=12 3*5=15 3*6=18 3*7=21 3*8=24 3*9=27
4*4=16 4*5=20 4*6=24 4*7=28 4*8=32 4*9=36
5*5=25 5*6=30 5*7=35 5*8=40 5*9=45
6*6=36 6*7=42 6*8=48 6*9=54
7*7=49 7*8=56 7*9=63
8*8=64 8*9=72
9*9=81
```

```
1*1= 1
2*1= 2 2*2= 4
3*1= 3 3*2= 6 3*3= 9
4*1= 4 4*2= 8 4*3=12 4*4=16
5*1= 5 5*2=10 5*3=15 5*4=20 5*5=25
6*1= 6 6*2=12 6*3=18 6*4=24 6*5=30 6*6=36
7*1= 7 7*2=14 7*3=21 7*4=28 7*5=35 7*6=42 7*7=49
8*1= 8 8*2=16 8*3=24 8*4=32 8*5=40 8*6=48 8*7=56 8*8=64
9*1= 9 9*2=18 9*3=27 9*4=36 9*5=45 9*6=54 9*7=63 9*8=72 9*9=81
```

8. 编写程序，计算百钱买百鸡问题。假设公鸡5元1只，母鸡3元1只，小鸡1元3只，现在有100块钱，想买100只鸡，问有多少种买法？

9. 编写代码，模拟比赛现场评委打分的计算过程。要求：

- 键盘输入评委人数，评委人数多于2人；
- 输入每个评委的分数，分数为0～100；
- 去掉一个最高分、去掉一个最低分，再计算平均分，保留2位小数。

10. 编程输出1+11+111+1111+11111的和。

11. 假如全球现有人口数为59亿，按照每年人口增长1.2%计算，求多少年后全球人口能够达到 70 亿?

12. 使用 turtle 库的 turtle.fd( )函数和 turtle.seth( )函数绘制一个边长为 200 的正方形,效果如下图所示。

13. 使用 turtle 库的 turtle.fd( )函数和 turtle.left( )函数绘制一个六边形,边长为 200,效果如下图所示。

14. 使用 turtle 库的 turtle.circle( )函数、turtle.seth( )函数和 turtle.left( )函数绘制一个如下所示的图形。

15. 使用 turtle 库的 turtle.right( )函数和 turtle.circle( )函数绘制一个如下所示的图形。

<h1 style="text-align:center">习　题　五</h1>

一、单选题

1. 下面 Python 循环体执行的次数与其他不同的是(　　　)。

A. i＝0

　　while(i<=10):

　　　　print(i)

　　　　i=i+1

B. i= 10

　　while(i>0):

```
            print(i)
            i=i-1
    C. for i in range(10)：
            print(i)
    D. for i in range (10,0,-1)：
        print(i)
```

2. 设 total＝0,以下 for 语句结构中,不能完成 1~10 累加功能的是(   )。

    A. for i in range(10,0)：total＋＝i

    B. for i in range(1,11)：total＋＝i

    C. for i in range(10,0,-1)：total＋＝i

    D. for i in (10,9,8,7,6,5,4,3,2,1)：total＋＝i

3. 以下关于分支、循环控制语句描述错误的是(   )。

    A. 在 Python 中可以用 if-elif-elif 结构来表达多分支选择

    B. 在 Python 中 elif 关键词可以用 else if 来等价替换

    C. Python 中的 for 语句可以在任意序列上进行迭代访问,例如列表、字符串和元组

    D. while True 循环是一个永远不会自己停止的循环,可以在循环内部加入 break 语句,使得内部条件满足时终止循环

4. 以下关于 Python 的控制结构说法中错误的是(   )。

    A. 布尔运算符有一个很有趣的短路逻辑特性,即表达式 x and y,当 x 为假时,会直接返回 False,不会去计算 y 的值

    B. if 语句执行有一个特点,它是从上往下判断,如果在某个判断上是 True,则执行该判断对应的语句,忽略剩下的 elif 和 else 子句

    C. 在 while 和 for 循环中,continue 语句的作用是终止当前循环,重新进入循环

    D. 在 while 和 for 循环中,break 语句的作用是终止当前循环,重新进入循环

5. 下面循环体中,无法循环迭代 5 次的是(   )。

    A. a＝0

        while a＜5：

            a＋＝1

    B. for a in range(5)：

        print(a)

    C. for a in range(1,5,1)：

        print(a)

    D. iters＝[1,2,3,4,5]

        for a in iters：

            print(a)

6. 下面代码的执行结果是(   )。

```
i=1
```

```
while (i%3):
    print(i,end=' ')
    if (i>=10):
        break
    i+=1
```

    A. 1 2 4 5 7 8   B. 3 6 9

    C. 1 2 3 4 5 6 7 8 9   D. 1 2

7. 下面代码的执行结果是( )。

```
for i in range(1,10,2):
    if i%5==0:
        print("Bingo!")
        break
    else:
        print(i)
```

    A. Bingo!   B. 5   C. 9   D. 10

8. 下面代码的执行结果是( )。

```
for s in "HelloWorld":
    if s=="W":
        continue
    print(s,end="")
```

    A. Hello   B. World   C. HelloWorld   D. Helloorld

9. 以下选项不是 Python 语言关键字的是( )。

    A. except   B. do   C. pass   D. while

10. 下面代码的执行结果是( )。

```
a =[[1,2,3], [4,5,6], [7,8,9]]
s =0
for c in a:
    for j in range(3):
        s +=c[j]
print(s)
```

    A. 0   B. 45

    C. 以上答案都不对   D. 24

11. Python 的异常处理结构中,用来捕获特定类型的异常的关键字是( )。

    A. except   B. do   C. pass   D. while

12. 关于 Python 循环结构,以下选项描述错误的是( )。

    A. 遍历循环中的遍历结构可以是字符串、文件、组合数据类型和 range()函数等

    B. break 用来跳出最内层 for 或 while 循环,脱离该循环后程序从循环代码后继
       续执行

C. 每个 continue 语句只能跳出当前层次的循环

D. Python 通过 for、while 等关键字提供遍历循环和无限循环结构

13. 执行如下代码：

```python
import turtle as t
def DrawCctCircle(n):
    t.penup()
    t.goto(0,-n)
    t.pendown()
    t.circle(n)
for i in range(20,80,20):
    DrawCctCircle(i)
t.done()
```

所绘制的图形是(　　)。

　　A. 同切圆　　　　　B. 同心圆　　　　C. 笛卡儿心形　　　D. 太极

14. 下面代码的执行结果是(　　)。

```python
d = {}
for i in range(26):
    d[chr(i+ord("a"))] = chr((i+13) % 26 + ord("a"))
for c in "Python":
    print(d.get(c, c), end="")
```

　　A. Cabugl　　　　B. Python　　　　C. Pabugl　　　　D. Plguba

15. 给出如下代码：

```python
import random
listV = []
random.seed(100)
for i in range(10):
    i = random.randint(100,999)
    listV.append(i)
```

以下选项能输出随机列表元素最大值的是(　　)。

　　A. print(listV.max())　　　　　　　　B. print(listV.pop(i))

　　C. print(max(listV))　　　　　　　　D. print(listV.reverse(i))

16. 下面代码的执行结果是(　　)。

```python
for s in "abc":
    for i in range(3):
        print(s,end="")
        if s=="c":
            break
```

　　A. aaabccc　　　　B. aaabbbc　　　　C. abbbccc　　　　D. aaabbbccc

二、填空题

1. 在 Python 无穷循环 while True 的循环体中可用_____语句退出循环。

2. Python 语句 for i in range(1,21,5)：print(i,end=" ")的输出结果为_____。

3. Python 语句 for i in range(10,1,−2)：print(i, end=" ")的输出结果为_____。

4. 循环语句 for i in range(−3,21,4)的循环次数为_____。

5. 要使语句 for i in range(____,−4,−2)循环执行 15 次,则循环变量 i 的初值应当为_____。

6. 执行下列 Python 语句后的输出结果是_____,循环执行了_____次。

```
i=-1
while(i<0):i=1
    print(i)
```

三、思考题

1. 下列 Python 语句的程序执行结果为：

```
for i in range (3) : print (i, end=" ")
for i in range (2,5) : print (i, end=" ")
```

2. 阅读下面 Python 程序,请问程序的功能是什么？

```
import math
n=0
for m in range(101,201,2):
    k=int(math.sqrt(m))
    for i in range(2,k+2):
        if m%i==0:
            break
    if i==k+1:
        if n%10==0:
            print()
        print("%d"%m,end=" ")
        n+=1
```

3. 阅读下面 Python 程序,请问执行结果是什么？

```
n=int(input('请输入图形的行数:'))
for i in range(0,n):
    print(((2*i+1)*"*").center(20))
```

4. 阅读下面 Python 程序,请问执行结果是什么？请问程序的功能是什么？

```
print('1-1000之间所有的完数有,其因子为:')
#如果一个数恰好等于它的因子之和,这个数就称为"完数"
for n in range(1,1001):
```

```
total=0;j=0;factors=[]
for i in range(1,n):
    if (n%i==0):
        factors.append(i)
        total+=i
    if (total==n):
        print("{0}: {1}".format(n,factors))
```

5. 阅读下面 Python 程序,请问其功能是什么？

```
m=int(input("请输入整数 m:"))
n=int(input("请输入整数 n:"))
while m!=n:
    if m>n:
        m=m-n
    else:
        n=n-m
print(m)
```

第6章

函　数

模块化程序设计方法是解决复杂编程问题的一种有效手段,而在模块化编程中,最重要的一种方法就是函数。通过使用函数编程,能够省去编写大量重复性代码的时间,达到优化代码结构、使程序易于理解的目的。本章以函数的概念为入手,重点介绍函数的定义形式和函数的调用方式、函数参数传递数据的几种方法、作用域的概念、常用 Python 标准库函数的使用方法、嵌套调用和递归调用方法等内容。

6.1　函数的概念

函数是程序中具有一定功能的独立程序代码段,可供程序中其他代码调用。在解决大规模问题时,采用"模块化"策略,将一个大而复杂的原始任务分解为多个较简单的子任务,再为每个简单的子任务设计算法,将描述其算法的一组语句封装为一个独立代码段,为每个独立代码段定义一个名字以及能与其他独立代码段通信的接口。这种独立的代码段定义就是函数。函数是最小的模块结构,可以一次定义多次使用,实现"软件重用"。在 Python 中,函数的运用也体现了它的"生态性"。

函数是模块化程序设计的基本构成单位,是编程范式的一种。其优点包括:
- 把程序分隔为不同的功能模块,可实现自顶向下的设计;
- 减少程序的复杂度,实现代码的复用;
- 提高代码质量,易于维护和团队开发等;
- 实现特殊功能(递归函数)。

Python 中的函数包括内置函数、标准库函数、第三方库和用户自定义函数。第 2 章介绍了 Python 中的**内置函数**,它是指包含在__builtins__模块中的函数(用 dir(__builtins__)可以查看),安装 Python 后可以直接使用,如 input()和 print()函数;**标准库**则是需要先导入模块再使用其函数,每个模块有相关的函数,如 math 模块中的 sqrt()函数;**第三方库**则非常多,这也是 Python 重要的特征和优势,例如,著名的科学计算包 SciPy 中就包含了很多用于科学计算的函数;**用户自定义函数**则有固定的定义、调用和参数传递方式等,它也是本章重点介绍的内容。

6.2　常用 Python 标准库

Python 有许多标准库,包括与操作系统有关的 os 库,与字符串正则匹配相关的 re 库,与数学相关的 math 和 random 库,以及与日期和时间相关的 datetime 库等。在使用这些库中的函数时,需要先用"import modulename"或"from modulename import ＊"等方式导入模块。前面已介绍过 math 库、random 库和 datetime 库等,这些库的函数均已由系统事先定义,所以使用时可以直接导入和调用,调用方式形如"库名.函数名(参数表)"或"函数名(参数表)"。

os 库提供了很多与操作系统交互的函数,可通过 dir(os)命令查看。下面以其中几个常用的处理文件及目录的函数为例进行说明。

```
>>>import os
>>>os.getcwd()                              #获得当前工作目录
    'C:\\Python36'
>>>path='E:\\test'
>>>os.chdir(path)                           #改变当前工作目录到指定路径
>>>os.getcwd()
    E:\\test'
>>>os.rename ('oldname.txt','newname.txt')  #更改文件名
>>>os.remove('newname.txt')                 #删除文件
>>>os.mkdir('E:\\test\\mydir')              #创建新目录
>>>os.rmdir('E:\\test\\mydir')              #删除目录
```

6.3 函数的定义、调用与返回值

内置函数或 Python 的标准库函数是 Python 事先已经定义好的,使用时只要直接调用或导入库后调用即可,自定义函数则需要用户自己定义,先定义后使用(调用)。

6.3.1 函数的定义

函数定义的语法形式为:

```
def 函数名([形参列表]):
    '''注释'''
    函数体
    [return 表达式 1,表达式 2,…,表达式 n]
```

在 Python 中,函数定义包括关键字 def、函数名、可选的形参列表、可选的文件字符串、函数体。简单地说:

(1) def 表示函数开始,在第 1 行书写,该行被称为函数首部,以一个冒号结束。

(2) 函数名是函数的名称,是一个标识符,命名时尽量要做到见名知意。

(3) 函数名后紧跟一对圆括号(),括号内可以有 0 个、1 个或多个参数,参数间用逗号分隔,这里的参数称为形式参数(简称为形参)。形参只有被调用后才分配内存空间,调用结束后释放所分配的内存空间。

(4) 函数体需要进行缩进,它包含赋值语句和一些功能语句,如果想定义一个什么也不做的函数,函数体可以用 pass 语句表示。

（5）设计函数时，注意提高模块的内聚性，同时降低模块之间的隐式耦合。

例如，输出一个字符串的函数可如下定义：

```
def printstring(x):                        #函数定义部分
    print(x)
x="I like Python"                          #主程序
printstring(x)                             #调用函数
```

6.3.2 函数的返回值

printstring（）函数的功能是输出一个字符串，此外，函数还可以通过 return 语句将值返回给主调用函数，其位置在函数体内，语法形式为：

return 表达式 1,表达式 2,…,表达式 n

如果是返回多个值，则这些值构成一个元组。

例如，一个返回两个数中的较大值的函数，可如下定义：

```
def max(x,y):
    if x>y:
        return x
    else:
        return y
```

如果不需要返回任何值，则不用 return 语句，这样函数返回值是 None（Python 中表示值为"空"的关键字）。

6.3.3 函数的调用

函数定义后，就可以在程序中多次调用。调用方式非常简单，一般的语法形式为：

函数名([实参列表])

函数调用时，括号中的参数称为**实际参数**（简称为实参），在函数调用时分配实际的内存空间。如果有多个实参，实参间用逗号分隔。也可以没有实参，调用形式为"函数名()"，其中圆括号不能省略。调用时将实参一一传递给形参，程序执行流程转移到被调用函数，函数调用结束后返回到之前的位置继续执行。

调用函数的方式有：直接写在一行中作为语句形式出现；在表达式中出现（此时函数需要有返回值）；作为另一个调用函数的实际参数出现（此时函数需要有返回值）。

【例 6-1】 编写 gcd(x,y)函数，计算 x 和 y 的最大公约数，从键盘输入两个整数，调用 gcd()函数后将获得的最大公约数输出。

分析：用第 5 章学过的辗转相除法求两个数的最大公约数，函数直接返回结果。

编写程序如下：

```
1   def gcd(x,y):#函数定义
2       if x<y:
```

```
3          x,y=y,x                              #交换两个数,x存大数,y存小数
4          while x%y!=0:
5              r=x%y
6              x=y
7              y=r
8          return y                             #函数返回
9                                               #主程序
10    x=eval(input("Enter the first number:"))
11    y=eval(input("Enter the second number:"))
12    gcdxy=gcd(x,y)                            #调用函数
13    print('GCD({0:d}, {1:d})={2:d}'.format(x,y,gcdxy))
```

运行结果：

```
Enter the first number:14
Enter the second number:6
GCD(14, 6)=2
```

【例 6-2】 求 1～100 中的所有素数。

分析：对于这个问题,编写一个单独判断素数的函数将会降低设计难度,而且便于扩展。

编写程序如下：

```
1     from math import sqrt
2     def isprime(x):                           #函数定义
3        if x==1:
4             return False
5        k=int(sqrt(x))
6        for j in range(2,k+1):
7             if x%j==0:
8                  return False
9        return True
10    #主程序
11    if __name__=="__main__":                  #name 和 main 前后各有两条下画线
12        for i in range(1,101):
13             if isprime(i):
14                  print(i,end=' ')
```

运行结果：

```
2 3 5 7 11 13 17 19 23 29 31 37 41 43 47 53 59 61 67 71 73 79 83 89 97
```

程序分析：例 6-2 中使用了“if __name__=="__main__"”,它有些类似 C、C++ 或 Java 语言中的 main 函数。简单地说,如果在命令行 cmd 中直接运行.py 文件,则__name__ 的值是"__main__",该条语句后的代码会被执行;如果是作为库被导入(import 库文件

名），__name__ 的值就不是"__main__"了,而是导入库(文件)的名字,该条语句后的代码
则不被执行。这种做法,使得该程序在交互式运行时可以直接获得运行结果,而被当作模
块使用时仅构建的函数部分可用,主程序部分不起作用。

要注意的是,Python 中如果不写"if __name__=="__main__"",则所有没有缩进的
代码(非函数定义和类定义)都会在载入时自动执行,这些代码也可以理解成 Python 中
的 main 函数(主模块),例如例 6-1 中的最后 4 行代码。

【例 6-3】　根据给出的一组学生的 3 门课程的成绩信息,编写函数计算每个学生的平
均成绩,返回平均成绩最高和最低两位学生的姓名和平均值。

分析:本例中,用 maxscore 和 minscore 分别存放最高和最低平均成绩,s1 和 s2 存
放对应的姓名,求平均值的过程在 search()函数中。因为 search()函数返回 4 个值,所以
函数调用时需要用 4 个变量来接收获得的这 4 个返回值(maxname、s1、minname、s2=
search(dictscores))。

编写程序如下:

```
1   def search(scores):                      #函数定义
2       maxscore=0
3       minscore=100
4       for k,v in scores.items():
5           aveg=(scores[k][0]+scores[k][1]+scores[k][2])//3
6           if aveg>=maxscore:
7               maxscore=aveg
8               s1=aveg
9               maxname=k
10
11          if aveg<=minscore:
12              minscore=aveg
13              s2=aveg
14              minname=k
15      return maxname,s1,minname,s2
16  #主程序
17  dictscores={'jerry':[87,85,91],'tom':[76,83,88],'mary':[90,96,84],'john
            ':[77,83,80]}
18  maxname,s1,minname,s2=search(dictscores)
19  print('最高平均成绩是:{0},{1};最低平均成绩是:{2},{3}.'.format(maxname,s1,
            minname,s2))
```

运行结果:

最高平均成绩是:mary,90;最低平均成绩是:john,80

例 6-1~例 6-3 都只定义了一个功能函数,如果需要,也可以定义多个功能函数,主函
数同样可以调用多个功能函数。例如:

```
def f():
    ...                                    def f():
def g():                                       ...
    ...                                    def g():
```

或

```
if __name__=='__main__':
    f()                                    f()    #非缩进函数调用语句
    g()                                    g()
```

一个函数还可以调用另一个函数,这种调用称为函数的嵌套调周。形如:

```
def f():
...
def g():
f()
if __name__=='__main__':
    g()
```

【例 6-4】 设计一个函数,其功能是模拟一个简易的用户注册和登录是否成功情景。

分析:本例设计两个函数 sign_up()和 sign_in(),一个用于注册,一个用于登录。用 0 和 1 作为注册和登录的选项,如果是注册,当输入的名字已存在时,给出提示,重新选择;若不存在,继续输入密码,提示注册成功,再重新选择 0 或 1,不退出。如果用户名和密码都正确,提示登录成功。登录成功或密码输入错误超过指定次数后才退出。

编写程序如下:

```
1    user={'Kafeimao':'000000'}              #user 为全局变量
2    #sign_up 函数定义
3    def sign_up():
4        user_name=input("请输入你的姓名:")
5        while user_name in user.keys():
6            user_name=input("用户名已存在,重新选择一个名字:")
7        password=input("请输入你的密码:")
8        user [user_name]=password
9        print("成功注册!")
10   #sign_in 函数定义
11   def sign_in():
12       user_name=input("请输入你的名字:")
13       if user_name not in user.keys():
14           print("用户名不存在!")
15       else:
16           count=0
17           password=input("请输入你的密码:")
18           while user [user_name]!=password:
19               count+=1
```

```
20          if count>=3:
21              print("输入错误超过三次,再见!")
22              break
23          password=input("密码错误,请重新输入:")
24      if user [user_name]==password:
25          print("登录成功!")
26  #主程序
27  if __name__=='__main__':
28      while True:
29          #注册0登录1
30          cmd=input("注册还是登录?请选择 0 or 1:")
31          while cmd!='0' and cmd!='1':
32              print("选择错误,请重新输入:")
33              cmd=input("注册:0,登录:1")
34          if cmd=='0':
35              sign_up()
36              continue
37          if cmd=='1':
38              sign_in()
39              break
40
```

程序模拟注册新用户和用新用户账号登录过程如下:

注册还是登录?请选择 0 or 1:0
请输入你的姓名:beijing
请输入你的密码:111111
成功注册!
注册还是登录?请选择 0 or 1:1
请输入你的名字:beijing
请输入你的密码:111111
登录成功!

此时用于记录用户账号的字典中包含了新用户的账号信息。

```
>>>user
{'Kafeimao': '000000', 'beijing': '111111'}
```

用字典记录用户注册信息,再次执行程序后数据会恢复成原始状态,不利于数据保存,效率比较低。后面可以利用文件来保存注册信息,更进一步的还可以用 Excel 表格或数据库等格式文件来保存注册用的数据信息。

【例 6-5】 模拟 Python 内置函数 sorted()和列表的 sort()方法(排序)。

分析: sort()与 sorted()的区别是,sort()是应用在列表上的方法,sorted()可以对所有可迭代的对象进行排序操作。列表的 sort 方法返回的是对已存在的列表进行操作,无返回值;内置函数 sorted()返回的是一个新的列表,而不是在原来的基础上进行的操作。

本例的目的就是模拟 sort()与 sorted()的排序功能,排序的常用算法有选择法和冒泡法。下面的代码就是用冒泡法实现升序排序的。

冒泡法的原理就是:从第一个数开始依次对相邻两个数进行比较,如次序对,不交换两数位置;次序不对则把这两个数交换位置,第一遍比较后最小(大)值排到最后。

编写程序如下:

```
1   from random import randint
2   def bubbleSort(lst):
3       length=len(lst)
4       for i in range(0, length):
5           for j in range(0,length-i-1):
6               if lst[j]>lst[j+1]:       #比较相邻两个元素大小,并根据需要进行交换
7                   lst[j],lst[j+1]=lst[j+1],lst[j]
8   lst =[randint(1,100) for i in range(10)]
9   print('Before sorted:\n',lst)
10  bubbleSort(lst)
11  print('After sorted:\n',lst)
```

运行结果:

```
Before sorted:
[44, 88, 81, 11, 24, 95, 37, 43, 56, 79]
After sorted:
[11, 24, 37, 43, 44, 56, 79, 81, 88, 95]
```

在其他程序设计语言中,排序是非常重要的内容,排序的算法也很多,感兴趣的读者可以查阅相关资料进行研究。

6.4 函数的参数传递

函数调用时,将实参一一传递给形参,通常实参和形参的个数要相同,类型也要相容,否则容易发生错误。参数在调用过程中是否会发生变化? 如果会,又是如何变化的? 本节将通过一些示例来探讨该问题。同时,Python 中参数的功能非常灵活和强大,例如在定义函数时,可以给某些参数设定默认值。本节将重点讨论函数参数的这两方面内容。

6.4.1 参数是否可变

1. 形参引用新对象

函数调用时,如果实参本身不可变(即数据类型不可变,可以参考 2.1 节的表 2.1),那么传递给形参后,在函数中不管通过什么运算也不会改变。请看下面一个简单的例子。

```
def change(stringB):
    stringB='Hello,Python!'
stringA=" Hi,Python!"                        #主程序,字符串类型,数据不可变
```

```
change(stringA)
print(stringA)
```

　　程序的输出结果与预想的一样,仍然为"Hello,Python!"。如果把实参修改为一个可变对象(比如列表),结果会如何?

```
def change(listB):
    listB = [4, 5, 6]
listA = [1, 2, 3]                          #主程序,列表类型,数据可变
change(listA)
print(listA)
```

运行结果:

```
[1,2,3]
```

　　这两个例子可以说明,不管实参是否可变,如果在函数内对形参重新赋值,形参的值发生改变,并不会影响实参。这是因为,虽然在调用时实参和形参都引用了同一个对象,但形参在函数中获得了新的赋值,所以它引用的是新对象,因此并不会影响实参。参数变化过程如图 6.1 所示。

图 6.1　参数变化过程

　　如何能获得改变过的形参值呢? 显然,可以用前面介绍过的 return 语句,将值返回主调函数使用。

2. 修改形参内部值

　　进一步,如果可变类型的形参不是引用一个新对象,而是直接修改值本身,此时是否会影响实参呢? 继续对前面的例子进行修改。

```
def change(listB):
    listB[0]=4                             #形参
listA = [1, 2, 3]                          #主程序,实参
change(listA)
print(listA)
```

运行结果:

```
[4,2,3]
```

　　从结果可以看出,形参修改了实参。这是因为 listA 和 listB 引用的是同一个对象[1,2,3],形参执行 listB[0]=4 语句对这个对象进行了修改,因此函数调用后实参输出的是修改后的结果。

如果想要避免这种情况,可以用如下方式:

```
def change(listB):
    listB[0]=4                  #形参
listA = [1, 2, 3]               #主程序,实参
backup_listA =listA[:]          #不能用"backup_listA =listA"语句
change(listA)
print(listA)
print ( backup_listA)
```

输出结果是:

```
[4,2,3]
[1,2,3]
```

使用类似"backup_listA = listA[:]"这样的语句,是先给 listA 复制(浅复制)一个副本 backup_listA,此时 listA 和 backup_listA 并不引用同一个对象,这样调用 change()函数后,虽然实参改变了,但其副本的值不会改变,较为安全。

由此,关于参数的可变性,可以得到两个结论:

(1) 如果在函数内对形参重新进行了赋值(引用新对象),形参的值改变不影响实参。

(2) 如果在函数内直接修改形参值(形参内部部分值),则会影响实参。

实际操作过程中,可以根据自己的需要,确定是否需要给实参复制副本。为了安全起见,一般推荐进行复制。虽然在函数内直接修改形参会影响原来的实参,但有时正是要利用函数参数的这个特性来解决问题。

【例 6-6】 模拟字符串的 capitalize()方法,将一个列表中所有单词的首字母转换成大写。

编写程序如下:

```
1   def ca (lstB):
2       for i in range(len(lstB)):
3           lstB[i]=lstB[i].capitalize() #或用字符串的 title()方法
4
5   lstA=['you','are','a','good','man','.']
6   lstA_backup =lstA[:]
7   ca (lstA)
8   print(lstA)
```

运行结果:

```
['You', 'Are', 'A', 'Good', 'Man', '.']
```

例 6-6 这种解决问题方式比用 return 语句返回改变后的列表更节省空间,也提高了效率。

6.4.2　不同类型的参数

Python 函数的参数类型分为普通参数、关键参数、默认值参数、可变长度参数等。通

过混合使用这些参数,可以实现非常丰富的传递数据方法。

1. 普通参数

普通参数也叫位置参数(Positional Arguments),是比较常用的形式,调用函数时,实参和形参的顺序必须严格一致,并且实参和形参的数量必须相同。目前为止所使用的函数参数都是位置参数,参数根据位置来决定,如果位置不对,则可能会出问题。例如,下面这个简单的函数:

```
def infoL(numid,name,age):
    print("{1}'s age is {2}.".format(numid,name,age))
infoL("200001","Jerry",25)
```

在调用函数时要注意实参的位置,如果写成"infoL("200001","Jerry",25)",则可以获得合理的输出结果"Jerry's age is 25.";如果实参写反了,就会得到错误的结果,如错写成"25,"Jerry","200001""。当参数比较多时,参数顺序容易记错,Python 提供了关键字参数来解决这种问题。

2. 关键字参数

继续上面的例子,关键字参数允许以如下方式调用:

```
>>>infoL(age=25,name="Jerry",numid="200001")
    Jerry's age is 25.
```

这种使用参数名提供的参数就是关键字参数。有了关键字参数,顺序就不会受影响,并且调用时每个参数的含义更清晰。

3. 默认参数

Python 在定义函数时还可以给某些参数设定默认值。默认参数以赋值语句的形式给出。

```
>>>def dup(str, times =2):
    print(str * times)
>>>dup("good~ ")           #无参数带入使用默认值 2
    good~ good~
>>>dup("good~ ",4)          #替代默认值 4
    good~ good~ good~ good~
```

注意:可选默认值参数必须在非可选参数之后。

4. 可变长参数

Python 允许把一组数据传递给一个形参,形参的形式与以往的方式不同。看一个简单的例子:

```
>>>def greeting(args1, * tupleArgs):
>>>print(args1)
>>>print(tupleArgs)
```

形参 tupleArgs 前面有一个" * "号,它是可变长位置参数的标记,用来收集其余的位置参数,将它们放到一个元组中(即接收到一个元组)。来看一下函数调用:

```
>>>greeting('Hello,','lisi','zhangli','wangmeng')
    Hello,
    ('lisi', 'zhangli', 'wangmeng')
```

实参中的"'Hello,'"传递给位置参数 args1,其余 3 个字符串传递给可变长的位置参数 tupleArgs,调用后将这组实参放到一个元组中输出。推荐用如下方式进行调用,因其更简单清晰:

```
>>>names =('lisi','zhangli','wangmeng')
>>>greeting('Hello,', * names)
    Hello ,
    (' 'lisi','zhangli','wangmeng')
```

5. 可变长关键字参数

既然 Python 中有可变长的位置参数,那么是否也有可变长的关键字参数呢? 确实如此,可用两个星号来标记可变长的关键字参数。

```
>>>def assignmeng(**dictArgs):
    print(dictArgs)
>>>assignmeng(x=1,y=2,z=3)
    {'x': 1, 'y': 2, 'z': 3}
>>>data={'x':1,'z':3,'y':2}
>>>assignmeng(**data)
    {'x': 1, 'z': 3, 'y': 2}
```

可以看到,可变长关键字参数允许传入多个(也可以是 0 个)含参数名的参数,这些参数在函数内自动组装成一个字典。也可先将参数名和参数构建成一个字典,然后作为可变长关键字参数传递给函数调用。

将可变长位置参数和关键字参数放在一起也可以工作,但要注意实参的顺序不能有二义性,避免解释器无法确定参数而产生错误。

```
>>>def greeting(args1, * tupleArgs,**dictArgs):
    print(args1)
    print(tupleArgs)
    print(dictArgs)
>>>names=['lisi', 'zhangli', 'wangmeng']
>>>info={'schoolName':'NJU','City':'nanjing'}
>>>greeting('Hello,', * names,**info)
    Hello,
    ('lisi', 'zhangli', 'wangmeng')
    {'schoolName': 'NJU', 'City': 'nanjing'}
```

可变长位置参数和关键字参数在 Python 中很常用,一个经典的应用就是用户信息注册。

【例 6-7】 编写函数,实现用户信息注册,要求必须登记姓名、性别和手机号码,其他如年龄、职业等信息不强制登记。

　　分析：由于姓名、性别和手机号是必须登记的信息，因此可以用 3 个参数来表示。其他的年龄和职业等信息不强制要求，但函数也必须能够接收这些信息，因此利用可变长关键字参数，可以很好地满足这种需求。函数可定义如下：

```
def register(name,gender,phonenum,**otherinfo):
    print('name:',name,'gender:',gender,'phonenum:',phonenum)
    print('other information:',otherinfo)
```

下面是不同情况的调用：

```
>>>register('chenqian','M','11111111')
    name: chenqian gender: M phonenum: 11111111
    other information: {}
```

上面代码中除 name、gender、phonenum 外，如果没有登记额外的信息，则可变长关键字参数 otherinfo 收集不到任何参数，调用后输出一个空字典；如果有额外的信息登记，可以用如下简洁的方式进行参数传递，这些参数被组装成一个字典：

```
>>>otherinfo={'age':24,'city':'nanjing','job':'teacher'}
>>>register('limei','F','222222222',**otherinfo)
    name: limei gender: F phonenum: 222222222
    other information: {'age': 24, 'city': 'nanjing', 'job': 'teacher'}
```

6.5　变量的作用域范围

6.5.1　局部变量与全局变量的概念

　　一个程序中的变量包括两类：全局变量和局部变量。

　　全局变量是指在所有函数体之外定义的变量。一般没有缩进，在程序执行的全过程中都有效，既可用在主程序中，也可以用在各函数中。

　　局部变量是指在函数内部使用的变量。局部变量仅在函数内部有效，当函数退出时局部变量将不存在，所占用的内存空间也被释放。局部变量不允许在函数体外或另一个函数中使用。

　　每个变量都有自己的作用域（命名空间），也就是在某个代码段内使用该变量是合法的，在此代码段外使用该变量则是非法的。除了作为全局作用域的变量外，每次函数调用都会创建一个新的作用域。例如：

```
>>>def f(): x=5
#Python中允许单行或多行用分号分隔的函数定义语句和函数首部放在同一行
>>>f()
>>>print(x)
    Traceback (most recent call last):
        File "<pyshell#34>", line 1, in <module>
```

```
    print(x)
NameError: name 'x' is not defined
```

当调用函数 f() 时,新的作用域被创建,x 是局部变量,x＝5 只在 f() 函数内部有效,函数之外就不可见,因此在函数外执行 print(x)语句时会产生"x 未被定义"的异常。例如,有一个全局变量 x:

```
>>>def f(): x=5
>>>x=3
>>>f()
>>>print(x)
   3
```

此时 x 是全局变量,它全局可见,f() 函数中的"x＝5"并不会影响全局作用域中的 x,因此输出结果是 3 而不是 5。为了便于理解,可以将两个不同作用域的同名变量进行更名,例如,可以改变为如下形式:

```
>>>def f(): y=5
>>>x=3
>>>f()
>>>print(x)
   3
```

函数内部也可以使用全局变量:

```
>>>def f():
   y=5
   print(x+y)
>>>x=3
>>>f()
   8
```

函数内部虽然可以使用全局变量,但要慎重使用。如果在多个函数内部使用全局变量,则无法确定全局变量某一时刻的值,容易发生错误。

如果局部变量和全局变量同名,会如何执行呢? 例如,对于如下函数定义和调用:

```
>>>x=3
>>>def f():
   x=5
   print(x**2)
>>>f()
   25
```

执行结果为 25 而不是 9。"x＝3"的作用域是全局的,在 f() 函数内也可见,函数内部有同名的局部变量 x,其作用域在函数内部,这种情况下 Python 解释器遵循一个原则:在局部变量(包括形参)和全局变量同名时,局部变量将屏蔽(Shadowing)全局变量,因此函数内 x 的取值是 5 而不是全局变量的值 3,所以程序执行结果为 25。如果想在函数内

部先使用全局变量再使用同名的局部变量,则需要特殊处理,因为如下形式的代码并不能正常运行:

```
>>>x=3
>>>def f():
    print(x**2)
    x=5
    print(x**2)
>>>f()
    Traceback (most recent call last):
        File "<pyshell#49>", line 1, in <module>
            f()
        File "<pyshell#48>", line 2, in f
          print(x**2)
    UnboundLocalError: local variable 'x' referenced before assignment
```

错误显示局部变量 x 在赋值前先被使用了,所以第一条语句"print(x**2)"不能正确执行。解决这个问题的方法很简单,只要使用关键字 global 声明将使用全局变量即可。

6.5.2　使用关键字 global 语句声明全局变量

通过使用 global 关键词,可以在函数中使用全局变量,也可以把函数中的局部变量升级为全局变量。

```
>>>x=3
>>>def f():
    global x
    print(x**2)
    x=5
    print(x**2)
>>>f()
    9
    25
```

总之,Python 函数对变量的作用要遵守如下原则:

(1) 简单类型变量,仅在函数内部创建和使用,函数退出后变量被释放;

(2) 简单类型变量用 global 保留字声明为全局变量;

(3) 对于组合数据类型的全局变量,如果在函数内部不存在被真实创建的同名变量,则函数内部可直接使用并修改全局变量的值;

(4) 函数内部不适宜过多使用全局变量,否则会使函数间的耦合变得紧密,破坏函数的独立性。

(5) 如果函数内部真实创建了组合数据类型变量,无论是否有同名全局变量,函数仅对局部变量进行操作。

6.6 函数的嵌套和递归

6.6.1 函数的嵌套调用

函数间可以相互调用,如果在主程序调用了 A 函数,在函数 A 中又调用了函数 B,就形成了函数的嵌套调用。嵌套调用的示意如图 6.2 所示。

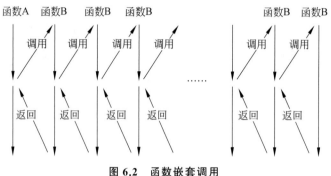

图 6.2 函数嵌套调用

在图 6.2 中,在函数 B 中又调用函数 B,这种调用称为**直接递归调用**。函数的间接递归调用和直接递归调用统称为函数的递归调用。通常,程序设计中的递归多指后者,即直接递归调用。

6.6.2 函数的递归调用

可以看到,递归是特殊的嵌套调用,是对函数自身的调用。查看下面的函数:

```
def f():
    f()
```

调用函数 f()会崩溃,因为这种方式的调用没有出口,调用次数也没有限制,有点类似在 while True 循环中没有加入跳出语句,陷入了"无穷递归",程序最终以"超过最大递归深度"(RecursionError: maximum recursion depth exceeded)的错误结束。

正确的递归调用有两个关键特征:

(1) 存在一个或多个基例(基本情况),基例不需要再次递归,它是确定的表达式;

(2) 所有递归链要以一个或多个基例结尾。默认递归次数为 1000。

每一次递归调用要解决的问题都要比上一次的调用简单,规模较大的问题可以往下分解为若干规模较小的问题,规模越来越小,最终达到最小规模的递归终止条件(基例)。解决完基例情况后,函数沿着调用顺序逐级返回上次调用,直到函数的原始调用处结束,一般会包含一个选择结构:条件为真时计算基例并结束递归调用;条件为假时简化问题执行副本继续递归调用。

使用递归并不能提高程序的执行效率,反而会因为多次调用和返回降低效率,且要为每次调用保存局部变量和返回点等,既费时又费空间。那么,为什么还要使用递归呢?主要原因是有的问题本身就是递归定义的,或者找不到明显的迭代解决方案,但能找到递归解决方案,用递归解决程序更自然和清晰易读。以一个计算 n 的阶乘的函数来初步认识递归。

【例 6-8】　编写递归函数计算 n 的阶乘。n 的阶乘在数学上的定义是:

$$n!=\begin{cases}1 & （当\ n=1）\\ n(n-1)! & （当\ n>1）\end{cases}$$

分析:n 的阶乘的定义是一种递归定义。当 n>1 时,可以将 n!的计算问题分解为 n 和(n−1)!两部分,(n−1)!是比 n!规模小一些的副本,如果能求得(n−1)!的值,便可以得到 n!的值;同样地,继续将(n−1)!的计算问题分解为 n−1 和(n−2)!两部分。其他以此类推,直到 n=1,n 等于 1 时是该问题的基例,1!的值是已知的,此时递归终止。将 1!的阶乘返回给 2!,求得 2!(等于 2×1!)后将其返回给 3!,以此类推求得 n!的结果。根据这个思路可以写出计算 n!的递归函数。图 6.3 为调用 fac(5)的程序执行过程。

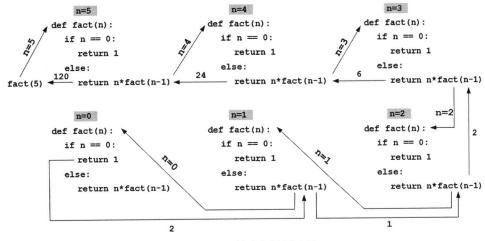

图 6.3　5! 的递归调用过程

编写程序如下:

```
1   def fact(n):#函数定义
2       if n ==0:
3           return 1
4       else:
5           return n * fact(n-1)
6   #主程序
7   num =eval(input("输入一整数: "))
8   print(fact(abs(int(num))))
```

递归函数每次调用时,系统都为函数的局部变量(包括形参)分配本次调用所使用的存储空间,直到本次调用结束返回主调程序时才释放。

求 n 的阶乘、斐波那契数列或用二分法求方程的根等问题都可以用递归来解决,但这些问题都有明显的迭代方案,考虑到时间复杂性和空间复杂性,这类问题一般不推荐用递归来实现。但有些问题则不然,例如经典的 Hanoi(汉诺塔)和八皇后等问题,设计算法时用递归方案解决比较简单,而用迭代方案则非常复杂。

注意:如果递归函数一旦出现无穷递归,则程序将不能正常结束,但如果规定递归深度,则不会让编译器或解释器在遇到无穷递归时直接崩溃。Python 也友好地设定了递归深度,Python 默认的最大递归深度可以通过如下方法查看:

```
>>> import sys
>>> sys.getrecursionlimit()
1000
```

可以看到,Python 3.X 默认的最大递归深度为 1000,当超过这个值时就会引发异常,如有需要,可以手工修改这个默认值,方法为:

```
>>> sys.setrecursionlimit(20000)    #设置为 20000
```

6.7　Python 内置函数

Python 解释器提供了 68 个内置函数,如图 6.4 所示,其中,一些已经介绍过,需要掌握。

abs()	id()	round()	compile()	locals()
all()	input()	set()	dir()	map()
any()	int()	sorted()	exec()	memoryview()
asci()	len()	str()	enumerate()	next()
bin()	list()	tuple()	filter()	object()
bool()	max()	type()	format()	property()
chr()	min()	zip()	frozenset()	repr()
complex()	oct()		getattr()	setattr()
dict()	open()		globals()	slice()
divmod()	ord()	bytes()	hasattr()	staticmethod()
eval()	pow()	delattr()	help()	sum()
float()	print()	bytearray()	isinstance()	super()
hash()	range()	callable()	issubclass()	vars()
hex()	reversed()	classmethod()	iter()	import()

图 6.4　Python 内置函数

6.8　lamda 函数定义与使用

6.8.1　lamda 函数定义

lambda 保留字用于定义特殊的函数——匿名函数,又称为 lambda 函数。格式如下:

```
<函数名>=lambda <参数列表>:<表达式>
```

等价于：

```
def <函数名>(<参数列表>):
    return <表达式>
```

lambda 函数用于定义能够在一行内表示的函数，只可包含一个表达式，返回一个函数类型，尤其适合一个函数作为另一个函数参数的场合。

例如：

```
>>>f = lambda x, y : x + y
>>>type(f)
    <class 'function'>
>>>f(10, 12)
    22
```

lambda 在列表中的应用如下：

```
>>>L = [1, 2, 3, 4, 5]
>>>print(list(map(lambda x: x+10, L)))
    [11, 12, 13, 14, 15]
>>>L
    [1, 2, 3, 4, 5]
```

6.8.2　在 lambda 中调用其他函数

```
>>>f=lambda n:n * n
>>>f(5)
    25
>>>a1 = [1, 2, 3, 4, 5]
>>>list(map(lambda x: f(x), a1))
    [1, 4, 9, 16, 25]
```

分析：a1 系列解包后分别赋值给 x，x 又作为 f(x)的参数。

lambda 函数的目的是让用户快速地定义单行函数，简化用户使用函数的过程。lambda 函数常常与函数式编程中所用的 filter()、reduce()和 map()函数一起使用，有兴趣的读者可以继续深入了解。

6.9　扩展：jieba 库的使用

中文分词(Chinese Word Segmentation)指的是将一个汉字序列切分成一个一个单独的词，而分词就是将连续的字序列按照一定的规范重新组合成词序列的过程。英文使用空格来分开每个单词，由于中文文本中的单词不是通过空格或者标点符号分隔的，中文及类似语言存在一个重要的"分词"问题。中文的单独一个汉字与词有时候完全是不同的含义，因此，中文分词相比英文分词难度高很多。分词主要用于 NLP(Natural Language

Processing，自然语言处理），使用场景有搜索优化、关键词提取（百度指数）语义分析、智能问答系统（客服系统）。非结构化文本媒体内容，如社交信息（微博热榜）文本聚类，要根据内容生成分类（行业分类）分词库。

Python 的中文分词库有很多，常见的有 jieba(结巴分词)、THULAC(清华大学自然语言处理与社会人文计算实验室)、pkuseg(北京大学语言计算与机器学习研究组)。通常前两个是比较经常见到的，主要是在易用性、准确率、性能方面都还不错。本节主要介绍 jieba。

6.9.1　jieba 库概述

1. jieba 库在线安装

jieba 库是第三方库，不是 Python 自带的安装包，因此需要通过 pip 指令安装。pip 安装指令如下：

```
:\>pip install jieba
```

如果官方在线安装较慢，可以采用镜像服务器安装，指令如下：

```
:\>pip install jieba -i https://pypi.tuna.tsinghua.edu.cn/simple
```

2. 导入 jieba 库

jieba 是 Python 中一个重要的第三方中文分词函数库，使用时需要导入。

```
>>>import jieba
>>>jieba.lcut("我是一个大学生")
    ['我', '是', '一个', '大学生']
```

3. jieba 库功能

jieba 库的分词原理是利用一个中文词库，将待分词的内容与分词词库进行比对，通过图结构和动态规划方法找到最大概率的词组。jieba 库支持三种分词模式：
- 精确模式，将句子最精确地切开，适合文本分析；
- 全模式，把句子中所有可以成词的词语都扫描出来，速度非常快，但不能解决歧义问题；
- 搜索引擎模式，在精确模式基础上，对长词再次切分，提高召回率，适合用于搜索引擎分词。

6.9.2　jieba 库解析

除了分词，jieba 库还提供增加自定义中文单词的功能。jieba 库的常用分词函数如表 6.1 所示。

表 6.1　jieba 库的常用分词函数

函　　数	描　　述
jieba.cut(s)	精确模式，返回一个可迭代的数据类型
jieba.cut(s, cut_all＝True)	全模式，输出文本 s 中所有可能单词

续表

函　　数	描　　述
jieba.cut_for_search(s)	搜索引擎模式,适合搜索引擎建立索引的分词结果
jieba.lcut(s)	精确模式,返回一个列表类型,建议使用
jieba.lcut(s, cut_all=True)	全模式,返回一个列表类型,建议使用
jieba.lcut_for_search(s)	搜索引擎模式,返回一个列表类型,建议使用
jieba.add_word(w)	向分词词典中增加新词 w

分词函数的举例如下。

(1) jieba.lcut(s) 精准模式:是最常用的中文分词函数,即将字符串分隔成等量的中文词组,返回结果是列表类型。对中文分词来说,jieba 库只需一行代码即可:

```
>>>import jieba
>>>>ls =jieba.lcut("全国计算机等级考试 Python 科目")
>>>print(ls)
    ['全国', '计算机', '等级', '考试', 'Python', '科目']
```

(2) jieba.lcut(s, cut_all = True)全模式:即将字符串的所有分词可能均列出来,返回结果是列表类型,冗余性最大。

```
>>>import jieba
>>>ls =jieba.lcut("全国计算机等级考试 Python 科目", cut_all=True)
>>>print(ls)
    ['全国','国计','计算','计算机','算机','等级','考试','Python','科目']
```

(3) jieba.lcut_for_search(s)搜索引擎模式:该模式首先执行精确模式,然后再对其中长词进一步切分获得最终结果。

```
>>>import jieba
>>>ls =jieba.lcut_for_search("全国计算机等级考试 Python 科目")
>>>print(ls)
    ['全国', '计算', '算机', '计算机', '等级', '考试', 'Python', '科目']
```

搜索引擎模式更倾向于寻找短词语,这种方式具有一定冗余度,但冗余度比全模式较少。如果希望对文本准确分词,不产生冗余,只能选择 jieba.lcut(s)函数,即精确模式;如果希望对文本分词更准确,不漏掉任何可能的分词结果,可选用全模式;如果没想好怎么用,可以使用搜索引擎模式。

(4) jieba.add_word()向 jieba 词库增加新的单词。

```
>>>import jieba
>>>jieba.add_word("Python科目")
>>>ls =jieba.lcut("全国计算机等级考试 Python 科目")
>>>print(ls)
    ['全国', '计算机', '等级', '考试', 'Python科目']
```

6.9.3　文本词频统计

文本词频统计主要是统计一篇文件中出现的高频词汇,从而进一步分析。下面就以小说《三国演义》为例,统计小说中所有中文词语及出现次数。对词汇的统计,中文文章需要先分词才能进行词频统计,这就需要用到 jieba 库。

【**例 6-9**】　统计《三国演义》中所有中文词语,并输出出现次数最多的 8 个。

编写程序如下：

```
1   import jieba
2   fi=open("三国演义.txt","r",encoding="UTF-8")      #文件编码为 UTF-8 格式
3   txt=fi.read()
4   fi.close()
5   ls=jieba.lcut(txt)
6   d={}
7   for w in ls:
8       d[w]=d.get(w,0)+1
9   for x in "\n,。!、;? ""：":
10      del d[x]
11  rst=[]
12  for i in range(8):
13      mx=0
14      mxj=0
15      for j in d:
16          if d[j]>mx:
17              mx=d[j]
18              mxj=j
19      rst.append(mxj)
20      del d[mxj]
21  print(",".join(rst))
```

运行结果：

曰,之,也,吾,与,而,将,了

拓展：此例可以修改为小说中各种人物出场次数,并输出出现次数最多的前 20 名的人名及次数,请读者自行思考。

6.10　综合案例

【**例 6-10**】　打印区间数中的回文数。

分析：在数学中有这样一类数字 n,若将 n 的各位数字反向排列所得的数 n1 与 n 相等,则 n 为回文数。例如,若 n=1234321,则称 n 为回文数;但若 n=1234567,则 n 不是回文数。此例要求从键盘输入 2 个区间数,然后输出区间内的所有回文数。

编写程序如下：

```
1   import time
2   def loop(a,b):
3       for i in range(a,b+1):
4           t=str(i)
5           d=t[::-1]
6           if t==d:
7               print(i,end='')
8               time.sleep(3)
9   x,y=map(int,input("请输入区间数,空格分隔:").split(" "))
10  loop(x,y)
```

运行结果：

请输入区间数,空格分隔:100 200
101 111 121 131 141 151 161 171 181 191

【例 6-11】 绘制科赫曲线。

分析：在众多经典数学曲线中,科赫(Koch)曲线非常著名,是由瑞典数学家冯·科赫(H.V.Koch)于 1904 年提出的,由于其形状类似雪花,也被称为雪花曲线。

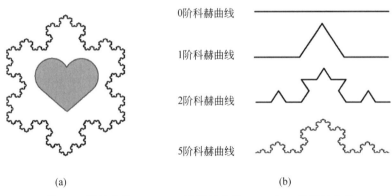

图 6.5 科赫曲线：（a）0～5 阶科赫曲线；（b）加工的科赫曲线

科赫曲线的基本概念和绘制方法如下：正整数 n 代表科赫曲线的阶数,表示生成科赫曲线过程的操作次数。科赫曲线初始化阶数为 0,表示一个长度为 L 的直线。对于直线 L,将其等分为 3 段,中间一段用边长为 L/3 的等边三角形的两条边替代,得到 1 阶科赫曲线,它包含 4 条线段。进一步对每条线段重复同样的操作 n 次,可以得到 n 阶科赫曲线。用递归法实现图 6.5(a)的科赫曲线绘制算法。

编写程序如下：

```
1   import turtle
2   def curvemove():
3       for i in range(200):
4           turtle.right(1)
```

```
5          turtle.forward(1)
6   def koch(size,n):
7       if n==0:
8           turtle.fd(size)
9       else:
10          for angle in [0,60,-120,60]:
11              turtle.left(angle)
12              koch(size/3,n-1)
13  def main():
14      turtle.setup(600,600)
15      turtle.penup()
16      turtle.goto(-200,100)
17      turtle.pendown()
18      turtle.pensize(2)
19      turtle.speed(5000)
20      level=5
21      koch(400,level)
22      turtle.right(120)
23      koch(400, level)
24      turtle.right(120)
25      koch(400, level)
26      turtle.right(120)
27      turtle.penup()
28      turtle.goto(2,-100)
29      turtle.pendown()
30      turtle.color('red', 'pink')
31      turtle.pensize(2)
32      turtle.begin_fill()
33      turtle.left(140)
34      turtle.forward(111.65)
35      curvemove()
36      turtle.left(120)
37      curvemove()
38      turtle.forward(111.65)
39      turtle.end_fill()
40      turtle.hideturtle()
41      turtle.done()
42  main()
```

实验六　函数的使用

一、实验目的

（1）掌握在 Python 中实现函数定义、调用及返回的方法。

（2）了解形参和实参之间的参数传递。

（3）了解程序中局部变量和全局变量的作用范围。

（4）熟悉 Python 常用函数的使用。

（5）能编写基本的函数程序。

二、实验内容

1. 编写一个程序，首先定义一个接收字符串参数的函数，统计该字符串中字母、数字和其他字符的个数。在函数外输入该字符串并输出统计结果。

2. 编写一个程序，利用公式 $e = 1 + 1/1! + 1/2! + 1/3! + \cdots + 1/n!$ 求自然对数 e 的近似值，其中求阶乘要使用函数，n 值在运行时从键盘输入。

3. 老王卖西瓜，每天只卖总数的一半多两个。要求输入西瓜总数（小于 1000 个），输出所需卖瓜的天数。程序的部分代码已给出，在下面的横线上填入合适内容并测试程序。

```
def watermelon(_____):
    day = 0
    x1 = int(d)
    while x1 > 1:
        x2 = x1 - (int(x1/2) + 2)
        x1 = x2
        day += 1
    _____
x = input(" Enter total number : ")
while _____ (x)  in (range(1000)):
    print("days:", watermelon(x))          #call  function
    x = input("enter total number:")
```

提示：本程序在函数调用时，通过 x 向函数传递西瓜的总数，函数执行后返回并显示所需天数。程序可反复计算，直到输入西瓜总数不在指定范围为止。

下面是测试的结果：

```
Enter total number : 1000
days: 8
enter total number:200
days: 6
enter total number:800
days: 8
enter total number:12
days: 2
enter total number:2
days: 1
```

【答案】 按顺序分别是 d、return day、watermelon。

4. 打印由字符构成的等腰三角形图案，运行效果如下图所示，编程要求：

（1）在函数中实现打印若干字符；

（2）打印行数 n 和图形字符要从键盘输入。

分析：每行打印 1,3,5,…,2×n−1 个字符，循环处理，函数部分定义了打印 x 个居中显示的字符：print((pic * x).center(20))。

```
输入图形符号和行数：&,5
        &
       &&&
      &&&&&
     &&&&&&&
    &&&&&&&&&
```

```
输入图形符号和行数：*,3
        *
       ***
      *****
```

5. 编写函数，接收两个正整数 x、y 作为参数，返回一个元组，其中第一个元素为最大公约数，第二个元素为最小公倍数。

分析：用辗转相除法求最大公约数，最小公倍数＝x * y/最大公约数。

6. 求从 n 个不同元素中取 k 个元素的组合。组合数 c(n,k)＝n!/(k! * (n−k)!)。提示：可用 def fact(m)函数求 m!的值。

7. 输入一个字符串，然后利用函数递归逆向显示。提示：解决这个问题的基本思想是，把字符串看作一个递归对象，最短的空串作为基例（串的反向连接采用切片原理）。

8. 改写例 5-13，判断数字大小的过程放在函数中实现，根据函数返回的结果进行后续处理。

9. 利用 Python 的 turtle 库功能、函数、七段数码管的工作原理，绘制当前日期，效果如下图所示。

七段数码管由 7 段数码管拼接而成，每段有亮或不亮两种情况，改进型的七段数码管还包括一个小数点位置，如下图所示。

七段数码管能形成 2^7＝128 种不同状态。函数根据输入的数字 d 绘制七段数码管，结合七段数码管结构，每个数码管的绘制采用上图所示顺序。

绘制起点在数码管中部左侧，无论每段数码管是否被绘制出来，turtle 画笔都按顺序"画完"所有 7 个数码管。

下面是参考代码，读者可根据此代码修改成不同的风格。

```python
import turtle,datetime
def drawgap():
```

```
    turtle.penup ()
    turtle.fd(5)


def drawl(draw):
    drawgap()
    #如果 d 在数字列表,draw=true,  笔落下,开始画
    turtle.pendown() if draw else turtle.penup()
    turtle.fd(40)
    drawgap()                                      #画完,抬笔
    turtle.right(90)
def drawd(d):                                      #每个数字都完成 7 步,没有的线条抬笔
    #开始画的中间第一条横线,数码管中包含此横线的数字,按 1,2,3,…,7 编号
    dra wl(True) if d in [2,3,4,5,6,8,9] else drawl(False)
    drawl(True) if d in [0,1,3,4,5,6,7,8,9] else drawl(False)   #右下竖线
    drawl(True) if d in [0,2,3,5,6,8,9] else drawl(False)          #最底横线
    drawl(True) if d in [0,2,6,8] else drawl(False)
    turtle.left(90)
    drawl(True) if d in [0,4,5,6,8,9] else drawl(False)
    drawl(True) if d in [0,2,3,5,6,7,8,9] else drawl(False)
    drawl(True) if d in [0,1,2,3,4,7,8,9] else drawl(False)
    turtle.left(180)
    turtle.penup()
    turtle.fd(20)
def drawdate(date):                    #日期串,如是数字,调用 drawd()函数画七段数码管
    for i in date:
        if i=="-":
            turtle.write ("年",font=("Arial",18,"normal"))
            turtle.pencolor ("green")
            turtle.fd(40)
        elif i=="=":
            turtle.write ("月",font=("Arial",18,"normal"))
            turtle.pencolor ("blue")
            turtle.fd(40)
        elif i=="+":
            turtle.write ("日",font=("Arial",18,"normal"))
        else:
            drawd(eval(i))              #是数字,开始画,每次取一个数字


def main():
    turtle.setup(800,350,200,200)
    turtle.penup()
    turtle.fd(-300)
    turtle.pensize(5)
```

```
        #=+区别前面的-,用于输出月、日
        drawdate(datetime.datetime.now().strftime("%Y-%m=%d+"))
        turtle.goto (-100,-150)
        turtle.write ("学 Python",font=("Arial",18,"normal"))
        turtle.hideturtle()
        turtle.done()
main()
```

习　题　六

一、选择题

1. 在 Python 中,以下关于函数的描述错误的是(　　)。

A. 定义函数时,需要确定函数名和参数个数

B. Python 解释器默认不会对参数类型做检查

C. 在函数体内部可以用 return 语句随时返回函数结果

D. 函数执行完毕也没有 return 语句时,Python 解释器会报错

2. 关于函数,以下选项描述错误的是(　　)。

A. 函数能完成特定的功能,对函数的使用不需要了解函数内部实现原理,只要了解函数的输入/输出方式即可

B. 使用函数的主要目的是减低编程难度和实现代码重用

C. Python 使用 del 关键字定义一个函数

D. 函数是一段具有特定功能的、可重用的语句组

3. 以下选项属于 Python 中文分词第三方库的是(　　)。

A. jieba　　　　　　B. itchat　　　　　　C. time　　　　　　D. turtle

4. 当用户输入 abc 时,下面代码的输出结果是(　　)。

```
try:
n = 0
    n = input("请输入一个整数: ")
    def pow10(n):
            return n**10
except:
    print("程序执行错误")
```

A. 输出：abc   B. 程序没有任何输出

C. 输出：0   D. 输出：程序执行错误

5. 以下关于 Python 的说法正确的是(　　)。

A. 在 Python 中,一个算法的递归实现往往可以用循环等价实现,但是大多数情况下递归表达的效率要更高一些

B. Python 中函数的返回值如果多于一个,则系统默认将它们处理成一个字典

C. 可以在函数参数名前面加上星号,这样用户所有传来的参数都被收集起来再使

用,星号在这里的作用是收集其余的位置参数,这样就实现了变长参数

    D. 递归调用语句不允许出现在循环结构中

6. 关于 Python 的全局变量和局部变量,以下选项描述错误的是(　　)。

    A. 局部变量指在函数内部使用的变量,当函数退出时,变量依然存在,下次函数调用可以继续使用

    B. 使用 global 关键字声明简单数据类型变量后,该变量作为全局变量使用

    C. 简单数据类型变量无论是否与全局变量重名,仅在函数内部创建和使用,函数退出后变量被释放

    D. 全局变量是指在函数之外定义的变量,一般没有缩进,在程序执行全过程有效

7. 关于 Python 的 lambda 函数,以下选项描述错误的是(　　)。

    A. 可以使用 lambda 函数定义列表的排序原则

    B. 执行 f = lambda x,y：x+y 后,f 的类型为数字类型

    C. lambda 函数将函数名作为函数结果返回

    D. lambda 用于定义简单的、能够在一行内表示的函数

8. 关于 Python 函数,以下选项描述错误的是(　　)。

    A. 函数是一段可重用的语句组

    B. 函数通过函数名进行调用

    C. 每次使用函数需要提供相同的参数作为输入

    D. 函数是一段具有特定功能的语句组

9. 关于 time 库的描述,以下选项错误的是(　　)。

    A. time 库提供获取系统时间并格式化输出

    B. time.sleep(s)的作用是休眠 s 秒

    C. time.perf_counter()返回一个固定的时间计数值

    D. time 库是 Python 中处理时间的标准库

10. 关于 jieba 库的描述,以下选项错误的是(　　)。

    A. jieba.cut(s)是精确模式,返回一个可迭代的数据类型

    B. jieba.lcut(s)是精确模式,返回列表类型

    C. jieba.add_word(s)是向分词词典里增加新词 s

    D. jieba 是 Python 中一个重要的标准函数库

11. 下面代码的输出结果是(　　)。

```
ls =["F","f"]
def fun(a):
    ls.append(a)
    return
fun("C")
print(ls)
```

    A. ['F', 'f']　　　　B. ['C']　　　　C. 出错　　　　D. ['F', 'f', 'C']

12. 关于函数作用的描述,以下选项错误的是(　　)。

A. 复用代码

B. 提高代码的可读性

C. 降低编程复杂度

D. 提高代码的执行速度

13. 假设函数中不包括 global 关键字,对于改变参数值的方法,以下选项错误的是(   )。

    A. 参数是 int 类型时,不改变原参数的值

    B. 参数是组合类型(可变对象)时,改变原参数的值

    C. 参数的值是否改变与函数中对变量的操作有关,与参数类型无关

    D. 参数是 list 类型时,改变原参数的值

14. 关于形参和实参的描述,以下选项正确的是(   )。

    A. 参数列表中给出要传入函数内部的参数,这类参数称为形式参数(简称为形参)

    B. 函数调用时,实参默认采用按照位置顺序的方式传递给函数,Python 也提供了按照形参名称输入实参的方式

    C. 程序在调用时,将形参复制给函数的实参

    D. 函数定义中参数列表里面的参数是实际参数(简称为实参)

第7章

文　件

文件被广泛应用于用户和计算机的数据交换。Python 程序可以从文件读取数据，也可以往文件写入数据。用户在处理文件过程中，可以操作文件内容，也可以管理文件目录。本章将重点介绍 Python 语言的文件操作，包括文件的概念、文件的读写操作及文件的目录管理等内容。

7.1　文　件　概　念

文件是数据的集合，以文本、图像、音频、视频等形式存储在计算机的外部介质中。文件可以是本地存储、移动存储或网络存储等，常用的存储介质是磁盘。根据文件的存储格式不同，可以分为文本文件和二进制文件两种形式。

7.1.1　文本文件和二进制文件

文本文件由字符组成，这些字符按照 ASCII 码、UTF-8 或者 Unicode 等格式进行编码，文件内容方便查看和编辑。Windows 记事本创建的 txt 格式的文件就是典型的文本文件，以 py 为扩展名的 Python 源文件、以 html 为扩展名的网页文件等都是文本文件。文本文件可以被多种编辑软件创建、修改和阅读，常见的编辑软件有记事本等。

二进制文件存储的是由 0 和 1 组成的二进制编码。二进制文件的内容数据的组织格式与文件用途有关。典型的二进制文件包括 bmp 格式的图片文件、avi 格式的视频文件、各种计算机语言编译后生成的文件等。

二进制文件和文本文件最主要的差别在于编码格式，二进制文件只能按照字节处理，文本文件读写的是字符串。

无论是文本文件还是二进制文件，都可以用"文本文件方式"和"二进制文件方式"打开，但打开后的操作是不同的。

7.1.2　文本文件的编码

编码就是用数字来表示符号和文字，它是文字读取、存储和显示的基础。计算机有很多种编码方式。最早的编码方式是 ASCII 码，即美国信息交换标准码，仅对数字 0～9、大写英文字符、小写英文字符及其他一些常用的符号进行了编码。ASCII 码采用 8 位二进制编码，因此最多只能表示 256 个字符。

随着信息技术的发展，汉语、日语、阿拉伯语等不同语系的文字都需要进行编码，于是又有了 UTF-8、Unicode、GB 2312、GBK 等格式的编码方案。采用不同编码意味着把字符存入文件时，写入的内容可能不同。Python 程序读取文件时，一般需要指定读取文件的编码方式，否则程序运行时可能出现异常。

7.1.3　文件指针的概念

文件指针是文件操作的重要概念，Python 用指针表示当前读写位置。在文件的读写过程中，文件指针的位置是自动移动的，用户可以使用 tell()方法测试文件指针的位置，使用 seek()方法移动指针的位置。以只读方式打开文件时，文件指针会指向文件开头；往文件中写入数据时，文件指针会指向文件末尾。通过设置文件指针的位置，可以实现文件的定位读写。

7.2　文件的打开与关闭

无论是文本文件还是二进制文件，进行文件的读写操作时，都需要先打开文件，操作结束后再关闭文件。打开文件是将文件从外部存储介质读取到内存中，文件被当前程序占用，其他程序不能操作这个文件。在某些写文件的模式下，打开不存在的文件实质上是创建文件操作。

文件操作之后需要关闭文件，释放程序对文件的控制，将文件内容存储到外部介质，其他程序才能操作这个文件。

7.2.1　打开文件

要打开文件，可使用 open()方法，它是 Python 的内置函数。其使用语法格式如下：

```
open(filename, mode='r', encoding=None)
```

open()方法中的文件名 filename 是不可少的参数，其他参数都是可选项。通过 open()方法返回一个文件对象。

1. 以只读的方式打开文件

如果当前目录中有一个名为 somefile.txt 的文本文件，则可以采用 open()方法打开它并读取数据，默认情况下，文件和 Python 程序在同一个文件夹中。

```
>>>f =open('somefile.txt')
```

如果文件位于其他地方，可指定完整的路径（例如 D:\pythondemo\somefile.txt）。如果指定的文件不存在，将看到类似于下面的异常：

```
Traceback (most recent call last):
    File "<stdin>", line 1, in <module>
    FileNotFoundError: [Errno 2] No such file or directory: 'somefile.txt'
```

2. 以写的方式打开文件

如果要通过写入文本来创建文件，需要设置第二个参数 mode 的值。参数 mode 的可能取值有多个,如表 7.1 所示。

表 7.1 open( )方法的 mode 参数

值	说　　明
r	读取模式(默认值)
w	写入模式
x	独占写入模式
a	追加模式
b	二进制模式(与其他模式结合使用)
t	文本模式(默认值,与其他模式结合使用)
+	读写模式(与其他模式结合使用)

例如:

```
>>>f = open('somefile.txt',mode='w')
```

采用写入模式能够写入文件,并且当文件不存在时创建它。独占写入模式则更进一步,在文件已存在时引发 FileExistsError 异常。在写入模式下打开文件时,已有内容将被删除(截断),并从文件头处开始写入;如果要在已有文件末尾继续写入,可使用追加模式。

'+'可与其他任何模式结合起来使用,表示既可读取也可写入。例如,要打开一个文本文件进行读写,可使用'r+'。'r+'和'w+'之间有个重要差别:后者截断文件,而前者不会这样做。

默认模式为'rt',它把文件视为经过编码的 Unicode 文本,因此将自动执行解码和编码,且默认使用 UTF-8 编码。要指定其他编码和 Unicode 错误处理策略,可使用关键字参数 encoding。此时还将自动转换换行字符。

如果文件包含非文本的二进制数据,如声音剪辑片段或图像,只需要使用二进制模式(如'rb')来禁用与文本相关的功能。

还有几个更为高级的可选参数,用于控制缓冲以及更直接地处理文件描述符。要获取有关这些参数的详细信息,请参阅 Python 文件或在交互式解释器中运行 help(open)命令。

【例 7-1】 以各种模式打开文件。

```
#以只读方式打开
>>>file1=open("s1.py",'r')
#以读写方式打开,同时指明文件路径
>>>file2=open("D:\\python\\test.txt",'w+')    #或者采用 r"D:\python\test.txt"
#以读写方式打开二进制文件
>>>file3=open("tu.jpg",'ab+')
```

7.2.2 关闭文件

close( )方法用于关闭文件。通常情况下,Python 在操作文件时,使用内存缓冲区缓存文件数据。关闭文件时，Python 将缓冲的数据写入文件，然后关闭文件，并释放对文件的引用。使用下面的代码将关闭文件：

```
file.close()
```

使用 flush()方法可以将缓冲区的内容写入文件，但不关闭文件：

```
file.flush()
```

7.3 文件的读写

当文件被打开后，根据文件的访问模式可以对文件进行读写操作。如果文件是以文本方式打开的，程序会按照当前操作系统的编码方式来读写文件，用户也可以指定编码方式来读写文件。如果文件是以二进制文件方式打开的，程序则会按照字节流方式读写文件。表 7.2 给出了文件内容的读写方法。

表 7.2 文件读写操作的读写方法

方　　法	说　　明
read([size])	读取文件全部内容，如果给出参数 size，读取 size 长度的字符或字节
readline([size])	读取文件一行内容，如果给出参数 size，读取当前行 size 长度的字符或字节
readlines([hint])	读取文件的所有行，返回由行所组成的列表。如果给出参数 hint，读入 hint 行
write(str)	将字符串 str 写入文件
writelines(seq_of_str)	写多行到文件中，参数 seq_of_str 为可迭代的对象

7.3.1 读取文件数据

Python 提供了一组读取文件数据的方法。本节示例访问的文件是位于当前文件夹下的文本文件 test.txt，文件内容如下：

```
Hello Python!
Python 提供了一组读取文件内容的方法。对于当前目录下文本文件 test.txt；
本文件是文本文件，默认编码格式为 ANSI
```

1. read()方法

【例 7-2】 使用 read()方法读取文本文件的内容。

编写程序如下：

```
1    f=open("test.txt","r")
2    str1=f.read(13)              #只读取 13 个字符
3    print(str1)
4    str2=f.read()               #读取剩余的所有字符
5    print(str2)
```

```
6    f.close()
```

运行结果：

```
Hello Python!
Python 提供了一组读取文件内容的方法。对于当前目录下文本文件 test.txt;
本文件是文本文件,默认编码格式为 ANSI
```

程序以只读方式打开文件,先读取了 13 个字符变量到 str1 中,输出 str1 的值"Hello Python!",接着,第 4 行的 f.read()方法将读取从文件当前指针处开始的剩余全部内容。可以看出,随着文件的读取,文件指针在变化。

下面代码也是显示文件的全部内容,文件读取从开始到结束。

```
f=open("test.txt","r")
str2=f.read()                          #读取所有字符
print(str2)
f.close()
```

2. readlines()方法和 readline()方法

使用 radlines()方法可以一次性读取所有行的内容,如果文件很大,会占用大量的内存空间,读取的时间也会相对很长。

【例 7-3】 使用 readlines()方法读取文本文件的内容。

编写程序如下：

```
1    f=open("test.txt","r")
2    flist=f.readlines()
3    print(flist)
4    for line in flist:
5        print(line)
6    f.close()
```

第 3 行代码运行结果如下。

```
['Hello Python!\n' , 'Python 提供了一组读取文件内容的方法。对于当前目录下文本文件
test.txt;\n' , '本文件是文本文件,默认编码格式为 ANSI\n']
```

第 5 行代码运行结果如下。

```
Hello Python!

Python 提供了一组读区文件内容的方法。对于当前目录下文本文件 test.txt;

本文件是文本文件,默认编码格式为 ANSI
```

程序将文本文件 test.txt 的内容全部读取到列表 flist 中,这是第一部分的显示结果;为了能更清楚地显示文件内容,用 for 循环遍历列表 flist,这是第二部分的显示结果。因为原来文本文件每一行都有换行符"\n",因此用 print()语句输出时也包含了换行符,所以第二部分运行时,行之间增加了空行。

使用 readline()方法可以逐行读取文件内容,在读取过程中,文件指针顺序后移。

【例 7-4】 使用 readline()方法读取文本文件的内容。

编写程序如下:

```
1    f=open("test.txt","r")
2    str1=f.readline()
3    while str1!="":                      #判断文件是否结束
4        print(str1)
5        str1=f.readline()
6    f.close()
```

Python 将文件看作由行组成的序列,因此可以通过迭代的方式逐行读取文件的内容。

【例 7-5】 以迭代的方式读取文本文件的内容。

编写程序如下:

```
1    f=open("test.txt","r")
2    for line in f:
3        print(line,end="")
4    f.close()
```

例 7-5 中访问的 test.txt 是一个文本文件,默认的是 ANSI 编码方式。如果读取一个 Python 源文件,程序运行时将出现异常,因为 Python 源文件的编码方式是 UTF-8,因此打开此类文件应指定文件的编码方式,代码应修改如下。

```
open("test.py","r",encodiing="UTF-8")
```

7.3.2　往文件写入数据

write()方法可以往文件中写入字符串,同时文件指针后移。writelines()方法可以往文件中写入字符串序列,这个序列可以是列表、元组或者集合。使用该方法写入序列时,不会自动增加换行符。

【例 7-6】 往文件中写入字符串。

```
1    fname=input("请输入写入数据的文件名:")
2    f1=open(fname,"w+")
3    f1.write("往文件中写入字符串\n")
4    f1.write("继续写入")
5    f1.close()
```

程序运行后,根据提示输入文件名,往文件中写入两行数据,如果文件不存在,则先自动创建文件,再写入内容。

【例 7-7】 使用 wirtelines()方法往文件中写入序列。

```
1    f1=open("data7.dat","a")
2    lst=["HTML5","CSS3","JavaScript"]
3    tup1=('2012','2010','1990')
```

```
4    f1.writelines(lst)
5    f1.writelines('\n')
6    f1.writelines(tup1)
7    f1.close()
```

程序运行后,将在当前文件夹下生成 data7.dat 文件,该文件可以使用 Windows 自带的记事本软件打开,其内容如下。

```
HTML5CSS3JavaScript
201220101990
```

7.3.3　文件的定位读写

在前面小节的介绍中,文件的读写是按顺序进行的,在实际应用中,往往需要在特定的位置进行读取或写入操作。在进行操作之前,首先需要定位文件的读写位置,包括文件的当前位置,以及定位到文件的指定位置。下面介绍这两种定位的方法。

1. 获取文件当前的读写位置

文件的当前读写位置就是文件指针所处的位置。通过 tell()方法可以返回文件的当前位置。下面示例使用的 test.txt 文件存放在 D:\python3\下,其内容如下。

```
Hello Python!
Python 提供了一组读取文件内容的方法。
本文件是文本文件,默认编码格式为 ANSI
```

【例 7-8】　使用 tell()方法获取文件当前的读写位置。

```
>>>file=open("D:\\python3\\test.txt","r+")
>>>str1=file.read(6)
>>>str1
    'Hello'
>>>file.tell()
    6
>>>file.readline()
    'Python!\n'
>>>file.tell()
    15
>>>file.readlines()
['Python 提供了一组读取文件内容的方法。\n' , '本文件是文本文件,默认编码格式为 ANSI']
```

2. 移动文件当前的读写位置

文件在读写过程中,指针会随着操作自动移动。调用 seek()方法可以手动移动指针位置,其语法格式如下:

```
file.seek(offset,[,whence])
```

其中,offset 是移动的偏移量,单位为字节。值为正数时,往文件末尾方向移动指针,值为负数时,往文件头方向移动指针。whence 指定从何处开始移动,值为 0 时,从起始位置移动;值为 1 时,从当前位置移动;值为 2 时,从结束位置移动。

【例 7-9】 使用 seek()方法移动文件指针位置。

```
>>>file=open("D:\\python3\\test.txt","r+")
>>>file.seek(6)              #移动当前指针至第 6 个位置
    6
>>>str1=file.read(8)
>>>str1
    'python!\n'
>>>file.tell()              #当前指针在第 15 个位置
    15
>>>file.seek(6)              #重新将当前指针移动至第 6 个位置
    6
>>>file.write("%%%%%%%")     #写入 7 个字符%,覆盖掉原来的数据
    7
>>>file.seek(0)
    0
>>>file.readline()
    'Hello %%%%%%%\n'
```

7.3.4 读写二进制文件

读写文件的 read()和 write()方法同样适用于二进制文件,但二进制文件只能读写 bytes 字符串。默认情况下,二进制文件是顺序读写的,可以使用 seek()方法移动和查看当前位置。

传统字符串加前缀 b 构成了 bytes 对象,即 bytes 字符串,可以写入二进制文件。如果要把整型、浮点型、序列等数据类型写入二进制文件,需要先转换为字符串,然后使用 bytes()方法转换为 bytes 字符串,之后再写入。

【例 7-10】 向二进制文件读写 bytes 字符串。

```
>>>fileb=open(r"D:\python3\mydate.dat","wb")
>>>fileb.write(b"Hello Python")
    12
>>>file=open(r"mydate.dat","rb")
>>>print(file.read())
    b'Hello Python'
```

7.4　CSV 文件操作

7.4.1 CSV 文件的概念和特点

CSV(Comma-Separated Values,逗号分隔值)是一种通用的、相对简单的文件格式,

被用户、商业和科学广泛应用。最广泛的应用是在程序之间转移表格数据,而这些程序本身是在不兼容的格式上进行操作的(往往是私有的和/或无规范的格式)。大量程序都支持某种 CSV 变体,至少是作为一种可选择的输入/输出格式。

　　例如,一个用户可能需要交换信息,从一个以私有格式存储数据的数据库程序,到一个数据格式完全不同的电子表格。最可能的情况是,该数据库程序可以导出数据为 CSV 格式,然后被导出的 CSV 文件可以被电子表格程序导入。

　　CSV 并不是一种单一的、定义明确的格式。因此在实践中,术语 CSV 泛指具有以下特征的任何文件:

　　(1) 纯文本,使用某个字符集,比如 ASCII、Unicode、EBCDIC 或 GB 2312;

　　(2) 由记录组成(典型的是每行一条记录);

　　(3) 每条记录被分隔符分隔为字段(典型分隔符有逗号、分号或制表符;有时分隔符可以包括可选的空格);

　　(4) 每条记录都有同样的字段序列。

　　在这些常规的约束条件下,存在着许多 CSV 变体,故 CSV 文件并不完全互通。然而,这些变异非常小,并且有许多应用程序允许用户预览文件(这是可行的,因为它是纯文本),然后指定分隔符、转义规则等。如果一个特定 CSV 文件的变异过大,超出了特定接收程序的支持范围,那么可行的做法往往是人工检查并编辑文件,或通过简单的程序来修复问题。因此在实践中,CSV 文件还是非常方便的。

　　CSV 文件是纯文本文件,因此可以使用记事本应用程序按照相应的规则来建立,也可以使用 Excel 软件录入数据,另存为 CSV 文件。本节示例 test.csv 文件如下,该文件保存于当前目录下。

```
Name, DEP, Eng, Math, Chinese
Rose, 法学, 89, 78, 65
Mike, 历史, 56, , 44
John, 数学, 45, 65, 67
```

7.4.2　数据的维度

　　CSV 文件主要用于数据的组织和处理。根据数据表示的复杂程度和数据之间关系的不同,可以将数据划分为一维数据、二维数据和多维数据三种基本类型。

1. 一维数据

　　一维数据即线性结构,也称为线性表,表现为 n 个数据项组成的有限序列,这些数据项之间体现出线性关系,即除了序列中的第一个元素和最后一个元素,序列中的其他元素都有一个前驱和一个后继。在 Python 中,可以用列表、元组等描述一维数据。例如,下面是对一维数据的描述:

```
lst1=['a','b','1',100]
tup1=(1,3,5,7,9)
```

2. 二维数据

　　二维数据也称为关系表,与数学中的二维矩阵类似,可以用表格的形式描述。用列表和元组描述一维数据时,如果一维数据中的每个数据项是序列时,就构成了数据表。例如,下面是以列表描述的二维数据。

```
lst2=[[1,2,3,4],['a','b','c'],[-9,-37,100]]
```

更典型的二维数据可以用表格的形式描述,如表 7.3 所示。

表 7.3   用二维表描述的数据

Name	DEP	Eng	Math	Chinese
Rose	法学	89	78	65
Mike	历史	56		44
John	数学	45	65	67

二维数据可以理解为特殊的一维数据,通常更适合用 CSV 文件存储。

多维数据是二维数据的扩展,通常用列表或元组来组织,通过索引来访问。

7.4.3   向 CVS 文件中读写一维和二维数据

1. 使用通用文件读写方法

用列表保存的一维数据,可以使用字符串的 join()方法构成逗号分隔的字符串,再通过文件的 write()方法保存到 CSV 文件中。要读取 CSV 文件中的一维数据,即读取一行数据,可以使用文件的 read()方法,也可以将文件的内容读取到列表中。

【例 7-11】   将一维数据写入 CSV 文件,并读取。

编写程序如下:

```
1    #向 CSV 文件中写入一维数据并读取
2    lst1=["name","age","school","address"]
3    filew=open('asheet.csv','w')
4    filew.write(",".join(lst1))
5    filew.close()
6    filer=open('asheet.csv','r')
7    line=filer.read()
8    print(line)
9    filer.close
```

运行结果:

```
name,age,school,address
```

2. 使用 CSV 模块读写

CSV 模块中的 reader()和 writer()方法提供了读写 CSV 文件的操作。在写入 CSV 文件的方法中,使用 newline=""参数,可以防止往文件中写入空行。在例 7-12 中,文件操作时使用了 with 上下文管理语句,文件处理完毕后,将会自动关闭。

【例 7-12】 将二维数据写入 CSV 文件,并读取出。
编写程序如下:

```
1   import csv
2   datas=[['name','DEP','Eng','Math','Chinese'],['Rose','法学',89,78,65],
3          ['Mike','历史',56,'',44],['John','数学',45,65,67]]
4   filename='bsheet.csv'
5   with open(filename,'w',newline="") as f:      #利用 with 方法打开文件
6       writer=csv.writer(f)
7       for row in datas:
8           writer.writerow(row)
9   ls=[]
10  with open(filename,'r') as f:
11      reader=csv.reader(f)
12      for row in reader:
13          print(reader.line_num,row)
14          ls.append(row)
15  print(ls)
```

运行结果:

```
1 ['name', 'DEP', 'Eng', 'Math', 'Chinese']
2 ['Rose', '法学', '89', '78', '65']
3 ['Mike', '历史', '56', '', '44']
4 ['John', '数学', '45', '65', '67']
[['name', 'DEP', 'Eng', 'Math', 'Chinese'], ['Rose', '法学', '89', '78', '65'],
['Mike', '历史', '56', '', '44'], ['John', '数学', '45', '65', '67']]
```

下面可以进一步处理,以显示工整的二维数据。
程序代码如下:

```
1   datas=[['name','DEP','Eng','Math','Chinese'],['Rose','法学',89,78,65],
2   ['Mike','历史',56,'',44],['John','数学',45,65,67]]
3   import csv
4   filename='bsheet.csv'
5   str1=''
6   with open(filename,'r') as f:
7       reader=csv.reader(f)
8       for row in reader:
9           for item in row:
10              str1+=item+'\t'
11          str1+='\n'
12          print(reader.line_num,row)
13      print(str1)
```

运行结果：

```
1 ['name', 'DEP', 'Eng', 'Math', 'Chinese']
2 ['Rose', '法学', '89', '78', '65']
3 ['Mike', '历史', '56', '', '44']
4 ['John', '数学', '45', '65', '67']
name    DEP   Eng   Math   Chinese
Rose    法学   89    78     65
Mike    历史   56           44
John    数学   45    65     67
```

7.5　扩展：openpyxl 库的文件使用

openpyxl 模块是一个读写 Excel 2010 及以后版本文件的 Python 库，如果要处理更早格式的 Excel 文件，需要用到其他库（如 xlrd、xlwt 等）。openpyxl 是一款比较综合的工具，不仅能够同时读取和修改 Excel 文件，而且可以对 Excel 文件的单元格进行详细设置，包括单元格样式等内容，甚至还支持图表插入、打印设置等内容，使用 openpyxl 可以读写 xltm、xltx、xlsm、xlsx 等类型的文件，且可以处理数据量较大的 Excel 文件，跨平台处理大量数据是其他模块没法相比的。因此，openpyxl 成为处理 Excel 复杂问题的首选库函数。

在使用 openpyxl 前先要掌握三个对象，即 Workbook（工作簿，一个包含多个工作表的 Excel 文件）、Worksheet（工作表，一个 Workbook 有多个 Worksheet，通过表名识别，如 Sheet1、Sheet2 等）、Cell（单元格，存储具体的数据对象）。

一个 Workbook 对象代表一个 Excel 文件，因此在操作 Excel 之前，都应该先创建一个 Workbook 对象。要创建一个新的 Excel 文件，直接进行 Workbook 类的调用即可。对于一个已经存在的 Excel 文件，可以使用 openpyxl 模块的 load_workbook() 函数进行读取，该函数包涵多个参数，但只有 filename 参数为必传参数。filename 是一个文件名，也可以是一个已打开的文件对象。

Workbook 对象提供了很多属性和方法，其中，大部分方法都与工作表有关，部分属性及方法如表 7.4 和表 7.5 所示。

表 7.4　Workbook 常用属性

属　　性	说　　明
active	获取当前活跃的 Worksheet
worksheets	以列表的形式返回所有的 Worksheet（表格）
read_only	判断是否以 read_only 模式打开 Excel 文件
encoding	获取文件的字符集编码
properties	获取文件的元数据，如标题、创建者、创建日期等
sheetnames	获取工作簿中的表（列表）

表 7.5　Workbook 常用方法

方　　法	说　　明
get_sheet_names()	获取所有表格的名称 （新版 Python 通过 Workbook 的 sheetnames 属性即可获取）
get_sheet_by_name()	通过表格名称获取 Worksheet 对象 （新版 Python 通过 Worksheet['表名']获取）
get_active_sheet()	获取活跃的表格（新版 Python 建议通过 active 属性获取）
create_sheet()	创建一个空的表格
copy_worksheet()	在 Workbook 内复制表格

　　Worksheet 相当于对表格的抽象，有了 Worksheet 对象以后，可以通过 Worksheet 对象获取表格的属性，得到单元格中的数据，修改表格中的内容。openpyxl 提供了非常灵活的方式来访问表格中的单元格和数据，Worksheet 常用属性及方法如表 7.6、表 7.7 所示。

表 7.6　Worksheet 常用属性

属　　性	说　　明
title	表格的标题
dimensions	表格的大小，这里的大小是指含有数据的表格的大小，即左上角的坐标：右下角的坐标
max_row	表格的最大行
min_row	表格的最小行
max_column	表格的最大列
min_column	表格的最小列
rows	按行获取单元格（Cell 对象）-生成器
columns	按列获取单元格（Cell 对象）-生成器
freeze_panes	冻结窗格
values	按行获取表格的内容（数据）-生成器

　　其中，freeze_panes 参数比较特别，主要用于在表格较大时冻结顶部的行或左边的列。对于冻结的行，在用户滚动时，是始终可见的，可以设置为一个 Cell 对象或一个单元格坐标的字符串，单元格上面的行和左边的列将会冻结（单元格所在的行和列不会被冻结）。

　　例如，要冻结第一行，设置 A2 为 freeze_panes；如果要冻结第一列，设置 freeze_panes 为 B1；如果要同时冻结第一行和第一列，设置 B2 为 freeze_panes；freeze_panes 值为 none 时表示不冻结任何列。

表 7.7　Worksheet 常用方法

方　　法	说　　明
iter_rows()	按行获取所有单元格
iter_columns()	按列获取所有的单元格
append()	在表格末尾添加数据
merged_cells()	合并多个单元格
unmerged_cells()	移除合并的单元格

Cell 是对单元格的抽象,相对比较简单,其常用属性如表 7.8 所示。

表 7.8　Cell 常用属性

属　　性	说　　明
row	单元格所在的行
column	单元格所在的列
value	单元格的值
coordinate	单元格的坐标

在使用 openpyxl 前,需要在控制台界面执行 pip 命令来安装 openpyxl。

```
>>>pip install openpyxl
```

【例 7-13】　某单位进行考核,需要将一组给定的外部数据写入 Excel 文件,并保存为 ks.xlsx 文件。

编写程序如下:

```
1   from openpyxl.workbook import Workbook
2   from openpyxl.writer.excel import ExcelWriter
3   data = [
4       ['序号', '组号', '申报单位', '姓名', '准考证号', '考试分数(卷面分)']
5       , ['1', '1', '新民采油厂', '刘铁', '2012051224', '67.834']
6       , ['2', '1', '吉林油田总医院', '吕册', '2012120214', '66.776']
7       , ['3', '1', '吉林油田总医院', '王彦苏', '2012120718', '66.683']
8       ]
9   #在内存创建一个工作簿 obj
10  wb = Workbook()
11  ws = wb.active
12  ws.title = u'招录人员名单'
13  #向第一个 Sheet 写数据
14  i = 1
15  r = 1
16  for line in data:
17      for col in range(1, len(line) +1):
18          ColNum = r
```

```
19          ws.cell(row=r, column=col).value =line[col -1]
20      i +=1
21      r +=1
22  #工作簿保存到磁盘
23  wb.save('ks.xlsx')
```

【例 7-14】 从汇总得到的考核成绩中取出"准考证号"字段部分的数据。

编写程序如下：

```
1   import openpyxl
2   from openpyxl import load_workbook
3   wb=load_workbook("ks.xlsx")
4   ws=wb.active
5   first_column =ws['E']
6   for x in range(len(first_column)):
7       print(first_column[x].value)
```

通过上面两个示例,可知 openpyxl 的具体使用流程如下：

(1) 导入 openpyxl 模块。

(2) 调用 openpyxl.load_workbook( ) 函数或 openpyxl.workbook( ) 函数,取得 Workbook 对象。

(3) 调用 get_active_sheet()或 get_sheet_by_name()工作簿方法,取得 Worksheet 对象。

(4) 使用索引或工作表的 cell()方法,带上 row 和 column 关键字参数,取得 Cell 对象,读取或编辑 Cell 对象的 value 属性。

实验七 文件

一、实验目的

(1) 理解文件的概念。

(2) 掌握文件的打开与关闭方法。

(3) 掌握文件读写的基本方法。

(4) 掌握 CSV 文件操作的基本方法。

二、实验内容

(1) 将一个文件中的所有英文字母转换为大写,复制到另一个文件中。

(2) 将一个文件中的指定单词删除后,复制到另一个文件中。

(3) 接收用户从键盘输入的一个文件名,然后判断该文件名是否存在于当前目录中。

(4) 将一文本文件加密后输出,规则如下：

加密前	A	B	C	D	E	F	…	X	Y	Z
加密后	D	E	F	G	H	I	…	A	B	C

(5) 为文本文件中的每一行添加行编号。

第8章

词云与 PyInstaller 库应用

文本中词频的统计数据,通常是利用列表的形式展示,但数据只体现量化值,很难直观地展示高频词的特点,因此出现了利用图形展示词频数据,通过图形文字的大小、颜色等特性区分高频词的词云。本章介绍词云库 WordCloud 的常规使用方法,掌握 Python 发布应用程序的打包方法。

8.1 WordCloud 应用

词云图,也叫文字云,是对文本中出现频率较高的"关键词"予以视觉化的展现,词云图过滤掉大量低频低质的文本信息,使得浏览者只要一眼扫过文本,就可领略文本的主旨。当我们手中有一篇文档,比如书籍、小说、电影剧本,若想快速了解其主要内容是什么,可以通过绘制词云图,以图形方式呈现关键词(高频词),就可视化直观地展示出文章的主旨,非常方便。

WordCloud 是一款 Python 环境下的词云图工具包,同时支持 Python 2 和 Python 3,能通过代码的形式把关键词数据转换成直观且有趣的图文模式。本节主要介绍通过 WordCloud 第三方库,来绘制常见的英文和中文文本的词云图。

8.1.1 WordCloud 的安装

要安装 WordCloud,推荐使用 Python 自带的 pip 工具来进行。首先确保已经正确安装 Python 与 pip,并且 pip 已经更新到较新的版本。安装 WordCloud 第三方库的命令如下:

```
>>>pip install wordcloud
```

如果需要完成更多的功能,还需要其他第三方库的支持,表 8.1 列出了一些常用的库。

表 8.1 常用的第三方库

库　名　称	说　　明
re	正则表达式
collections	词频统计
NumPy	NumPy 数据处理
jieba	分词

续表

库　名　称	说　　明
PIL	图像处理
matplotlib.pyplot	图像展示

8.1.2　WordCloud 的使用

WordCloud 库把词云当作一个 WordCloud 对象,wordcloud.WordCloud()代表一个文本对应的词云,可以根据文本中词语出现的频率等参数来绘制词云,包括词云的形状、尺寸和颜色等都可以进行相应设定。

生成词云的常规方法如下:

```
1    import wordcloud
2    w =wordcloud.WordCloud()
3    w.generate("wordcloud by Python")
4    w.to_file("aaa.png")
```

同时,为了更精细化地控制,WordCloud 提供了大量的参数以供应用。基本的参数使用规范是 w = wordcloud.WordCloud(<参数>)。表 8.2 列出了常规的参数设置。表 8.3 列出了常用方法。

表 8.2　**WordCloud 参数设置**

参　　数	描　　述
width	指定词云对象生成图片的宽度,默认 400 像素
height	指定词云对象生成图片的高度,默认 200 像素
min_font_size	指定词云中字体的最小字号,默认 4 号
max_font_size	指定词云中字体的最大字号,根据高度自动调节
font_step	指定词云中字体字号的步进间隔,默认为 1
font_path	指定字体文件的路径,默认 None
max_words	指定词云显示的最大单词数量,默认 200
stop_words	指定词云的排除词列表,即不显示的单词列表
mask	指定词云形状,默认为长方形,需要引用 imread()函数
background_color	指定词云图片的背景颜色,默认为黑色

表 8.3　**WordCloud 常用方法**

方　　法	描　　述
w.generate(txt)	往 WordCloud 对象 w 中加载文本 txt
w.to_file(filename)	将词云输出为图像文件

接下来,可以以此为例,构建一个较简单的词云。

【例 8-1】 使用 WordCloud 构建基本的英文词云图。

编写程序如下:

```
1    import os
2    from os import path
3    from wordcloud import WordCloud
4    from matplotlib import pyplot as plt
5    #获取当前文件路径
6    d =path.dirname(__file__) if "__file__" in locals() else os.getcwd()
7    #获取文本 text
8    text =open(path.join(d,'legend1900.txt')).read()
9    #生成词云
10   wc =WordCloud(scale=2,max_font_size =100)
11   wc.generate_from_text(text)
12   #显示图像
13   plt.imshow(wc,interpolation='bilinear')
14   plt.axis('off')
15   plt.tight_layout()
16   #存储图像
17   wc.to_file('1900_basic.png')
18   plt.show()
```

运行结果:

如果想更细致地设置词云图的细节,可以参照表 8.3 的参数配置做更详细的设置。这里通过示例列出各项参数的设置,并注释若干重要的项。

```
1    wordcloud.WordCloud(
2        font_path=None,        #字体路径,英文不用设置路径,中文需要,否则无法正确显示
3        width=400,             #默认宽度
4        height=200,            #默认高度
5        margin=2,              #边缘
6        ranks_only=None,
7        prefer_horizontal=0.9,
8        mask=None,             #背景图形,如果想根据图片绘制,则需要设置
9        scale=1,
```

```
10      color_func=None,
11      max_words=200,          #最多显示的词汇量
12      min_font_size=4,        #最小字号
13      stopwords=None,         #停止词设置,修正词云图时需要设置
14      random_state=None,
15      background_color='black',  #背景颜色设置,为具体颜色或者十六进制数值
16      max_font_size=None,        #最大字号
17      font_step=1,
18      mode='RGB',
19      relative_scaling='auto',
20      regexp=None,
21      collocations=True,
22      colormap='viridis',        #Matplotlib 色图,可更改名称进而更改整体风格
23      normalize_plurals=True,
24      contour_width=0,
25      contour_color='black',
26      repeat=False)
```

相比于英文词云,在绘制中文词云图前,需要先切割词汇,这里推荐使用前面提到过的 jieba 第三方库来切割分词。使用 pip 安装好 jieba 库之后,就可以对文本进行分词,然后再生成词云。首先读取文本文件,不同于英文,这里要指定文本编码格式,否则会报错。

分词完成后,还需要设置停止词 stopwords,由于 WordCloud 自身不含中文停止词,所以需要自行构造,构造的方法通常有两种: 通过 stopwords.update() 方法手动添加,以及根据已有 stopwords 词库遍历文本筛除停止词。

推荐采用 stopwords 词库遍历筛选停止词。这种方法的思路也比较简单,主要分为如下 2 个步骤:

(1) 利用已有的中文 stopwords 词库,对原文本进行分词后,遍历词库去除停止词;

(2) 生成新的文本文件,根据新的文件绘制词云图,便不会再出现 stopwords。如果发现 stopwords 词库不全,可以进行补充,然后再次生成词云图即可。

【例 8-2】 构建简单的中文词云图。本例涉及的文本是唐代诗人李白的《将进酒》,保存文件名为 b.txt,词云底图命名为 lb.jpg,如图 8.1 所示。

编程程序如下:

```
1   import os
2   import jieba
3   import numpy as np
4   from PIL import Image
5   from wordcloud import WordCloud, STOPWORDS
6
7   CURDIR =os.path.abspath(os.path.dirname(__file__))
8   TEXT =os.path.join(CURDIR,  'b.txt')
9   PICTURE=os.path.join(CURDIR,  'time.jpg')
10  FONT =os.path.join(CURDIR, 'Songti.ttc')
```

图 8.1 词云底图

```
11
12  def cut_the_words(test=TEXT):
13      with open(test, 'r') as rp:
14          content =rp.read()
15      words_list =jieba.cut(content, cut_all =True)
16      return ' '.join(words_list)
17
18  def create_worlds_cloud():
19      background =np.array(Image.open(PICTURE))
20      stopwords =set(STOPWORDS)
21      words =cut_the_words()
22      wc =WordCloud(background_color="white",
23                  mask=background,
24                  stopwords=stopwords,
25                  font_path=FONT)
26      wc.generate(words)
27      wc.to_file('lb.png')
28
29  if __name__ =='__main__':
30      create_worlds_cloud()
```

运行结果如图 8.2 所示。

程序中 cut_the_words() 是利用 jieba 分词, 其参数是给定的中文文本 b.txt; create_worlds_cloud() 是生成词云函数, Wordcloud 的默认字体对中文支持不佳, 可以设置中文的字体路径传递给 font_path。这里的字体要么是已经存在于环境变量中, 要么是指定字体文件的绝对路径。需要注意的是, 选择的词云底图应尽量轮廓明显, 这样所得结果数据能很好地契合到轮廓中, 如果选择的底图没有分明的轮廓, 最终所得数据大概率会覆盖全图。

图 8.2   中文词云结果图

8.2   PyInstaller 应用

8.2.1   PyInstaller 的安装

PyInstaller 是用于源文件打包的第三方库, 它能够在 Windows、Linux、Mac OS 等操作系统下将 Python 源文件打包。打包之后的 Python 文件可以在没有安装 Python 的环境中运行, 也可以作为一个独立文件进行传递和管理。

用户需要在命令提示符下用 pip 工具安装 PyInstaller 库, 具体命令如下:

```
>>>pip install pyinstaller
```

pip 命令会自动将 PyInstaller 安装到 Python 解释器所在的目录, 该目录的位置与

pip 程序的位置相同,因此可以直接使用。

8.2.2　使用 PyInstaller 打包

使用 PyInstaller 打包文件十分简单。假设 Python 源文件 computing.py 位于 D：\ python3\文件夹中,则打包的命令是:

```
>>>pyinstaller D:\python3\computing.py
```

该命令执行完毕,将在 D：\python3 目录下生成 dist 和 build 两个文件夹。其中, build 文件夹用于存放 PyInstaller 的临时文件,可以安全删除。最终的打包程序在 dist 内的 computing 文件夹下,可执行文件 computing.exe 就是所生成的打包文件,其他文件 是动态链接库。

如果在 pyinstaller 命令中使用参数-F,可以将 Python 源文件编译成一个独立的可执 行文件。

使用 pyinstaller 命令打包文件,需要注意以下几个问题:

(1) 文件路径中不能出现空格和英文句号(.),如果存在,需要修改 Python 源文件的名字。

(2) 源文件必须是 UTF-8 编码。采用 IDLE 编写的源文件均保存为 UTF-8 格式,可 以直接使用。

8.2.3　PyInstaller 的参数

合理使用 PyInstaller 的参数可以实现更强大的打包功能,PyInstaller 的常用参数如 表 8.4 所示。

表 8.4　**PyInstaller 的常用参数**

参　　数	功　　能
-h、--help	查看该模块的帮助信息
-F、-onefile	产生单个的可执行文件
-D、--onedir	产生一个目录(包含多个文件)作为可执行程序
-a、--ascii	不包含 Unicode 字符集支持
-d、--debug	产生 Debug 版本的可执行文件
-w、--windowed、--noconsolc	指定程序运行时不显示命令行窗口(仅对 Windows 有效)
-c、--nowindowed、--console	指定使用命令行窗口运行程序(仅对 Windows 有效)
-o DIR、--out＝DIR	指定 spec 文件的生成目录。如果没有指定,则默认使用当前目录来生 成 spec 文件
-p DIR、--path＝DIR	设置 Python 导入模块的路径(与设置 PYTHONPATH 环境变量的作 用相似)。也可使用路径分隔符(Windows 使用分号,Linux 使用冒号) 来分隔多个路径
-n NAME、--name＝NAME	指定项目(产生的 spec)名字。如果省略该选项,那么第一个脚本的主 文件名将作为 spec 的名字

使用 PyInstaller 命令打包时,不需要在 Python 源文件中添加任何代码,只使用打包命令即可。-F 参数经常使用,对于包含第三方库的源文件,可以使用-p 命令添加第三方库所在的路径,如果第三方库由 pip 安装并且在 Python 的安装目录中,则不需要使用-p 参数。

8.3 综合案例:基于共现提取人物关系的 Python 实现

【例 8-3】 基于共现提取人物关系并进行图形化展示。

《釜山行》是一部 2016 年上映的灾难片,该剧人物少、关系简单,比较适合用来学习文本处理。本示例将介绍基于共现状态,使用 Python 编写代码来实现对《釜山行》中人物关系的提取,最终利用 Gephi 软件根据提取的人物关系,绘制出人物关系图。

本示例项目完成过程中主要将用到以下知识:

(1)共现网络的基本原理。

(2)Python 代码对《釜山行》中人物关系提取的具体实现。

(3)jieba 库的基本使用。

(4)Gephi 软件的基本使用。

实体间的共现是一种基于统计的信息提取。关系紧密的人物往往会在文本中多段内同时出现,可以通过识别文本中已确定的实体(人名),计算不同实体共同出现的次数和比率。当比率大于某一阈值,就认为两个实体间存在某种联系。这种联系可以具体细化,但提取过程也更加复杂。因此,在此项目示例只介绍最基础的共现网络。

在开始示例项目前,还需要做一些准备工作。首先,需要将主要人物的名称保存在字典文件 dict.txt 中,这部分内容可以从互联网下载,也可以自己新建一个文件来保存。其次,需要获得《釜山行》的全剧剧情 busan.txt 文件,字典文件 dict.txt 及剧情文件 busa.txt 最好保存在与 Python 源程序相同的目录下。

接下来需要借助 Python 程序分析《釜山行》剧情中给定人物的出场次数及人物之间的共现关系。

1. 编写程序获得人物及其关系统计数据

编写程序如下:

```
1   #encoding=UTF-8
2   import jieba
3   import codecs
4   import jieba.posseg as pseg
5   names ={}                          #姓名字典
6   relationships ={}                  #关系字典
7   lineNames =[]                      #每段内人物关系
8   #统计人物
9   jieba.load_userdict("dict.txt")    #加载字典
10  with codecs.open("busan.txt", "r", "UTF-8") as f:
11    for line in f.readlines():
```

```
12        poss =pseg.cut(line)                    #分词并返回该词词性
13        lineNames.append([])                    #为新读入的一段添加人物名称列表
14        for w in poss:
15          if w.flag !="nr" or len(w.word) <2:
16            continue                            #当分词长度小于 2 或词性不为 nr 时认为该词不为人名
17          lineNames[-1].append(w.word)          #为当前段的环境增加一个人物
18          if names.get(w.word) is None:
19            names[w.word] =0
20            relationships[w.word] ={}
21          names[w.word] +=1                     #该人物出现次数加 1
22  #处理人物关系
23  for line in lineNames:                        #对于每一段
24    for name1 in line:
25      for name2 in line:                        #每段中的任意两个人
26        if name1 ==name2:
27          continue
28        if relationships[name1].get(name2) is None: #若两人尚未同时出现则新
                                                       #建项
29          relationships[name1][name2]=1
30        else:
31          relationships[name1][name2] =relationships[name1][name2]+1
                                                   #两人共同出现次数加 1
32  #输出人物结果到文件
33  with codecs.open("busan_node.txt", "a+", "UTF-8") as f:
34    f.write("Id Label Weight\r\n")
35    for name, times in names.items():
36        f.write(name +" " +name +" " +str(times) +"\r\n")
37  #输出人物关系到文件
38  with codecs.open("busan_edge.txt", "a+", "UTF-8") as f:
39    f.write("Source Target Weight\r\n")
40    for name, edges in relationships.items():
41      for v, w in edges.items():
42        if w >3:
43          f.write(name +" " +v +" " +str(w) +"\r\n")
```

可以看出,程序执行结果生成了两个文件 busan_node.txt 和 busan_edge.txt。busan_node.txt 称为节点文件,该节点文件有三个变量(Id、Label、Weight),在一定程度上描述了节点(人物)的出场次数。busan_edge.txt 文件称为边文件,该边文件也由三个变量(Source、Target、Weight)组成,其中 Weight 可以理解为人物之间的共现指数,值越高,共现次数越高,人物关系较密切。

2. 使用人物及人物关系的两个文件进行绘图

图结构是研究数据元素之间的多对多的关系。在这种结构中,任意两个元素之间可能存在关系,即节点之间的关系可以是任意的,图中任意元素之间都可能相关。

基于图论的网络科学认为,任何非连续事物之间的关系都可以用网络来表示,通过将互联网内的计算机、社会关系中的个人、生物的基因等不同属性的实体抽象为节点(Node),并用链接(Link)来展示实体之间的关系,通过量化以节点和链接为组件的网络结构指数(Index),从而能够在统一的框架下寻找复杂系统的共性。

　　网络关系图是比较热门的分析方法,最近频繁地出现在微生物生态研究的论文中。其实,单纯看网络关系的话,它只是一种数据分析的手段,很早就应用在其他领域中。然而,到了 2006 年,Proulx 等科学家在 *TRENDS ECOL EVOL*(IF=16.74)发文,提出网络关系也可以作为一种分析手段应用在生态领域(Proulx et al. 2006)。到了 2012 年,Barberán 等科学家在 *ISME* 发文,通过构建土壤中微生物的网络关系来研究其共生模式(Barberán et al. 2012)。

　　目前,生态学领域使用的网络关系图,多为基于群落数据相关性构建的 Co-occurrence 网络图。此类网络可以采用 R 语言的 igraph 包、Python 语言的 Networkx 构建并实现图。当然,除此之外,还有一些非命令行的软件,例如 Cytoscape、Gephi、Pajek、Graphviz(dot)、Ucinet 等。

　　其中 Gephi 是开源、免费、跨平台的基于 JVM 的复杂网络分析软件,主要用于各种网络和复杂系统,因它简单、易学、出图美观而备受青睐。可以通过访问其官方网站获得免费的安装包(https://gephi.org/)。

　　基于 Gephi 软件人物关系图的构建步骤如下:

　　(1) 导入数据文件:打开 Gephi,单击"文件"→"导入",选择文件,在单击"下一步"按钮的同时,注意一下每个参数的含义是不是你要表达的意思,分别导入节点文件与边文件,如图 8.3 和图 8.4 所示。

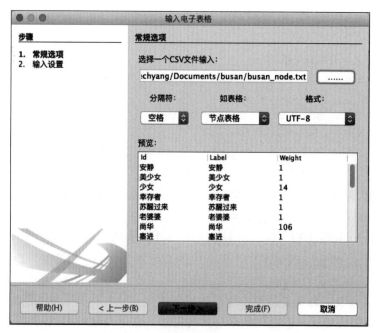

图 8.3　导入节点文件 busan_node.txt

图 8.4　导入边文件 busan_edge.txt

（2）绘制关系图：单击"窗口-统计"面板，分别单击"运行"→"关闭"按钮。当然，也可以选择打印、复制、保存命令，最终选择关闭命令。可以进行以下 6 个拓扑参数的计算：平均度、网络直径、图密度、模块化、平均聚类系数、平均路径长度。需要注意的是，对于无向网络图，平均度和平均加权度数值相同。通过 Gephi 得到的关系图如图 8.5 所示。

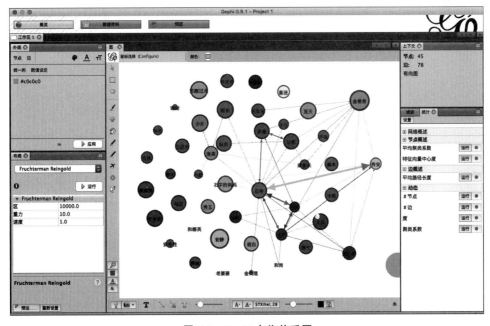

图 8.5　Gephi 人物关系图

实验八 《三国演义》词频统计与词云展示

一、实验目的

(1) 掌握使用第三方库 WordCloud 生成词云的基本方法。

(2) 掌握综合使用 jieba、WordCloud 等第三方库进行文本处理的方法。

(3) 掌握 Python 源程序打包的基本方法。

二、实验内容

(1) 编写程序统计《三国演义》(sgyy.txt 文件)中出场最多的前 10 位人物,并以此生成词云图。

(2) 根据给定的人物字典(可以借用 8.3 节的综合案例程序,也可自行设置),结合 Gephi 绘制《三国演义》的人物关系图。

(3) 打包上述涉及的程序。

第9章

数据分析入门

通过前面章节的学习,读者已经掌握了 Python 语言中最常用的基本数据类型、组合数据类型和结构化编程方法,基于这些知识,读者已经可以解决 Python 语言中所遇到的大多数问题。但是,如何能够更好地优化程序结构,提升数据处理质量,体现出 Python 语言的优势,还需要深入研究与数据分析相关的第三方库的使用。只有掌握了以 NumPy、Pandas 和 Matplotlib 等为代表的第三库的使用,才可以更加高效、方便地操作各类数据,从而编写出精练而高效的程序。通过合理地使用这些第三方库,能够极大地发挥 Python 语言的功能。

9.1 数据分析概述

9.1.1 数据分析的基本概念

数据分析是指选用适当的分析方法对收集来的大量数据进行分析、提取有用信息并形成结论,对数据加以详细研究和概况总结的过程。数据分析的目的是把隐藏在一大批看起来杂乱无章的数据中的信息集中、萃取和提炼出来,以找出所研究对象的内在规律,并加以利用,从而创造经济和社会价值。

与数据分析相关的概念还有数据挖掘和大数据分析。其中数据挖掘是指通过算法,从大量的数据中搜索隐藏于其中信息的过程。大数据分析是指对规模巨大的数据进行分析。大数据的特性可以概括为 5 个 V,即数据量大(Volume)、速度快(Velocity)、类型多(Variety)、价值(Value)、真实性(Veracity)。

大数据分析、数据挖掘和数据分析的区别是,大数据分析是基于互联网的海量数据挖掘,而数据挖掘更多的是针对内部企业行业小众化的数据挖掘,数据分析就是做出针对性的分析和诊断。大数据需要分析的是趋势和发展,数据挖掘主要是发现问题和诊断。也可以简单地理解为数据分析是基础,数据挖掘是行业应用,大数据分析是海量数据分析应用。

9.1.2 数据分析的基本流程

随着计算机技术的发展,数据分析已经逐渐演变为一种利用计算机解决问题的过程。典型的数据分析流程如下。

(1)需求分析:需求分析主要完成解决问题所需要功能描述,从中整理出在数据方面的需求,最终形成明确的问题解决方案框架。

(2)数据采集:数据采集主要可以分解为模拟数据生成、离线数据采集和在线数据采集三种模式。其中模拟数据生成主要是依据一定的限定来生成模拟采集数据,例如在用蒙特卡洛实验方法求解 PI 中,圆内随机点的生成。离线数据主要采用读取文件的形式获得,例如读取 csv、xlsx 等格式的数据存储文件。在线数据采集主要采用网络爬虫从互联网获取不同结构数据,或者通过网络直接访问网络数据库获得结构化数据。

(3)数据预处理:数据预处理主要完成采集后不满足要求的数据的合并、清洗、抽取、转换等。通过上述操作为后续数据的分析处理提供规范化的数据集合。

(4)数据分析:这里的数据分析是具体的操作步骤,主要指对预处理后的数据,利用各种数学模型及算法进行分析,发现数据中有价值信息,并得出结论的过程。

(5)数据可视化:为更加形象直观地了解数据分析的结构,一般需要对结果数据进行可视化展示,利用二维或三维图像展示数据结果,从而更加直观地了解数据之间的关系。

本章内容主要讲解数据可视化和数据预处理,对数据分析进行简单的案例演示。具体的数据分析模型及算法,需要对数学、算法等方面的进一步学习。

9.1.3　数据分析第三方库的安装

与数据分析相关的第三库非常多,主要包括数据可视化、数据预处理和科学计算函数三类。其中比较常用的库如表 9.1 所示,可以采用如下指令安装。

表 9.1　数据分析常用的第三方库

序号	库名称	功　能	安　装　命　令
1	Matplotlib	数据可视化	pip install matplotlib
2	Seaborn	数据可视化	pip install seaborn
3	NumPy	多维数组处理	pip install numpy
4	Pandas	结构化数据分析处理	pip install pandas
5	SciPy	科学计算函数工具库	pip install scipy
6	Sklearn	机器学习函数工具库	pip install sklearn
7	SymPy	符号型数学计算函数工具库	pip install sympy

如果官方服务器 pip 安装较慢,可以采用利用镜像地址安装的方式。以清华大学和阿里服务器为例,安装代码修改为如下形式,XXX 为安装库的名称。

```
pip install  XXX  -i https://pypi.tuna.tsinghua.edu.cn/simple
pip install  XXX  -i https://mirrors.aliyun.com/pypi/simple
```

9.2 Matplotlib 数据可视化

9.2.1 绘制基本图形

折线图和柱状图是最基本的数据可视化类型图,常用于绘制连续的数据。通过绘制图形,可以描述出数据的趋势变化。Matplotlib 库的 plot()和 bar()函数用来绘制两种图形,其用法如下:

```
matplotlib.pyplot.plot( * args,**kwarges)
matplotlib.pyplot.bar( * args,**kwarges)
```

其中 * arges 主要用来接收可变长度的 X 轴和 Y 轴数据的 n 个数据。X 轴数据可以省略,默认为从 0 开始的 n 个整数。**kwarges 用来接收各类参数,默认可以没有,采用默认参数显示图形。

【例 9-1】 绘制 y=x 函数的折线图和柱状图,x 取值范围为 10～20。

编写程序如下:

```
1    import matplotlib.pyplot as plt     #引入相应的库
2    x=range(10,20)                       #X 轴数据
3    y=x                                  #Y 轴数据
4    plt.plot(x,y,'r')                    #红色曲线
5    plt.bar(x, y,color ='b')             #蓝色柱状图
6    plt.show()                           #显示图形
```

运行结果如图 9.1 所示。

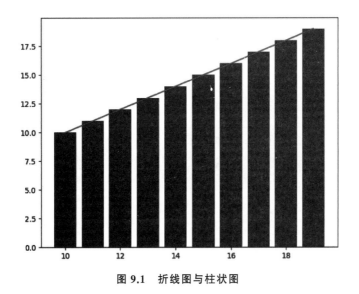

图 9.1 折线图与柱状图

Matplotlib 库提供了丰富的绘制图形,涵盖了二维图和三维图,可以通过访问官方网

站 https://matplotlib.org/获得各类图形绘制方法的详细说明。常用的绘图函数如表 9.2 所示。

表 9.2 常用的绘图函数

序　号	函　数　名　称	功　　能
1	matplotlib.pyplot.plot(x,y)	折线图
2	matplotlib.pyplot.bar(x,y)	柱状图
3	matplotlib.pyplot.scatter(x,y)	散点图或气泡图
4	matplotlib.pyplot.pie(x)	饼状图
5	matplotlib.pyplot.polar(theta,r)	雷达图
6	matplotlib.pyplot.barh(x,y)	跳线图

9.2.2　添加坐标轴和图标识

9.2.1 节介绍的示例只是建立了简单的图形,缺少对图形的各种说明内容。首先应标识 X 轴和 Y 轴数据的具体含义。同时,为了在标识中正确显示中文,应配置中文字体参数;为了正确显示标识的负号,还应进行参数配置,在显示图形前添加如下代码即可。

```
plt.rcParams["font.family"]="SimHei"        #显示中文,配置字体参数
plt.rcParams["font.sans-serif"]=['SimHei']  #显示中文,配置字体参数
plt.rcParams['axes.unicode_minus']=False    #显示正负号,配置参数
```

坐标轴的标识使用 plt.xlabel(string) 和 plt.ylabel(string) 函数,图的名称标识使用 plt.title(string) 函数,其中 string 代表显示的字符串。

【例 9-2】　绘制 y=sinx(x)函数的折线图和柱状图,x 取值范围为 0~10。
编写程序如下:

```
1   import matplotlib.pyplot as plt
2   import math                                      #导入数据函数库
3   plt.rcParams["font.family"]="SimHei"             #显示中文,配置字体参数
4   plt.rcParams["font.sans-serif"]=['SimHei']       #显示中文,配置字体参数
5   plt.rcParams['axes.unicode_minus']=False         #配置正负号显示参数
6   x=range(0,10)                                     #X轴数据
7   fun1=lambda i:math.sin(i)                         #y=sin(x)计算函数
8   y=list(map(fun1,x))                               #计算Y轴数据
9   plt.plot(x,y,color="r",marker="*")               #绘制红色折线图,用*号标识数据
10  plt.bar(x, y, alpha =0.5, color ='b',width=0.2)  #绘制蓝色柱状图,透明度
                                                      #0.5,宽度20%
11  plt.xlabel("X轴数据")                             #X轴标识
12  plt.ylabel("y轴数据")                             #Y轴标识
```

```
13  plt.title("图片标题")                          #图片标题
14  plt.show()                                     #显示图形
```

运行结果如图 9.2 所示。

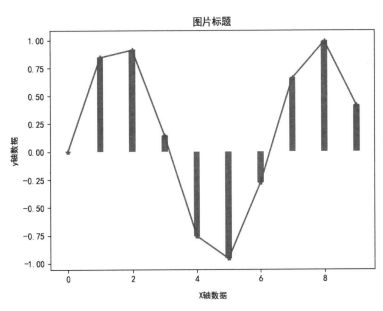

图 9.2　带标识的 y＝sin(x)图形

程序分析：第 9 行的 plot()函数利用 color＝"r"，把折线设置为红色，也可以设置为 y 以代表黄色，设置为 b 以代表蓝色等。marker＝"＊"用来设置折线图上标识点的形态，可以修改为"＋""o""D"等形态。访问如下网址获得详细的配置说明。

https://matplotlib.org/api/pyplot_api.html♯matplotlib.pyplot.plot

9.2.3　绘制多窗口

上述示例实现了在一个窗口中绘制多个图形，Matplotlib 也可以实现同时绘制多个窗体，每个窗体中绘制不同的图形，这可以通过调用 subplot()函数实现，其用法如下：

```
pyplot.plot.subplot(nrows, ncols, plot_number)
```

其中，nrows 代表绘制窗口的行数，ncols 代表列数，plot_number 代表要绘制图形的窗口号，例如 matplotlib. pyplot.plot.subplot(2，2，3)代表绘制 2 行 2 列共 4 个子窗体，3 代表后面绘图使用的窗体，如图 9.3 所示。

1 号窗体	2 号窗体
3 号窗体	4 号窗体

图 9.3　subplot(2，2，3)函数
绘制的子窗体

【例 9-3】　把例 9-2 图形绘制到两个子窗体中。

编写程序如下：

```
1  import matplotlib.pyplot as plt
2  import math
```

```
3    plt.rcParams["font.family"]="SimHei"              #显示中文
4    plt.rcParams["font.sans-serif"]=['SimHei']
5    plt.rcParams['axes.unicode_minus']=False          #正负号显示
6    x=range(0,10)                                      #X轴数据
7    fun1=lambda i:math.sin(i)                          #公式
8    y=list(map(fun1,x))                                #Y轴数据
9    plt.subplot(2,2,1)                                 #分隔绘图窗口为2*2,在第1个位置绘图
10   plt.plot(x,y,c="r",marker="*")                     #曲线
11   plt.subplot(2,2,4)                                 #分隔绘图窗口为2*2,在第4个位置绘图
12   plt.bar(x, y, alpha =0.5, color ='b',width=0.2)    #柱状图
13   plt.xlabel("X轴数据")                              #X轴标识
14   plt.ylabel("y轴数据")                              #Y轴标识
15   plt.title("图片标题")                              #图片标题
16   plt.show()                                         #显示图形
```

运行结果如图 9.4 所示。

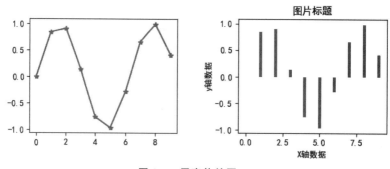

图 9.4 子窗体绘图(1)

程序分析：第 9～10 行是在子窗体 1 中进行绘图,第 11～12 行在子窗体 4 中进行绘图。从运行效果可以发现,第 13～15 行代码只作用于子窗体 4 中,因此每一个子窗体绘制的图形可以独立,互相不影响。

读者可以把第 11 行代码修改为如下代码,运行结果如图 9.5 所示,分析一下运行结果。

```
plt.subplot(2,1,2)                                     #分隔绘图窗口为2*1,在第2个位置绘图
```

9.2.4 配置常用图形参数

(1)配置显示网格线函数：

```
plt.grid(linestyle=":",color="b")                      #显示虚线,蓝色网格线
```

(2)配置显示图例函数：

```
plt.plot(x,y,color="b",marker="1",label="con(x)")
                                                       #label 参数用来设置图例字符串
```

```
plt.legend(loc="lower left")                              #在左下角显示图例
```

（3）配置 X 轴的坐标范围：

```
plt.xlim(0,12)                                           #X 轴的取值范围[0,12]
```

（4）替换 X 轴显示数值：

```
ticks=["A1","A2","A3","A4","A5","A6","A7","A8","A9","A10"]   #准备替换的字符串
plt.xticks(x,ticks)                    #调整 X 轴刻度显示方式,利用 ticks 列表里面的元素替换
```

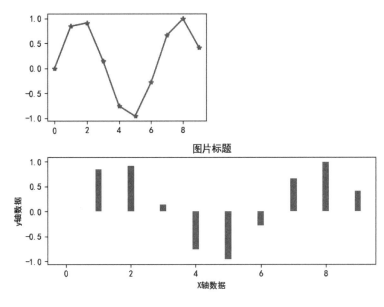

图 9.5 子窗体绘图（2）

【例 9-4】 把 y1＝sin(x)与 y2＝cos(x)曲线绘制在不同的子窗体中。

编写程序如下：

```
1    import matplotlib.pyplot as plt
2    import math
3    plt.rcParams["font.family"]="SimHei"                  #显示中文
4    plt.rcParams["font.sans-serif"]=['SimHei']
5    plt.rcParams['axes.unicode_minus']=False              #正负号显示
6    x=range(0,10)                                         #X轴数据
7    fun1=lambda i:math.sin(i)                             #公式
8    fun2=lambda i:math.cos(i)                             #公式
9    y1=list(map(fun1,x))                                  #Y轴数据
10   y2=list(map(fun2,x))                                  #Y轴数据
11   plt.subplot(2,1,1)
12   plt.plot(x,y1,c="r",marker="*",label="sin(x)")       #曲线
13   plt.plot(x,y2,c="b",marker="1",label="con(x)")       #曲线
```

```
14  plt.legend(loc="lower left")                              #显示图例
15  plt.grid(linestyle=":",color="b")                        #显示网格线
16  plt.xlim(0,12)                                           #X轴的取值范围
17  plt.xlabel("X轴数据")                                     #X轴标识
18  plt.ylabel("y轴数据")                                     #Y轴标识
19  plt.title("图片标题")                                     #图片标题
20  plt.subplot(2,1,2)
21  plt.plot(x,y1,c="r",marker="*",label="sin(x)")  #曲线
22  ticks=["A1","A2","A3","A4","A5","A6","A7","A8","A9","A10"]
23  plt.xticks(x,ticks)                                      #调整X轴刻度显示方式
24  plt.show()                                               #显示图形
```

运行结果如图 9.6 所示。

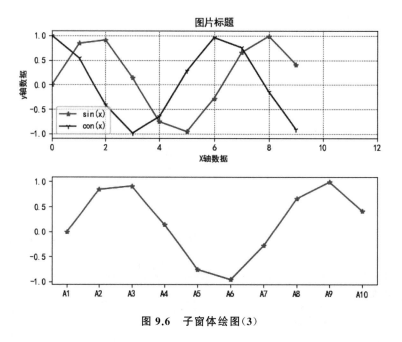

图 9.6　子窗体绘图（3）

程序分析：第 14 行用来显示图例，第 15 行用来显示网格线，第 16 行用来显示 X 轴的刻度范围，第 23 行用来调整 X 轴显示的刻度值。

9.2.5　添加箭头注释

上述示例已经完成图形的基本显示方式配置，但还缺少对图形中特定位置数据点的说明。Matplotlib 库提供了利用文本和箭头方式进行注释的方法，具体函数如下：

```
plt.text(1,1.2,"数据")            #在(1,1.2)坐标位置显示字符串"数据"
plt.annotate('min',xy=(2,1),xytext=(1,1.5),arrowprops=dict(facecolor='red'))
#设置参数依次为注释文字、箭头位置、箭尾位置和箭头颜色
```

【例 9-5】　绘制 y＝sin(x)曲线并进行标注。

编写程序如下：

```
1    import matplotlib.pyplot as plt
2    import math
3    plt.rcParams["font.family"]="SimHei"                     #显示中文
4    plt.rcParams["font.sans-serif"]=['SimHei']
5    plt.rcParams['axes.unicode_minus']=False                 #正负号显示
6    x=range(0,10)                                            #X轴数据
7    fun1=lambda i:math.sin(i)                                #公式
8    y1=list(map(fun1,x))                                     #Y轴数据
9    plt.plot(x,y1,c="r",marker="*",label="sin(x)")          #曲线
10   plt.text(0.5,0,"数据")                        #在(0.5,0)坐标位置显示字符串"数据"
11   plt.annotate ('data', xy = (2, 0.7), xytext = (1, -0.5), arrowprops = dict
                 (facecolor='red'))
12   #设置参数依次为注释文字、箭头位置、箭尾位置和箭头颜色
13   plt.show()                                               #显示图形
```

运行结果如图 9.7 所示。

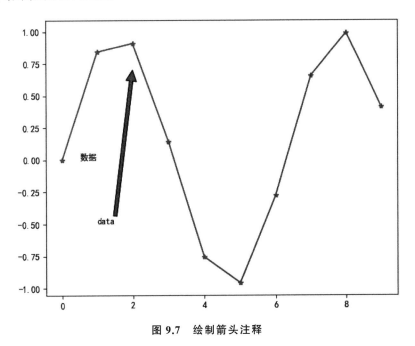

图 9.7　绘制箭头注释

　　程序分析：第 10 行用来显示普通文本信息，第 11 行通过箭头进行注释以显示文本信息。

9.3 NumPy 多维数组

9.3.1 数组生成及属性

NumPy 采用一种名为 ndarray 的多维数组对象进行操作,该数组的特点是只能存储数据类型相同的元素,因此能够确定存储数组所需空间的大小,能够运用向量化运算来快速处理整个数组。相对于列表和元组,存储结构具有更高的运算效率。

1. 通过 array()函数创建多维数组

array()函数中的参数可以是多维列表、元组、数组或其他序列类型,根据序列中的数据类型或者指定数据类型,系统自动生成 ndarray 数组。

【例 9-6】 利用列表生成默认数组和特定数据类型数组。

编写程序如下:

```
1    import numpy as np
2    a=np.array([[1,2,3],[4,5,6],[7,8,9]])
3    print(a)
4    b=np.array([[1.23,2,3],[4,5,6],[7,8,9]])
5    print(b)
6    c=np.array([[1,2,3],[4,5,6],[7,8,9]],dtype=float)
7    print(c)
```

运行结果:

```
[[1 2 3]
 [4 5 6]
 [7 8 9]]
```

```
[[ 1.23 2.    3.   ]
 [ 4.   5.    6.   ]
 [ 7.   8.    9.   ]]
```

```
[[ 1. 2. 3.]
 [ 4. 5. 6.]
 [ 7. 8. 9.]]
```

程序分析:上述代码中第 2 行采用默认数据类型生成 3 行×3 列的整型数组;第 4 行代码由于列表中数据类型不一样,系统默认按高精度的 float 型存储多维数组;第 6 行的列表元素都是整型数据,参数 dtype=float 转换类型为浮点型数据。dtype 参数可以是 int、float 和 complex 等多种类型。具体类型说明可以参考官方中文教程网站学习,网址如下:

https://www.numpy.org.cn/user/basics/

2. 数组属性

ndarray 数组具有大量属性参数,在生成多维数组后,可以利用数组的名字调用相应的属性关键词以获得当前数组属性值,具体属性如表 9.3 所示。

表 9.3　ndarray 数组属性列表

序号	属　　性	说　　明
1	ndarray.ndim	秩,即轴的数量或维度的数量
2	ndarray.shape	数组的维度,对于矩阵,为 n 行 m 列
3	ndarray.size	数组元素的总个数,相当于.shape 中 n×m 的值
4	ndarray.dtype	ndarray 对象的元素类型
5	ndarray.itemsize	ndarray 对象中每个元素的大小,以字节为单位
6	ndarray.flags	ndarray 对象的内存信息
7	ndarray.real	ndarray 元素的实部
8	ndarray.imag	ndarray 元素的虚部

【例 9-7】　显示数组的相关属性。

编写程序如下:

```
1   import numpy as np
2   a=np.array([[1,2,3],[4,5,6],[7,8,9]])
3   print(a.dtype)                              #元素数据类型
4   print(a.shape)                              #数组形状
5   print(a.size)                               #元素个数
6   print(a.ndim)                               #维度
```

运行结果:

```
int32
(3, 3)
9
2
```

3. 生成特殊矩阵

NumPy 库提供了一些方法以生成特殊的矩阵。例如,均分区间的等差数列数组 linspace(),限定步长的等差数列数组 arange(),空数组 empty(),0 值元素数组,1 值元素数组。具体生成方法,参考以下示例。

【例 9-8】　生成特殊多维数组。

编写程序如下:

```
1   import numpy as np
2   a1=np.linspace(0,100,10)                    #等差数列数组
3   a2=np.arange(1,10,0.5)                       #固定步长数组
4   a3=np.empty([3,2], dtype =int)               #空数组
5   a4=np.zeros((2,2), dtype =int)               #0 值元素数组
6   a5=np.ones([2,2], dtype =int)                #1 值元素数组
7   print(a1,"\n",a2,"\n",a3,"\n",a4,"\n",a5)
```

运行结果：

```
[   1.   12.   23.   34.   45.   56.   67.   78.   89.  100.]
[ 1.   1.5  2.   2.5  3.   3.5  4.   4.5  5.   5.5  6.   6.5  7.   7.5  8.
  8.5  9.   9.5]
[[        0 1072693248]
 [        0 1072693248]
 [        0 1072693248]]
[[0 0]
 [0 0]]
[[1 1]
 [1 1]]
```

程序分析：第 2 行代码把 0～100 等分为 10 份,间隔为 10;第 3 行是从 1 开始递增数据,步长为 0.5,但最终没有取到 10,只到 9.5。

9.3.2　数组切片

narray 数组的切片方法类似于列表的切片方式,都是先给出行坐标,再给出列坐标。但两者的区别是,列表中的行和列是用中括号进行分隔的,如 a[1][2],而 anrray 数组中是在一个方括号中利用逗号进行分隔的,如 b[1,2]。具体使用方法可以参考如下代码。

【例 9-9】　数组与列表切片操作。

编写程序如下：

```
1    import numpy as np
2    b=np.array([[1,2,3],[4,5,6],[7,8,9]])
3    print(b)                              #整个数组
4    print(b[0])                           #第 0 行
5    print(b[0,2])                         #第 0 行和第 2 列
6    print(b[0:2,1:2])                     #第 0 行到第 1 行,每行取第 1 个元素
7    print(b[[0,2],[0,2]])                 #第 0 行取第 0 个元素,第 2 行取第 2 个元素
```

运行结果：

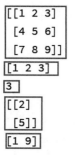

```
[[1 2 3]
 [4 5 6]
 [7 8 9]]
[1 2 3]
3
[[2]
 [5]]
[1 9]
```

代码分析：从上述代码可以看出,在 narray 数组中,切片行列是利用逗号进行分隔,其中第 5 行表示选取 0 行和 2 列,交叉得到一个元素 3,第 6 行代表连续的区域,而第 7 行则代表了离散的提取,如图 9.8 所示。

b[0,2]

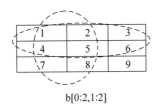

b[0:2,1:2]

1	2	3
4	5	6
7	8	9

b[[0,2],[0,2]]

图 9.8　数组切片

9.3.3　运算符操作数组

运算符操作指的是基本的四则运算符(例如＋、－、＊、/、％等)对两个数组或一个标量与一个数组进行算术运算,其运行的原则是标量与每个数组或两个数组对应相同位置元素间进行四则运算,也就是元素级运算。

1. 两个数组形状相同

【例 9-10】　数组算术运算。

编写程序如下:

```
1    import numpy as np
2    a=np.array([[1,2,3],[4,5,6],[7,8,9]])
3    b=2 * a
4    print(a,"\n---\n",b,"\n---")
5    x1=a+b
6    x2=a/b
7    x3=a%b
8    print(x1,"\n---\n",x2,"\n---\n",x3)
```

运行结果:

```
[[1 2 3]      [[ 2  4  6]   [[ 3  6  9]    [[ 0.5  0.5  0.5]    [[1 2 3]
 [4 5 6]       [ 8 10 12]    [12 15 18]    [ 0.5  0.5  0.5]    [4 5 6]
 [7 8 9]]      [14 16 18]]   [21 24 27]]   [ 0.5  0.5  0.5]]    [7 8 9]]
---            ---           ---           ---
```

代码分析:上述代码中第 3 行是一个标量作用在 a 数组中的每个元素;第 5、6 和 7 行分别是两个形状相同的数组对应元素间的算术运算。

2. 两个数组形状不相同

NumPy 的强大之处就在于当两个形状不相同数组进行运算时,系统可以自动完成数组的扩展,使两个数组具有相同的形状后再进行运算,这种机制称为广播。

广播的基本原则是:

(1)让所有输入数组都向其中形状最长的数组看齐,形状中不足的部分都通过在前面加 1 补齐。

(2)输出数组的形状是输入数组形状的各个维度上的最大值。

(3)如果输入数组的某个维度和输出数组的对应维度的长度相同或者其长度为 1

时,这个数组能够用来计算,否则出错。

（4）当输入数组的某个维度的长度为1时,沿着此维度运算时都用此维度上的第一组值。

【例 9-11】 数组广播。

编写程序如下:

```
1  import numpy as np
2  a = np.array([[0, 0, 0],[10, 10, 10],[20, 20, 20],[30, 30, 30]])
3  b = np.array([1, 2, 3])
4  print(a + b)
```

运行结果:

```
[[ 1  2  3]
 [11 12 13]
 [21 22 23]
 [31 32 33]]
```

程序分析: a 和 b 数组都是二维数组,其中 b 数组只有一行,因此可以进行广播,复制第 0 行数据到第 1、2 和 3 行中,广播后两个数组形状相同,因此可以进行加法运算,如图 9.9 所示。如果把第 3 行代码修改为 b = np.array([[1],[2],[3],[4]])或者 b = np.array([[1,2,3],[4,5,6]]),会是什么结果？请读者自行分析广播的机制。

0	0	0
10	10	10
20	20	20
30	30	30

+

1	2	3
1	2	3
1	2	3
1	2	3

=

1	2	3
11	12	13
21	22	23
31	32	33

图 9.9　数组广播

9.3.4　数组修改操作

数组修改的常用操作主要包括形状修改或扩展数组,利用 reshape()方法实现;添加数据,利用 append()方法实现;插入数据,利用 insert()方法实现;删除数据,利用 delete()方法实现;连接数组,利用 concatenate()、stack()、hstack()、vstack()方法实现。具体方法的参数要求如表 9.4 所示。

表 9.4　修改数组的常用方法

序号	方　　法	参 数 说 明	示 例 代 码
1	arrage.reshape(r,c)	修改数组为 r 行 c 列	a=np.arange(8).reshape(4,2)
2	numpy.append (arr,val,axis=None)	arr 为输入数组,val 为要添加的值,要与 arr 形状相同,axis 为添加数据轴,0 为行方向,1 为列方向	b1=np.array([[1,2,3],[4,5,6]]) b2=np.append(b1, [7,8,9]) b3=np.append(b1, [[7,8,9]],axis = 0) b4=np.append(b1, [[5,5,5],[7,8,9]], axis = 1)

续表

序号	方 法	参 数 说 明	示 例 代 码
3	numpy.insert （arr，obj，val，axis）	arr 为输入数组，obj 为插入索引，val 为插入值，axis 是添加方向	c1 = np.arange(10,30,1).reshape(4,5) c2＝[0,1,2,3,4] c3＝np.insert(c1,[1,3],c2,axis＝0)
4	numpy.delete （arr，obj，val，axis）	同上 arr 为删除数组，obj 为删除索引，val 为删除值，axis 是删除方向	d1 = np.arange(10,30,1).reshape(4,5) d2＝np.delete(d1,[0,2],axis＝0)
5	numpy.concatenate （（a，b），axis）	沿 axis 方向连接 a 和 b 数组	e1 = np.array([[1,2],[3,4]]) e2 = np.array([[5,6],[7,8]]) e3 = np.concatenate((e1,e2)) e4 = np.concatenate((e1,e2),axis = 1)
6	numpy.hstack （（a，b））	水平连接 a 和 b	f1＝ np.hstack((e1,e2))
7	numpy.vstack （（a，b））	垂直连接 a 和 b	f2＝ np.vstack((e1,e2))

表 9.4 中示例代码的输出结果如下。

```
[[0 1]
 [2 3]    [[1 2 3]                              [[1 2 3]
 [4 5]     [4 5 6]]   [1 2 3 4 5 6 7 8 9]        [4 5 6]    [[1 2 3 5 5 5]
 [6 7]]                                          [7 8 9]]    [4 5 6 7 8 9]]
   (a)        (b1)          (b2)                   (b3)          (b4)
```

```
                                        [[10 11 12 13 14]
                                         [ 0  1  2  3  4]
[[10 11 12 13 14]                        [15 16 17 18 19]
 [15 16 17 18 19]                        [20 21 22 23 24]
 [20 21 22 23 24]                        [ 0  1  2  3  4]
 [25 26 27 28 29]]   [0, 1, 2, 3, 4]     [25 26 27 28 29]]
    (c1)                  (c2)                 (c3)
```

```
[[10 11 12 13 14]                              [[1 2]
 [15 16 17 18 19]                               [3 4]
 [20 21 22 23 24]   [[15 16 17 18 19]  [[1 2]   [5 6]    [[1 2 5 6]
 [25 26 27 28 29]]   [25 26 27 28 29]]  [3 4]]   [7 8]]   [3 4 7 8]]
    (d1)                  (d2)            (e1)    (e2)   (e3,f2)      (e4,f1)
```

9.3.5 常用数学函数与统计函数

1. 常用数学函数

（1）标准的三角函数：numpy.sin(arr)、numpy.cos(arr)、numpy.tan(arr)等。

（2）数据精度处理函数：

• numpy.around(arr) 函数返回指定数字的四舍五入值。

- numpy.floor(arr)返回小于或等于指定表达式的最大整数,即向下取整。
- numpy.ceil(arr)返回大于或等于指定表达式的最小整数,即向上取整。

(3)简单算术运算函数,包括加法 add(arr1,arr2)、减法 subtract(arr1,arr2)、乘法 multiply(arr1,arr2)、除法 divide(arr1,arr2)、幂次 power(arr1,arr2)、求余 mod(arr1,arr2)。

以上常用数学函数属于元素级运算,就是把相应的公式作用在每个元素上,返回的结果与原始数组具有相同的形状结构。

2. 常用统计函数

(1)最小值:numpy.amin(arr,axis=None)用于计算数组中的元素沿指定轴的最小值,如果没有轴,就是所有元素的最小值。

(2)最大值:numpy.amax(arr,axis=None)用于计算数组中的元素沿指定轴的最大值,如果没有轴,就是所有元素的最大值。

(3)平均值:numpy.mean(arr,axis=None)函数返回数组中元素的算术平均值。如果提供了轴,则沿其计算。算术平均值是沿轴的元素的总和除以元素的数量。

(4)排序:numpy.sort(arr, axis, kind, order)函数返回输入数组的排序副本。axis:沿着它排序数组的轴,如果没有数组被展开,沿着最后的轴排序;axis=0 按列排序,axis=1 按行排序。kind 默认为'quicksort'(快速排序)。order:如果数组包含字段,则是要排序的字段。例如 np.sort(a, axis=0)。

(5)筛选:numpy.where(s)函数返回输入数组中满足给定条件 s 的元素的索引,例如:

```
b=np.where(a>20)
```

9.3.6 线性代数

NumPy 库除了提供用于矩阵乘法的 dot()函数,还提供了一些基本的线性代数函数,如表 9.5 所示。

表 9.5 线性代数函数

序号	函数	描述
1	dot	两个数组的点积,即元素对应相乘
2	vdot	两个向量的点积
3	inner	两个数组的内积
4	matmul	两个数组的矩阵积
5	determinant	数组的行列式
6	solve	求解线性矩阵方程
7	inv	计算矩阵的乘法逆矩阵

示例代码:

```
a =np.array([[1,2],[3,4]])
```

```
b =np.array([[11,12],[13,14]])
print(np.dot(a,b))
```

输出结果：

```
[[37 40]
 [85 92]]
```

9.3.7　综合案例

【例 9-12】　有如图 9.10 所示的学生成绩存储文件"成绩表.csv"，通过读取文件数据，要求实现如下功能：

（1）分别统计每门课程的最高分、最低分和平均分。

（2）分别统计每个人的最高分、最低分和平均分。

（3）以图形方式显示英语成绩。

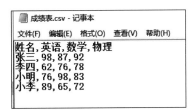

图 9.10　学生成绩文件

问题解析：

此数据表中第 1 行是字符串数据，第 1 列也是字符串数据，这些数据是不能够参与统计计算的，因此在读入表格后，要把这两类数据剔除，保留成绩值形成 array 多维数组，然后对数组进行操作，计算并输出对应的结果。

编写程序如下：

```
1    import numpy as np
2    import matplotlib.pyplot as plt
3    with open("成绩表.csv","r",encoding="utf8") as f:
4        a=f.readlines()                              #读取文件所有行数据,形成一个列表
5    b=[]
6    for line in a:                                   #读取文件中的每行数据
7        line=line.replace("\n","")                   #删除每行中的换行符
8        b.append(line.split(",")[1:])                #以逗号分隔每行数据,取第 2 列开始
                                                       #的数据存入 b 中
9    c=b[1:]                                           #取每个人的成绩存储到 c 中
10   #利用 NumPy 库进行数据处理
11   x=np.array(c,dtype=int)                          #把 c 中数据由字符串转换为整型
12   print(x.dtype,x.shape)
13   print(x)
14   #分课程成绩统计
```

```
15    print("[英语,数学,物理]课程最高分:",np.amax(x,0))#沿 0 轴统计最大值
16    print("[英语,数学,物理]课程最低分:",np.amin(x,0))#沿 0 轴统计最小值
17    print("[英语,数学,物理]课程平均分:",np.mean(x,0))#沿 0 轴统计平均值
18    #个人成绩统计
19    print("[张三,李四,小明,小李]课程最高分:",np.amax(x,1))#沿 1 轴统计最大值
20    print("[张三,李四,小明,小李]课程最低分:",np.amin(x,1))#沿 1 轴统计最小值
21    print("[张三,李四,小明,小李]课程平均分:",np.mean(x,1))#沿 1 轴统计平均值
22    #以图形方式显示英语成绩
23    plt.rcParams["font.family"]="SimHei"          #显示中文,配置字体参数
24    plt.rcParams["font.sans-serif"]=['SimHei']    #显示中文,配置字体参数
25    a=["张三","李四","小明","小李"]
26    plt.bar(a,x[:,0])                              #显示柱状图
27    plt.title("英语成绩")                           #显示图名
28    plt.show()
```

运行结果如图 9.11 所示。

```
int32 (4, 3)
[[98 87 92]
 [62 76 78]
 [76 98 83]
 [89 65 72]]
```
[英语,数学,物理]课程最高分: [98 98 92]
[英语,数学,物理]课程最低分: [62 65 72]
[英语,数学,物理]课程平均分: [81.25 81.5   81.25]
[张三,李四,小明,小李]课程最高分: [98 78 98 89]
[张三,李四,小明,小李]课程最低分: [87 62 76 65]
[张三,李四,小明,小李]课程平均分: [92.33333333 72.   85.66666667 75.33333333]

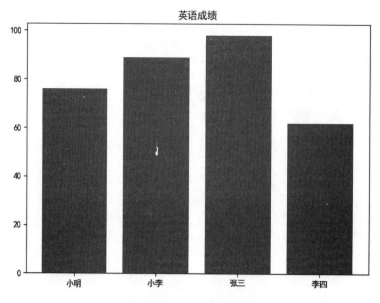

图 9.11   程序输出结果图

程序分析：从图 9.10 中可以分析出，数据文件中每行和每列都含有文字，因此不能读取后直接利用 NumPy 进行处理。因为 NumPy 只能处理数值型且类型相同的数据，因此要进行数据的提取，获得成绩，并存入 array 数组中，代码第 3～11 行主要完成此功能。另外用 open()函数读取的都是字符串类型数据，因此，为进行运算，需要转换为整型数据，所以在第 11 行中显示进行了整型数据的转换。在第 15～21 行中，利用 NumPy 的统计函数，从 0 轴(垂直方向)、1 轴(水平方向)，分别求出了数组的最大值、最小值和平均值。最后在第 26 行，把 array 数组的第 0 列元素作为数据，显示在了 Matplotlib 的柱状图中。

9.4 Pandas 数据处理

9.4.1 Pandas 数据结构

NumPy 库主要应用在具有相同数据类型元素的数组运算中，适合应用在科学计算中。但是，在实际生活中需要有大量的非数值型数据与数值型数据进行关联分析，例如学生基本信息，包含了学号、姓名、年龄和成绩等，在这种应用情况下 NumPy 就不适合了，而 Pandas 正是基于上述问题而提出数据处理的第三方库。

在 Pandas 库中，一维数据采用系列(Series)表示，二维数据采用数据帧(DataFrame)表示，三维数据采用面板(Panel)表示。系列是基础，由它构成数据帧和面板。

1. 一维数据——系列

系列能够保存任何类型的数据，就是对系列中的元素类型没有统一的要求，可以是不同的类型数据。要生成系列数据，利用如下方法构建：

```
pandas.Series(data,index,dtype,copy)
```

其中 data 可以是多种数据类型，如 ndarray、list、constants；index 是索引序列列表，所含有元素的个数是系列中数据的个数；dtype 是数据类型；copy 是复制数据，默认是 False。

示例代码：

```
import pandas as pd          #后续代码中 Pandas 库都采用缩写 pd 表示
a1=pd.Series([123,456])
print(a1,a1.dtype)
```

输出结果：

```
0    123
1    456
dtype: int64 int64
```

示例代码：

```
a2=pd.Series([123,"ABC"])
print(a2,a2.dtype)
```

输出结果：

```
0    123
1    abc
dtype: object object
```

2. 二维数据——数据帧

数据帧是具有异构数据的二维数组，其特点是异构数据、大小可变和数据可变。虽然数据类型是异构的，但是数据帧要求每一列数据有相同的数据类型。每一行和每一列都要有唯一的索引值对应，索引值是整型数据，索引值也可以创建一个别名（称为标签），标签可以是字符串，也可以是整型数据。

如表 9.6 所示，第 1 列的 0～4 代表行索引，第 1 行姓名、性别、年龄和身高分别代表对应列的索引。

表 9.6 数据帧的数据结构

	姓　　名	性　　别	年　　龄	身　　高
0	张一	男	21	161
1	张二	女	22	162
2	张三	女	23	163
3	张四	男	24	164
4	张五	女	25	165

数据帧是 Pandas 库中使用最多的数据结构。生成数据帧的方法很多，常用的方法主要有基于字典和基于列表的方法。利用如下方法生成数据帧：

```
Pandas.DataFrame(data,index,colums,dtype,copy)
```

其中 data 为数据，可以字典，也可以是列表等；index 是行索引标签，colums 是列索引标签；dtype 是每列的数据类型；copy 是复制数据，默认是 False。

【例 9-13】 生成如表 9.6 所示的数据帧数据结构。

编写程序如下：

```
1   import pandas as pd
2   data1={'姓名':['张一','张二','张三','张四','张五'],
3          '性别':['男','女','女','男','女'],
4          '年龄':[21,22,23,24,25],
5          '身高':[161,162,163,164,165],
6          }
7   df1=pd.DataFrame(data1)                #利用字典生成数据帧
8   print(df1)
9   data2=[ {'姓名':'李一','性别':'女','年龄':31,'身高':171},
10         {'姓名':'李二','性别':'男','年龄':32,'身高':172},
11         {'姓名':'李三','性别':'女','年龄':33,'身高':173},
```

```
12                {'姓名':'李四','性别':'男','年龄':34,'身高':174},
13                {'姓名':'李五','性别':'男','年龄':35,'身高':175}
14          ]
15  df2=pd.DataFrame(data2)                    #利用列表生成数据帧
16  print(df2)
```

运行结果：

```
    姓名  性别   年龄    身高
0   张一   男    21    161
1   张二   女    22    162
2   张三   女    23    163
3   张四   男    24    164
4   张五   女    25    165
    姓名  性别   年龄    身高
0   李一   女    31    171
1   李二   男    32    172
2   李三   女    33    173
3   李四   男    34    174
4   李五   男    35    175
```

程序分析：根据上述代码可以看出，建立数据帧有两种方法。一种是第2～7行，通过字典数据，定义一个数据帧。字典中的每个元素是数据帧中的一个列，也就是说，以列方式进行扩展组成数据帧，字典中的 key 代表了列的索引标签，字典中的 value 代表了列的具体值。第二种方法是第9～15行，通过列表类型数据生成一个数据帧，列表中的元素是字典，每个字典元素代表了数据帧中的一行记录数据，也就是说，以行方式进行扩展组成数据帧。以上两种方式都要求组成数据帧的列和行数据必须要有相同的数据结构，而且形成的数据帧，每一列数据要有相同的数据类型。

3. 数据帧属性

建立完数据帧后，可以通过调用数据帧的属性或方法来获得数据帧的一些基本信息，常用的属性如表 9.7 所示（以例 9-13 中的 df1 为操作对象）。

表 9.7　数据帧的属性

序号	属　　性	功能及示例	输　出　结　果
1	DataFrame.index	返回行索引标签 print(df1.index)	RangeIndex(start=0，stop=5，step=1)
2	DataFrame.columns	返回列索引标签 print(df1.columns)	Index(['姓名','性别','年龄','身高'], dtype='object')
3	DataFrame.axes	返回数据帧的行和列索引标签 printf(df1. axes)	[RangeIndex(start=0，stop=5，step=1)，Index(['姓名','性别','年龄','身高'], dtype='object')]

续表

序号	属　性	功能及示例	输　出　结　果
4	DataFrame.dtypes	返回每列的数据类型 print(df1.dtypes)	姓名　　　object 性别　　　object 年龄　　　int64 身高　　　int64 dtype：object
5	DataFrame.ndim	返回数据帧的维度大小 print(df1.ndim)	2
6	DataFrame.shape	返回数据帧的维度元组 print(df1.shape)	(5，4)
7	DataFrame.size	返回数据帧中元素的个数 print(df1.size)	20
8	DataFrame.values	以 NumPy 表示数据 print(df1.values)	[['张一' '男' 21 161] 　['张二' '女' 22 162] 　['张三' '女' 23 163] 　['张四' '男' 24 164] 　['张五' '女' 25 165]]

9.4.2　读取 csv/xlsx 文件生成数据帧

利用 Pandas 获取数据,9.4.1 节采用的是利用程序代码进行创建,但是当需要处理的数据量非常大时,这种方式就不再适合进行数据的创建了。一般在处理大量数据时,可以提前通过其他工具建立数据存储文件,例如 csv、xlsx、txt 和 json 文件,然后利用 Pandas 库的数据文件读取方法。通过读取文件直接创建数据帧数据,这样能够高效地实现数据的读取与存储管理。

Pandas 库分别使用 read_csv()和 read_excel()函数读取 csv 和 xlsx 文件,存储相应文件则使用 to_csv()和 to_excel()函数。在读取函数中可以配置非常多的参数,这里以常用的参数为例进行介绍。

```
#读用逗号分隔的 csv 文件
df1=pd.read_csv("D:/python/成绩表 1.csv",sep=',',encoding='UTF-8')
#保存用逗号分隔的 csv 文件
df1.to_csv('D:/python/成绩 1_bank.csv',sep=',',index=Flase)
#读 Sheet1 工作表数据
df2=pd.read_excel("D:/python/成绩表 3.xlsx",sheet_name='Sheet1')
#覆盖方式保存 xlsx 文件
df2.to_excel("D:/python/成绩表 2-备份.xlsx")
```

上述代码中的 sep 参数对应 csv 文件的分隔符,默认是半角逗号。encoding 参数是文件编码方式,默认是 UTF-8,常用的还有 GBK、GB 2312 等。sheet_name 参数为 Excel文件中的工作表名字,默认是 Sheet1。

【例 9-14】　利用记事本和 Excel 办公软件,首先建立如图 9.12 所示的"成绩表 2.csv"

和"成绩表 4.xlsx"文件,然后通过 Pandas 库读取这两个文件,建立相应的数据帧,并输出显示。

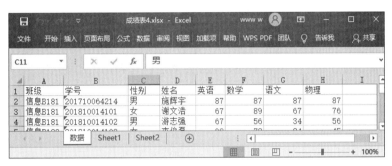

图 9.12 程序输出结果图

编写程序如下:

```
1    import pandas as pd
2    df1=pd.read_csv("成绩表 2.csv",sep=',',encoding='UTF-8')
3    print(df1.shape)
4    print(df1)
5    df2=pd.read_excel("成绩表 4.xlsx",sheet_name='数据')
6    print(df2.shape)
7    print(df2)
8    df1.to_csv('成绩 2_bank.csv',sep=',', index=Flase)
9    df2.to_excel("成绩表 4-备份.xlsx",sheet_name="备份数据")
```

运行结果:

```
(14, 8)
      班级         学号    性别   姓名   英语  数学  语文  物理
0   信息B181  201710064214  男   施辉宇   87   87   87   87
1   信息B181  201810014101  女   谢文浩   67   89   67   76
2   信息B181  201810014102  男   游志强   67   56   34   56
3   信息B182  201810014103  女   李俊磊   98   78   34   45
...

(14, 8)
      班级         学号    性别   姓名   英语  数学  语文  物理
0   信息B181  201710064214  男   施辉宇   87   87   87   87
1   信息B181  201810014101  女   谢文浩   67   89   67   76
2   信息B181  201810014102  男   游志强   67   56   34   56
3   信息B182  201810014103  女   李俊磊   98   78   34   45
```

程序分析：上述代码中第 2～5 行，分别读取了 csv 和 xlsx 文件，文件采用相对路径方式，默认情况下，数据文件与程序的 py 文件在同一个文件夹中。代码中第 8～9 行是存储文件，也采用默认路径方式，文件存储到 py 文件所在的文件夹中。分析代码第 3、4、6和 7 行可以看出，读取完文件后创建了数据帧 df1 和 df2，文件中的第一行成为了数据帧列的索引标签。

9.4.3 数据切片读取

在 Pandas 库中，由于数据帧采用的是二维存储结构，因此数据的切片可以从两个方向进行，分别是从列和行的索引进行获得。对于行列的索引，有两种数据可以使用。第一种是索引号，就是按存储顺序从 0 到 n 行或列；第二种是利用索引标签，就是行列号的别名，例如，例 9-14 中的班级、学号、姓名等都是列号的标签。对于行标签，如果在创建数据帧时没有定义 index 参数，则默认行索引号也是行标签。

1. 利用索引标签只选择列

可以通过"df[列索引标签]"的方式获得一列或者多列数据。以例 9-14 的 df1 数据帧为例，进行利用标签选择列的操作。

（1）选择一列数据。示例代码如下：

```
df3=df1['学号']
print(type(df3),df3.ndim,df3.shape)        #df3 的类型,维度,维度形状大小
print(df3)
```

输出结果：

```
<class 'pandas.core.series.Series'> 1 (3,)
0      201710064214
1      201810014101
2      201810014102
Name: 学号, dtype: int64
```

从输出结果可以看出选择的"学号"列数据是一个一维的系列数据，有 3 个元素，此系列的标签是"学号"，元素是整型数据。

（2）选取多列数据。示例代码如下：

```
df3=df1[['学号','姓名','语文','英语']]
print(type(df3),df3.ndim,df3.shape)
print(df3)
```

输出结果：

```
<class 'pandas.core.frame.DataFrame'> 2 (3, 4)
            学号       姓名    语文   英语
0   201710064214    施辉宇    87    87
1   201810014101    谢文浩    67    67
2   201810014102    游志强    34    67
```

分析代码,在 df1 的[]里面嵌套了一个元素为列标签的列表['学号','姓名','语文','英语'],就实现了多列的选取。输出的结果是一个二维的数据帧数据,数据结构为 3 行 4 列。

2. 利用索引标签同时选择行和列

可以通过 df.loc[[行索引标签],[列索引标签]]方式对数据帧进行切片操作,获得离散或者连续的数据帧中的数据。以例 9-14 的 df1 数据帧为例,通过行和列标签获得数据。

(1) 选取分散数据。示例代码如下:

```
df4=df1.loc[[0,2],['姓名','语文','英语']]
print(type(df4),df4.ndim,df4.shape)
print(df4)
```

输出结果:

```
<class 'pandas.core.frame.DataFrame'> 2 (2, 3)
     姓名   语文   英语
0   施辉宇   87   87
2   游志强   34   67
```

由于在创建 df1 数据帧时,采用行号作为默认行标签,因此可以通过[0,2]选取两行,利用['姓名','语文','英语']选取三列,交叉后就获得输出结果为二维结构的 2 行 3 列的数据帧。

(2) 选取连续数据。在行列标签选取时,可以利用":"来获得连续的区域,其作用是选取所有的行或者列。示例代码如下:

```
df5=df1.loc[:,['姓名','语文','英语']]
df6=df1.loc[:,:]
print(type(df5),df5.ndim,df5.shape)
print(type(df6),df6.ndim,df6.shape)
```

输出结果:

```
<class 'pandas.core.frame.DataFrame'> 2 (3, 3)
<class 'pandas.core.frame.DataFrame'> 2 (3, 8)
```

(3) 只选取行数据:在利用.loc[]切片数据时,如果在[]中只包含一个列表,则它默认表示行标签,表示选取对应行的所有数据,也就是说进行行数据选取。示例代码如下:

```
df1=pd.read_csv("成绩表21.csv",sep=',',encoding='UTF-8')
df7=df1.loc[0]
df8=df1.loc[[0,2]]
print(type(df7),df7.ndim,df7.shape)
print(df7)
print(type(df8),df8.ndim,df8.shape)
print(df8)
```

输出结果：

```
<class 'pandas.core.series.Series'> 1 (8,)
班级          信息B181
学号      201710064214
性别            男
姓名          施辉宇
英语            87
数学            87
语文            87
物理            87
Name: 0, dtype: object
```

```
<class 'pandas.core.frame.DataFrame'> 2 (2, 8)
     班级           学号      性别   姓名    英语  数学  语文  物理
0  信息B181  201710064214   男    施辉宇   87   87   87   87
2  信息B181  201810014102   男    游志强   67   56   34   56
```

分析代码可以看出，df7 是一个系列数据，其中的每个数据都有一个标签，因此可以利用标签进一步获得数据，例如，要获得学号，可以用"df7['学号']"来实现。df8 是数据帧数据，其结构是 2 行 8 列。

3. 利用索引号同时选择行和列

可以利用"df.iloc[[行索引号],[列索引号]]"的方法进行数据帧的切片操作，使用方法与 df.loc[]类似，只是把 loc 中的行列索引标签换成了对应的行列索引号，索引号为 0～n，n 为数据帧的行数和列数。以例 9-14 的 df1 数据帧为例，通过行和列索引号获得数据。示例代码如下：

```
print(df1.iloc[[0,2]])              #选取行
print(df1.iloc[:,[0,3]])            #选取列
print(df1.iloc[[0,2],[0,3]])        #选取行加列
```

输出结果：

```
     班级           学号      性别   姓名    英语  数学  语文  物理
0  信息B181  201710064214   男    施辉宇   87   87   87   87
2  信息B181  201810014102   男    游志强   67   56   34   56
```

```
     班级      姓名
0  信息B181   施辉宇
1  信息B181   谢文浩
2  信息B181   游志强
```

```
     班级      姓名
0  信息B181   施辉宇
2  信息B181   游志强
```

分析代码可以看出，行列号默认从 0 开始，连续增长。可以利用 iloc 实现行和列的单独选取。

以上介绍的 3 种数据帧切片方式是比较常用的方式,能够实现所有的数据切片操作。在其他资料里面还提供有非常丰富的不同切片方式,目的就是通过简单的代码实现高效数据切片操作。

9.4.4　行列数据的增删改操作

数据帧的数据操作主要分为列和行操作,两者的角度不同。从列上操作,每列数据具有相同的数据类型,操作相对容易。但是,从行上操作,每行数据中,含有多个不同类型的列,这样在操作行数据时,要保证新行中每列的新数据应满足原有数据列类型的要求,这是难点,也是较复杂的事情。本节以例 9-14 中的 df1 数据帧为操作对象。

1. 列数据操作

(1) 在新列末尾增加:df[new_column]=value。示例代码如下:

```
print(df1)
df1["化学"]=[91,92,93]          #在数据帧列最后添加一个新列"化学"
print(df1)
```

输出结果:

	班级	学号	性别	姓名	英语	数学	语文	物理
0	信息B181	201710064214	男	施辉宇	87	87	87	87
1	信息B181	201810014101	女	谢文浩	67	89	67	76
2	信息B181	201810014102	男	游志强	67	56	34	56

	班级	学号	性别	姓名	英语	数学	语文	物理	化学
0	信息B181	201710064214	男	施辉宇	87	87	87	87	91
1	信息B181	201810014101	女	谢文浩	67	89	67	76	92
2	信息B181	201810014102	男	游志强	67	56	34	56	93

(2) 插入新列:df. insert(loc,column,value)。示例代码如下:

```
x=[71,72,73]
df1.insert(4,'化学 2',x)
print(df1)
```

输出结果

	班级	学号	性别	姓名	化学2	英语	数学	语文	物理
0	信息B181	201710064214	男	施辉宇	71	87	87	87	87
1	信息B181	201810014101	女	谢文浩	72	67	89	67	76
2	信息B181	201810014102	男	游志强	73	67	56	34	56

(3) 修改列:df[old_column]=value。示例代码如下:

```
df1['物理']=[81,82,83]
print(df1)
```

输出结果

	班级	学号	性别	姓名	英语	数学	语文	物理
0	信息B181	201710064214	男	施辉宇	87	87	87	81
1	信息B181	201810014101	女	谢文浩	67	89	67	82
2	信息B181	201810014102	男	游志强	67	56	34	83

（4）弹出列：df.pop(column)。示例代码如下：

```
df2=df1.pop('物理')
print(df1)
print(df2)
```

输出结果：

	班级	学号	性别	姓名	英语	数学	语文
0	信息B181	201710064214	男	施辉宇	87	87	87
1	信息B181	201810014101	女	谢文浩	67	89	67
2	信息B181	201810014102	男	游志强	67	56	34

```
0    87
1    76
2    56
Name: 物理，dtype: int64
```

（5）删除列：df1.drop(column，axis＝1)。示例代码如下：

```
df2=df1.drop('物理',axis=1)                 #1轴水平方向
print(df1)
print(df2)
```

输出结果：

	班级	学号	性别	姓名	英语	数学	语文	物理
0	信息B181	201710064214	男	施辉宇	87	87	87	87
1	信息B181	201810014101	女	谢文浩	67	89	67	76
2	信息B181	201810014102	男	游志强	67	56	34	56

	班级	学号	性别	姓名	英语	数学	语文
0	信息B181	201710064214	男	施辉宇	87	87	87
1	信息B181	201810014101	女	谢文浩	67	89	67
2	信息B181	201810014102	男	游志强	67	56	34

pop 操作时，修改了数据帧 df1 自身，把删除的数据返回到 df2 中，而 drop 是在删除数据后返回新数据帧 df2，原来的数据帧 df1 没有修改。

2. 行数据操作

（1）附加行：df.append(new_df,ignore_index＝True)。示例代码如下：

```
data=[{'班级':'信息 B182','学号':'201920014201','性别':'男','姓名':'张一二','英
语':61,'数学':62,'语文':63,'物理':'64'}]
```

```
df2=pd.DataFrame(data)
df3=df1.append(df2,ignore_index=True)
print(df3)
```

输出结果：

	班级	学号	性别	姓名	英语	数学	语文	物理
0	信息B181	201710064214	男	施辉宇	87	87	87	87
1	信息B181	201810014101	女	谢文浩	67	89	67	76
2	信息B181	201810014102	男	游志强	67	56	34	56
3	信息B182	201920014201	男	张一二	61	62	63	64

（2）连接行：pd.concat（[df1，df2]，ignore_index＝True，axis＝0）。示例代码如下：

```
data=[{'班级':'信息 B182','学号':'201920014201','性别':'男','姓名':'张一二','英
语':61,'数学':62,'语文':63,'物理':'64'}]
df2=pd.DataFrame(data)
df3=pd.concat([df1,df2],ignore_index=True,axis=0)
print(df3)
```

输出结果：

	班级	学号	性别	姓名	英语	数学	语文	物理
0	信息B181	201710064214	男	施辉宇	87	87	87	87
1	信息B181	201810014101	女	谢文浩	67	89	67	76
2	信息B181	201810014102	男	游志强	67	56	34	56
3	信息B182	201920014201	男	张一二	61	62	63	64

从（1）和（2）的代码可以分析出，append（）和 concat（）都要求添加的行与原始数据行具有相同的结果，其中 concat（）是通用型方法，也可以作用在列上。

（3）修改行：df1.loc［行标签］＝data 或者 df1.iloc［行索引号］＝data。示例代码如下：

```
df1.loc[0] = ['计科 B191',2019987654321,'女','王一二',71,72,73,74]
df1.iloc[1]=['计科 B192',2019987654320,'女','李一二',61,62,63,64]
print(df1)
```

输出结果：

	班级	学号	性别	姓名	英语	数学	语文	物理
0	计科B191	2019987654321	女	王一二	71	72	73	74
1	计科B192	2019987654320	女	李一二	61	62	63	64
2	信息B181	201810014102	男	游志强	67	56	34	56

（4）删除行：df.drop（index，axis＝0）。示例代码如下：

```
df2=df1.drop(2,axis=0)
print(df2)
```

输出结果：

	班级	学号	性别	姓名	英语	数学	语文	物理
0	信息B181	201710064214	男	施辉宇	87	87	87	87
1	信息B181	201810014101	女	谢文浩	67	89	67	76

9.4.5 修改行列索引

在创建数据帧时，行列索引标签都可以采用默认方式建立。但是在使用过程中，有可能需要修改行列索引，尤其是有些特定情况，需要把某一个特定的列转变为行索引。例如，在例 9-14 中，在实际的学生信息维护中，一般采用学号作为行索引标签，这时就需要在程序代码中修改行索引标签。

1. 修改行或列索引

```
df.rename(index=dict1,columns=dict2,inplace=True)
```

函数中的 dict1 代表行索引标签替换用的字典，dict2 代表列索引标签替换用的字典，inplace 表示直接作用在原来 df 上，如不替换，则返回新数据帧，原数据帧标签 df 不变。以例 9-14 的 df1 为对象进行示例代码讲解。

示例代码：

```
dict1={0:'行 0',1:'行 1',2:'行 1'}        #默认原标签是整数
dict2={"班级":'class','学号':'ID'}
df1.rename(index=dict1,columns=dict2,inplace=True)
print(df1)
```

输出结果：

	class	ID	性别	姓名	英语	数学	语文	物理
0	信息B181	201710064214	男	施辉宇	87	87	87	87
行1	信息B181	201810014101	女	谢文浩	67	89	67	76
行1	信息B181	201810014102	男	游志强	67	56	34	56

上述代码中，行 index 和列 columns 参数也可以单独使用，就是只修改行标签或者列标签。需要注意的是，参数值 dict1 和 dict2 一定是字典，字典的 key 是旧标签，value 是新标签值。

2. 把列值变成行索引标签

```
df.set_index(column,inplace=True, drop=False)
```

函数中的 column 为数据帧 df 中特定列的索引标签，例如"学号"，inplace 参数表示结果作用在原来数据帧 df 上，不返回新数据帧。drop 表示是否在列中删除此列数据。

（1）唯一行索引标签，示例代码如下：

```
df1.set_index('学号',inplace=True,drop=False)
print(df1)
print(df1.shape,df1.index)
```

输出结果：

学号	班级	学号	性别	姓名	英语	数学	语文	物理
201710064214	信息B181	201710064214	男	施辉宇	87	87	87	87
201810014101	信息B181	201810014101	女	谢文浩	67	89	67	76
201810014102	信息B181	201810014102	男	游志强	67	56	34	56

```
(3, 8) Int64Index([201710064214, 201810014101, 201810014102], dtype='int64', name='学号')
```

上例中有两个"学号"列，第 1 个"学号"列是行标签，不是具体的数据，而第 2 个"学号"列是数据帧中可以读取的数据。

（2）多个行索引标签。在数据帧中，行标签可以有多个，上例中只有"学号"一个行标签，下面示例中有"学号"和"班级"两个行标签，代码如下：

```
df1.set_index(['学号','班级'],inplace=True,drop=True)
print(df1)
print(df1.shape)
print(df1.index)
print(df1.loc[201710064214])
```

输出结果：

学号	班级	性别	姓名	英语	数学	语文	物理
201710064214	信息B181	男	施辉宇	87	87	87	87
201810014101	信息B181	女	谢文浩	67	89	67	76
201810014102	信息B181	男	游志强	67	56	34	56

```
(3, 6)
MultiIndex([(201710064214, '信息B181'),
            (201810014101, '信息B181'),
            (201810014102, '信息B181')],
           names=['学号', '班级'])
```

班级	性别	姓名	英语	数学	语文	物理
信息B181	男	施辉宇	87	87	87	87

上例为数据帧创建了两个行标签，最后 df1.loc[201710064214] 代码中利用"学号"标签读取一行数据。

3. 恢复行默认索引标签

```
df1.reset_index(inplace=True)
```

reset_index()函数实现把行标签转换为正常的数据帧列，行标签恢复为默认的行索引号，从 0 开始，到 n。示例代码如下：

```
df1.set_index(['学号','班级'],inplace=True,drop=True)
print(df1)
```

```
df1.reset_index(inplace=True)
print(df1)
```

输出结果:

		性别	姓名	英语	数学	语文	物理
学号	班级						
201710064214	信息B181	男	施辉宇	87	87	87	87
201810014101	信息B181	女	谢文浩	67	89	67	76
201810014102	信息B181	男	游志强	67	56	34	56

	学号	班级	性别	姓名	英语	数学	语文	物理
0	201710064214	信息B181	男	施辉宇	87	87	87	87
1	201810014101	信息B181	女	谢文浩	67	89	67	76
2	201810014102	信息B181	男	游志强	67	56	34	56

9.4.6 数据筛选

Pandas 库的功能强大之一就是在数据帧的检索上,像操作关系数据库的表格一样,通过撰写简单的条件筛选公式,就可以获得所需的数据。这里的数据筛选,主要是针对列数据进行操作。通过对特定列的筛选条件,获得相应的数据,例如"数学"列成绩大于 80 分的数据。

1. 单条件筛选

数据筛选的基本思路是,首先利用列标签获得特定列,然后对此列写对应关系表达式(例如>、>=、==、<、<=、=)。以例 9-14 的 df1 数据帧为操作对象进行单条件筛选。示例代码如下:

```
df2=df1['数学']>80
print(df2)
```

运行结果:

```
0      True
1      True
2      False
Name: 数学, dtype: bool
```

上述代码返回的结果是"数学"列条件判断的布尔值,条件成立为 True,条件不成立为 False。但如何获得满足条件对应的行数据呢?数据帧提供了行选取布尔值操作,提供一个序列数据,元素个数等于数据帧的行数,其中为 True 的行就选取,为 False 就不选取。示例代码如下:

```
df2=df1['数学']>80
df3=df1[df2]
print(df3)
```

运行结果：

	班级	学号	性别	姓名	英语	数学	语文	物理
0	信息B181	201710064214	男	施辉宇	87	87	87	87
1	信息B181	201810014101	女	谢文浩	67	89	67	76

上述代码中的 df2 为返回条件判断结果的序列，其元素是 True 或 False。然后利用 df1 的列获取方法 df[]，选取出为 True 的行数数据，返回给 df3，因此 df3 就是满足条件筛选所得到的行数据。

2. 多条件筛选

与单条件筛选思路类似，在多条件筛选中，先利用多个单条件筛选获得列数据，然后利用逻辑运算符（例如，与运算"&"、或运算"|"）连接对应的单条件结果，形成多条件筛选。示例代码如下：

```
df2=(df1['数学']>80)&(df1['英语']<80)
df3=df1[df2]
print(df3)
```

运行结果：

	班级	学号	性别	姓名	英语	数学	语文	物理
1	信息B181	201810014101	女	谢文浩	67	89	67	76

注意，代码中如果有多个条件需要连接，每个条件要用括号括起来，然后再进行逻辑运算。

3. 特定值筛选

特定值筛选可以采用关系运算符"=="表示，但是此等号只能获得一个特定值，如果需要获得多个特定值，可以采用函数 isin(data)，其参数 data 可以是列表、元组等含有多个元素的组合类型数据。示例代码如下：

```
df2=df1['数学']==89
print(df1[df2])
df3=df1['数学'].isin([89,87])
print(df1[df3])
```

运行结果：

	班级	学号	性别	姓名	英语	数学	语文	物理
1	信息B181	201810014101	女	谢文浩	67	89	67	76

	班级	学号	性别	姓名	英语	数学	语文	物理
0	信息B181	201710064214	男	施辉宇	87	87	87	87
1	信息B181	201810014101	女	谢文浩	67	89	67	76

通过采用 isin()函数、关系运算符（>、>=、==、<、<=、=）和逻辑运算符（&、|），可以组合成复杂的数据筛选条件，从而满足大多数数据筛选的要求。

9.4.7　统计分析

Pandas 库的强大功能还包括统计分析,本节介绍常用的数据统计分析函数。

1. 简单统计分析

常用的简单统计分析函数包括计数 count(axis)、最大值 max(axis)、最小值 min (axis)、求和 sum(axis)、求平均数 mean(axis)。这些统计函数不仅可以计算每列的数据,也可以对行数据进行操作,从而满足列的不同统计要求。以例 9-14 的数据帧 df1 为对象进行如下统计计算。示例代码如下:

```
print(df1.count(axis=0))          #垂直方向统计
print(df1.min(axis=0))
print(df1.min(axis=1))            #水平方向统计
print(df1.max(axis=1))
print(df1.sum(axis=1))
print(df1.mean(axis=1))
```

由于上述输出结果较多,读者可以自己运行代码,查看其输出结果。

2. 对某一列进行自定义计算

在利用简单统计函数计算时,统计函数功能是固定的,有时不能满足用户的要求,这时就需要用户自定义函数,然后调用此函数,作用在数据帧中的特定列或行。此功能通过使用 apply(fun) 函数来实现,参数为用户自定义的函数名称。示例代码如下:

```
def f1(x):
    x=x+10
    return x
print(df1)
df1['数学']=df1['数学'].apply(f1)
print(df1)
```

运行结果:

	班级	学号	性别	姓名	英语	数学	语文	物理
0	信息B181	201710064214	男	施辉宇	87	87	87	87
1	信息B181	201810014101	女	谢文浩	67	89	67	76
2	信息B181	201810014102	男	游志强	67	56	34	56

	班级	学号	性别	姓名	英语	数学	语文	物理
0	信息B181	201710064214	男	施辉宇	87	97	87	87
1	信息B181	201810014101	女	谢文浩	67	99	67	76
2	信息B181	201810014102	男	游志强	67	66	34	56

上述代码中的 f1(x) 为用户自定义函数,其作用是对 x 中的每个元素的值加 10,然后返回 x。用户根据需求,可以把自定义函数写成特定的内容,从而完成特定功能。

3. 分类汇总

在数据统计分析中,常用的功能就是分类汇总。Pandas 库提供了多种的分类汇总方式,本节介绍简单的 df.groupby(column)方式。其思路是,利用 groupby 函数对特定列分类,产生分类结果,然后对分类结果利用 get_group(value)函数获得分类中类值为 value 的数据,最后就可以对此数据采用前面的统计分析方法进行计算。示例代码如下:

```
x=df1.groupby("性别")                           #分类
print(type(x))
df2=x.get_group('男')                           #提取分类结果 x 中特定类"男"的数据
print(df2)
y=df2[['英语','数学','物理']].mean(axis=0)      #统计特定列的平均值
print(y)
```

运行结果:

```
<class 'pandas.core.groupby.generic.DataFrameGroupBy'>
      班级              学号    性别   姓名   英语  数学  语文  物理
0  信息B181  201710064214    男   施辉宇   87   87   87   87
2  信息B181  201810014102    男   游志强   67   56   34   56

英语      77.0
数学      71.5
物理      71.5
dtype: float64
```

在上述代码中,x 的类型为 DataFrameGroupBy 类型,这种数据一般不能直接用来计算。可以通过采用 get_group(value)函数来获得分类的结果值 df2,然后针对值 df2 再进行各种统计分析计算。

9.4.8　综合案例

【**例 9-15**】 有如图 9.13 所示的成绩表文件,使用 Pandas 库读取此 csv 文件,实现如下功能:

(1) 求每门课的最高分和平均分;

(2) 求个人的最高分和最低分;

(3) 以数据帧的列作为输入,采用 Matplotlib 库绘制成绩的柱状图。

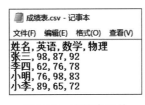

图 9.13　成绩表文件

问题解析:本例可以分解为 5 步操作:①从 csv 文件中读取数据;②对读取的数据帧进行处理,让数据帧的每列都是数值型数据,方便后面进行统计计算;③按列统计每门课的数据;④按行统计每个人的数据;⑤提取行索引标签和英语列数据作为柱状图的 X 轴和 Y 轴的值,绘制图形。

编写程序如下：

```python
1   import pandas as pd
2   import matplotlib.pyplot as plt
3   df1=pd.read_csv('成绩表.csv')                      #文件应是 UTF-8 格式
4   df1.set_index('姓名',inplace=True)                 #转换"姓名"列为行标签
5   print(df1)
6   #分课程统计分析
7   print("课程最高分:\n",df1.max(axis=0))
8   print("课程平均分:\n",df1.mean(axis=0))
9   #个人成绩统计分析
10  print("个人最高分:\n",df1.max(axis=1))
11  print("个人平均分:\n",df1.mean(axis=1))
12  #绘制图形
13  plt.rcParams["font.family"]="SimHei"              #显示中文
14  plt.rcParams["font.sans-serif"]=['SimHei']
15  x=df1.index                                       #行标签作为 X 轴显示值
16  y=df1['英语']                                      #英语列作为 Y 轴值
17  plt.bar(x,y)
18  plt.show()
```

运行结果：

```
       英语    数学    物理
姓名
张三    98     87     92
李四    62     76     78
小明    76     98     83
小李    89     65     72
```

```
课程最高分:
 英语      98
数学      98
物理      92
dtype: int64
```

```
课程平均分:
 英语      81.25
数学      81.50
物理      81.25
dtype: float64
```

```
个人最高分:
 姓名
张三      98
李四      78
小明      98
小李      89
dtype: int64
```

```
个人平均分:
 姓名
张三      92.333333
李四      72.000000
小明      85.666667
小李      75.333333
dtype: float64
```

程序分析：第 3 行是读取 CSV 文件，默认要求编码为 UTF-8 格式。第 4 行转换"姓名"列为行索引。第 7、8、10 和 11 行是调用 Pandas 的统计函数进行计算，第 13～18 行为绘制图形。本例充分利用了数据帧的列索引标签和行索引标签。与例 9-12 对比，会发现利用 Pandas 库大大减少了程序代码量，而且更加清晰易懂，如图 9.14 所示。

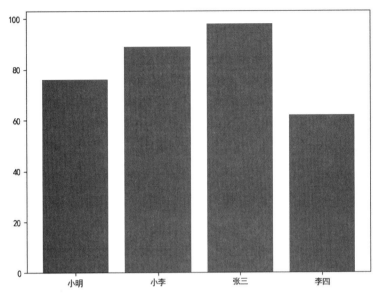

图 9.14　英语成绩图

实验九　设计学生成绩分析系统

一、实验目的

（1）掌握数据帧的创建和切片方法。

（2）掌握 Pandas 库读取数据文件函数的使用。

（3）掌握数据的预处理方法。

（4）掌握数据帧的行列索引标签修改方法。

（5）掌握数据帧常用的统计函数使用方法。

（6）掌握 Matplotlib 的常用绘图方法

二、实验内容

（1）建立如图 9.15 所示的学生成绩文件。

```
班级,学号,性别,姓名,英语,数学,语文,物理
信息B181,201710064214 ,男,施辉宇,87,87,87,87
信息B181,201810014101 ,女,谢文浩,67,89,67,76
信息B181,201810014102 ,男,游志强,67,56,34,56
信息B182,201810014103 ,女,李俊磊,98,78,34,45
信息B182,201810014104 ,男,朴智雄,67,45,66,67
信息B182,201810014105 ,男,李泽宇,81,78,82,83
信息B182,201810014106 ,男,苏宇航,100,78,45,100
信息B183,201810014107 ,女,李云飞,67,98,67,67
信息B183,201810014108 ,男,吕定刚,56,65,67,56
信息B183,201810014109 ,男,薛嘉琛,78,56,8,9
信息B181,201810014110 ,男,冯杜豪,94,87,78,67
信息B182,201810014111 ,女,张虎,92,66,92,78
信息B183,201810014112 ,男,张树斌,93,77,85,65
信息B181,201810014113 ,女,王浩,45,63,78,57
```

图 9.15　学生成绩表

（2）统计每人的平均分。

（3）统计每门课程的最高分。

（4）统计每个班级的平均分。

（5）统计每个班级中男女同学的平均分。

（6）统计男女同学人数。

（7）统计语文不及格的同学。

（8）统计语文、物理同时不及格的同学。

（9）统计语文或物理不及格的同学。

三、实验指导

参考 9.4.6 节和 9.4.7 节的示例程序，以及综合案例 9-15 完成实验内容。

第 10 章

PyQt5 GUI 编程开发

前面章节学习的 Python 程序都只能以控制台命令行形式输出结果,不能像 Windows 操作系统一样提供标准的窗口与用户进行交互,这显然不能满足实际应用的需求。Python 语言提供了一些用于 GUI(图形用户界面)编程的第三方库,其中以 PyQt5 为代表,它提供了功能全面的控件,以及所见即所得的窗口绘制方法。本章通过重点学习窗体的创建方法、常用控件的使用方法和"信号/槽"数据传输机制,掌握多窗口程序的开发框架,能够满足常见应用的 GUI 开发需求。

10.1 GUI 开发第三方库介绍

10.1.1 GUI 开发基本概念

GUI 是用户与应用程序之间进行交互控制并相互传递数据和信息的图形界面。用户通过 GUI,可以方便、灵活、快捷地进行复杂的程序控制,即把复杂的程序控制转化为简单的 GUI。利用 GUI 编程,可以在很大程度上简化编程过程,缩短编程时间,提高工作效率。

GUI 设计主要应用如图 10.1 所示的常用控件来完成窗体的构成。通过基本控件、容器控件、系统菜单、工具栏、对话框和窗口等设计满足应用需求的交互界面。常用步骤是:首先在窗体中放置系统菜单、快捷菜单、工具栏和容器控件;然后在容器控件中放置标签、按钮和文本框等基本控件;最后为控件编写实现相应用户交互功能的代码。

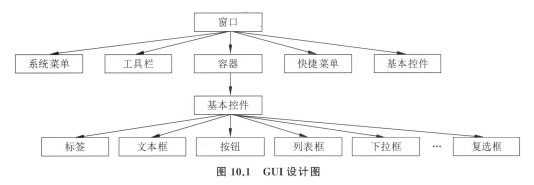

图 10.1 GUI 设计图

10.1.2 常用第三方 GUI 库

Python 语言提供了丰富的 GUI 设计库,其中 Tkinter 模块是 Python 语言内置的库,不需要另行安装。常用的第三库包括 wxWigets 库、EasyGUI 库、wxPython 库和 QtPy 库等。其中 QtPy 库支持图形化窗口设计,而其他库采用程序代码模式绘制窗体。在 GUI 学习方面,Tkinter 适合入门学习知识,但不适合开发复杂应用程序。而 QtPy 库虽然相对复杂一点,但是能够更好地满足实际应用开发,在实际中被广泛使用。

以 Tkinter 库为例,设计一个简单的窗体,通过命令形式绘制窗体,并在窗体中显示"世界你好!"几个字。示例代码如下:

```
import tkinter as tt
win=tt.Tk()                                    #创建窗体
win.geometry('400×300')                        #设置窗体大小
w=tt.Label(win,text="世界你好!",font=("黑体", 24))   #设置标签文字及字体大小
w.pack()                                        #窗体和标签打包,即加载标签到窗体中
win.mainloop()                                  #运行显示窗体
```

输出结果:

分析代码可以看出,窗体的所有参数都是通过代码提供的,这样就需要用户提前规划好窗体的各种绘制数据,相对有一定的难度。

10.1.3 PyQt5 特点

PyQt 是由 Phil Thompson 开发的,是实现 GUI 开发的 Python 模块集。目前最新的版本为 PyQt5。它拥有 620 多个类,将近 6000 个函数。PyQt5 可以运行在所有主流的操作系统上,包括 Linux、Windows 和 Mac OS。PyQt5 既有开源版本,也有商业版本。本章所学习内容是基于开源版本的,能够满足用户开发的大部分要求。

PyQt 来自于 Qt 框架,已经开发了 PyQt3、PyQt4 和 PyQt5 三个版本,其中以 PyQt5 推广程度最好。其特点如下:

(1)基于高性能的 Qt 的 GUI 控件集。

(2)能够跨主流操作系统平台运行。

(3)使用信号/槽(signal/slot)机制进行通信。

(4)对 Qt 库完整封装。

(5)可以使用 Qt 成熟的 IDE(如 Qt Designer)进行图形界面设计,并自动生成可执行的 Python 代码。

(6)提供了一套种类繁多的窗口控件。

10.2　PyQt5 开发环境安装

10.2.1　安装库文件

要使用 PyQt5 库,需要安装 PyQt5 库和 PyQt5-tools 库两个模块。由于这两个库相对比较大,在联网安装时,访问 Python 官方服务器安装较慢,因此建议连接清华大学或阿里云镜像服务器进行安装。以清华大学镜像安装为例,在控制台命令窗口中运行如下命令:

```
pip install pyqt5 -i https://pypi.tuna.tsinghua.eud.cn/simple
pip install pyqt5-tools -i https://pypi.tuna.tsinghua.eud.cn/simple
```

如果在 PyCharm 中使用遇到版本兼容问题,也可以采用 PyCharm 提供的第三方库安装窗口工具进行安装,直接选取就可以安装匹配的版本,如图 10.2 所示。

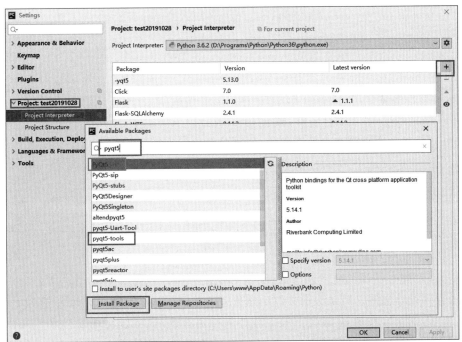

图 10.2　利用 PyCharm 工具安装 PyQt5

安装成功后,在命令交互窗口输入"pip list"命令可以看到 Python 环境已安装的所有
第三方库文件,其中包括 PyQt5。也可以通过 PyCharm 提供的第三方库管理窗口看到已
安装成功的第三方库和对应的版本号,如图 10.3 所示。

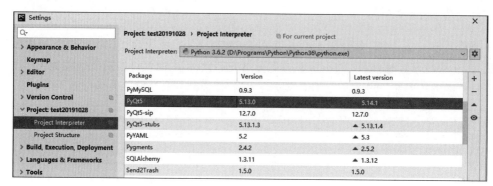

图 10.3　PyQt5 安装成功检查

10.2.2　配置外部工具命令

1. 配置图形窗口设计工具命令

PyQt5-tools 提供了一个功能强大的可视化窗体设计工具,为了在 PyCharm 中可以
直接调用这个工具,需要把 PyQt5-tools 安装文件夹中的可视化窗体设计工具启动命令
designer.exe 加载到 PyCharm 的外部工具中。

(1)确认 pyqt5_tools 的安装的位置,一般默认安装在 Python 的安装目录中,例如
Python 的安装目录是 D:\Programs\Python\Python36,那么 pyqt5_tools 的安装目录就
在 D:\Programs\Python\Python36\Lib\site-packages\pyqt5_tools 下。在 pyqt5_tools
目录下按 Qt→bin→ designer.exe 找到命令。

(2)运行 PyCharm,单击菜单 File→Settings,运行配置窗口。

(3)在 Setting 窗口中选择 Tools→External Tools 窗口,单击右侧窗口左上角的
"+"号,添加外部命令,如图 10.4 所示,具体填写的参数如下:

① Name:为自定义工具名称,例如 Qdesigner;

② Program:为外部命令所在位置,根据具体位置添加,例如:

```
D:\Programs\Python\Python36\Lib\site-packages\pyqt5_tools\Qt\bin\
designer.exe
```

③ Working directory:为工作目录,填写 py 程序所在目录,填写"$FileDir$"。可
以在 Insert Macro 窗口中进行选取,如图 10.5 所示。

2. 配置窗口代码转换命令

通过前面配置的图形窗口设计工具(Qdesigner),可以以图形化方式创建文件扩展名
为.ui 的窗体设计文件。但是这个文件不能被 Python 直接执行,因此需要转换为 Python
代码。在 PyCharm 中通过 python 命令并加载特定参数,就可以实现 ui 文件与 py 文件
的转换操作。具体配置步骤如下:

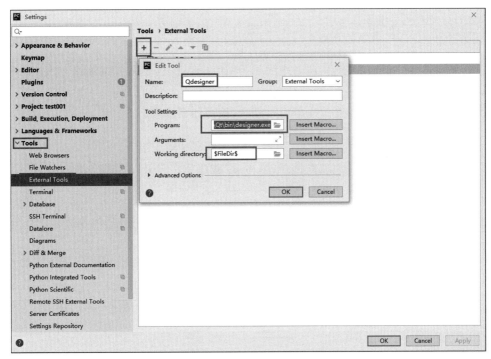

图 10.4　QtDesigner 命令配置界面

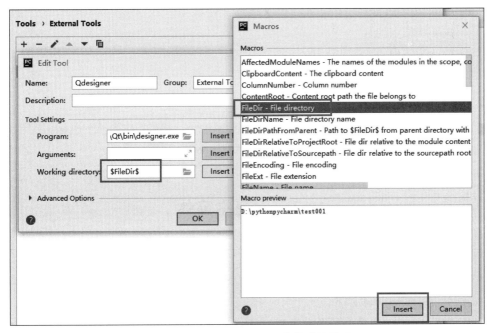

图 10.5　Working directory 参数选取界面

（1）在 Setting 窗口中选择 Tools→External Tools 窗口，单击右侧窗口左上角的"+"号，添加一个新的外部命令。

（2）在编辑工具中配置相应的参数，如图 10.6 所示，具体填写的参数如下：

① Name：外部命令的自定义名字，例如 PyUIC。

② Program：python 命令所在目录，例如 D：\ Programs \ Python \ Python36 \ python.exe。

③ Arguments：命令参数。这个相对复杂，填写如下内容：

```
-m PyQt5.uic.pyuic $FileName$-o $FileNameWithoutExtension$.py
```

④ Working directory：为工作目录，填写 py 程序所在目录，例如 $ FileDir $ 。

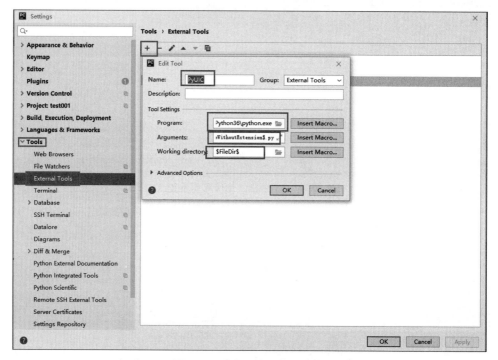

图 10.6　ui 窗口代码转换命令

10.3　创建主窗体

10.3.1　绘制主窗体

PyQt5 的窗体支持利用鼠标拖曳控件的方式进行绘制，做到所见即所得，可以提高窗体的设计效率。具体步骤如下：

（1）在 PyCharm 中建立一个空工程，然后在工程中新建一个标准 Python 文件（例如 main.py）。在 main.py 文件上右击，在右键菜单中选择 External Tools→Qdesigner 命令，弹出绘制窗体界面，如图 10.7 所示。

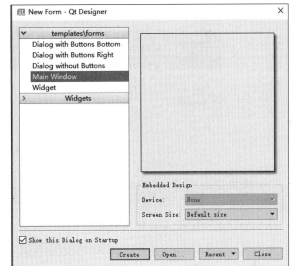

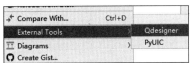

图 10.7　启动绘制窗体工具

（2）选择 Main Window，参数为默认值，单击 Create 按钮创建一个主窗体。窗体绘制工具的主界面如图 10.8 所示。

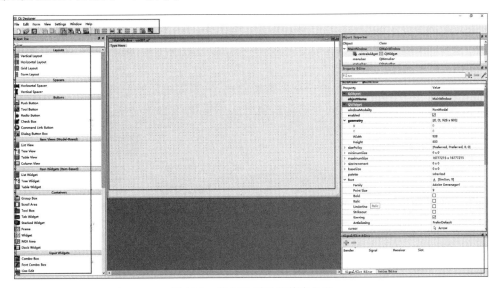

图 10.8　窗体绘制工具的主界面

主界面中左上部分为命令和工具栏；左侧为控件工具，提供文本框、按钮等控件工具；中间为设计的窗体界面；右上部分为界面的设计结构，一般不修改；右中部分为窗体的属性，例如大小、背景颜色、字体等；右下部分为信号/槽和动作相应配置选项，用来设计用户交互操作的功能。

（3）在属性窗口中，把 objectName 属性修改为 win001，如图 10.9 所示，其作用是修改此窗体的对象名称，推荐窗体名称与窗体文件的名称相同，方便后续编程。

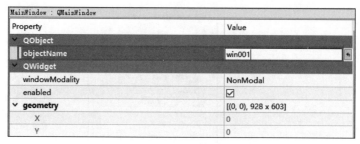

图 10.9　修改窗体对象名称

（4）按快捷键 Ctrl＋S 把窗体文件改名为 win001.ui，方便后面使用。建议不使用默认文件名。

（5）按快捷键 Ctrl＋R 能够模拟运行窗口，查看窗体的运行效果。

（6）保存完文件后，单击工具右上的"关闭"按钮，关闭设计工具，返回 PyCharm 编程界面。

10.3.2　转换窗体代码

返回 PyCharm 编程界面后，会发现在工程下面新建立了一个名为 win001.ui 的文件，这就是刚才设计的窗体文件。但这个文件不能被 Python 所执行，还需要进行转换。具体操作如下。

单击 win001.ui 文件，然后右击，弹出右键菜单。在菜单中选择 External Tools→PyUIC 命令，等待一会后，在工程中就创建了一个与窗体文件同名的 py 文件（win001.py），如图 10.10 所示。

窗体转换后的 py 文件，一般后面不需要修改，只要调用使用即可。如果要修改，需要在窗体绘制设计界面修改窗体，然后重新利用 PyUIC 命令进行转换。

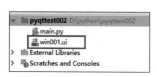  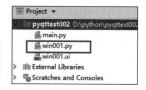

图 10.10　窗体代码转换

10.3.3　编写窗体运行程序

以上设计了一个 win001.py 窗体，但还没有与主程序连接起来。在 Python 程序中运行窗口有多种方式，本章以常用的 QMainWindow 主窗体调用方式运行。

【例 10-1】　绘制如图 10.8 设计的窗体，编程运行以显示此窗体。

编写程序如下：

```
1    from PyQt5.QtWidgets import *
2    from win001 import Ui_win001              #导入 win001 窗体代码
3    #利用 win001 定义主窗体类
```

```
4    class MainForm(QMainWindow,Ui_win001):
5        def __init__(self):                      #初始化主窗体
6            super(MainForm, self).__init__()
7            self.setupUi(self)
8    #运行主窗体
9    if __name__=="__main__":
10       app=QApplication(sys.argv)
11       win=MainForm()                            #生成主窗体对象
12       win.show()                                #显示主窗体
13       sys.exit(app.exec_())
```

运行结果：

程序分析：第 1 行代码为导入窗体开发需要各类模块；第 2 行代码导入自定义的窗体 win001；第 4～7 行定义一个基于 win001 的主窗体；第 10～13 行是运行和显示这个窗体。这是一个框架结构，后续代码的大量修改工作，就是在第 4～7 行主窗体的定义中添加各种功能函数，逐步扩展程序功能。

10.3.4　修改窗体

在窗体开发过程中，很难一次完成设计窗体，需要不断地修改窗体。例如，修改窗体标题，使其显示名称为"主窗体 001"，步骤如下。

（1）在窗体 ui 文件上右击，选择外部命令 Qdesigner。

（2）在窗体选择窗口中单击 Open 按钮，在打开的文件夹中选择需要修改的 ui 窗体文件（这里是 win001.ui），然后单击"打开"按钮，如图 10.11 所示。

图 10.11　窗体修改选择操作

（3）单击窗体，在右侧的属性窗口中选择 windowTile 属性，把其值修改为"主窗体001"，如图 10.12 所示。最后，保存 ui 文件，退出窗体设计工具。

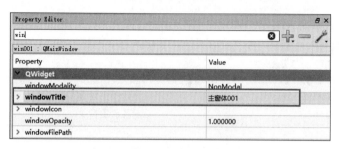

图 10.12　窗体 windowTitle 属性修改

（4）返回 PyCharm 后，右击 win001.ui 文件，在右键菜单中选择 External Tools→PyUIC 命令，重新生成窗体的 py 代码，然后运行主程序 main.py，显示窗体如图 10.13 所示，发现窗体名称修改已经起作用。

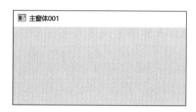

图 10.13　修改窗体名称后的效果

10.4　常用控件使用

10.4.1　标签

标签(Label)一般用来显示静态文本，只能在窗口显示，不能用于文本输入。文本的内容可以是在设计窗体时写入，也可以是在主程序运行时由程序代码写入。标签的位置、文本的字体、文本的颜色等属性都可以在设计窗体时赋给初值，也可以在程序运行时修改。

【例 10-2】　在窗体中添加两个标签，分别用不同的字号显示"hello world!"和"你好Python!"。其中第一个在设计窗体时赋初值，第二个用程序代码修改。

操作如下：

（1）根据例 10-1 窗体，打开窗体 win001.ui 的设计界面。

（2）在设计界面的左侧控件窗口中，单击 Label 标签，然后拖曳到窗体 win001 中；用相同操作拖曳第 2 个标签。分别单击不同的标签，查看右侧属性窗口，两个标签的 objectName 属性值分别为 label 和 label_2，如果再拖曳更多的标签，数字会自动增加。

（3）在窗体中双击 label 标签，输入文本"hello world!"。

（4）在右侧属性窗口中，修改 label 标签的 Point Size 属性值为 15。

（5）在 win001 窗体中，单击 label 标签，在它的四周出现大小调整基准点。通过用鼠标拖曳基准点，调整标签的大小为合适文字显示，如图 10.14 所示。

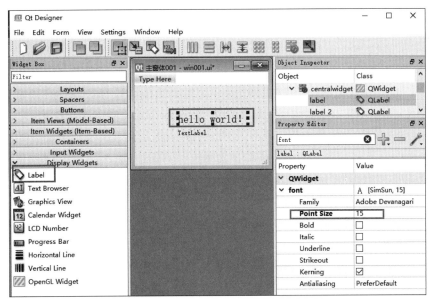

图 10.14　标签设计界面

（6）保存 ui 文件后，返回 PyCharm，利用 PyUIC 命令重新转换窗口代码。

（7）编写 main.py 主程序代码，实现窗体的运行。

编写程序如下：

```
1    from PyQt5.QtWidgets import *
2    from win001 import Ui_win001              #导入 win001 窗体代码
3    class MainForm(QMainWindow,Ui_win001):    #利用 win001 窗体定义主窗体类
4       def __init__(self):                    #初始化主窗体
5          super(MainForm, self).__init__()
6          self.setupUi(self)
7          self.label_2.setText("你好 Python!") #修改 label_2 内容
8    if __name__=="__main__":
9       app=QApplication(sys.argv)
10      win=MainForm()                         #生成主窗体对象
11      win.show()                             #显示主窗体
12      sys.exit(app.exec_())
```

运行结果：

程序分析：对比例 10-1 和例 10-2，可以看出，例 10-2 在主程序中只添加了第 7 行代码。其作用是调用标签的 setText(string) 方法，利用代码设置标签显示的文本内容。那么大量窗口修改的代码都隐藏到哪里呢？在工程中，还有另外一个 win001.py 文件。打开 win001.py 会发现里面有大量窗体设计代码。对比例 10-1 和例 10-2 的 win001.py 文件，可以发现，在例 10-2 的 win001.py 中有大量的标签属性设置代码。这些代码的产生就是基于 ui 窗体文件的，是利用 PyUIC 命令转换得来的。通过这种可视化窗口设计与自动化代码转换，实现了降低窗体设计复杂度的目的，提高了窗体设计效率。

Label 等常用控件都有大量的属性可用于设计，由于篇幅所限不可能介绍所有的功能。最简单的方法就是通过可视化界面设置属性值，然后转换窗体为 py 文件。通过分析 py 文件中修改属性值的代码，模仿此代码，在主程序中进行代码编写，实现用户需要的功能，做到举一反三，灵活进行窗体的设计开发。

10.4.2 文本框

在 PyQt5 中提供了 3 种文本输入框，分别为 Line Edit、Text Edit 和 Plain Edit，它们的主要区别是文字输入多少和显示范围的控制，其中，以 Line Edit 最简单和常用，其文本的显示方法与标签类似，实现一行文字的显示。

【例 10-3】 利用文本框 Line Edit 实现例 10-2 的功能。

操作如下：

（1）拖曳两个 Line Edit 控件，默认分别为 lineEdit 和 lineEdit_2。

（2）双击 Line Edit 控件，然后输入"hello world!"。可以发现其 text 属性值被修改为此文本内容，如图 10.15 所示。

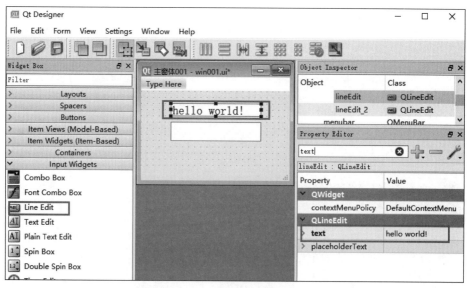

图 10.15 文本框控件设计窗体

（3）关闭窗体设计工具，在 PyCharm 中利用 PyUIC 命令重新转换窗体代码。

（4）编写 main.py 主程序代码，把例 10-2 的第 7 行代码修改为 self.lineEdit_2.setText("你好 Python!")。

运行结果：

程序分析：对比例 10-2 和例 10-3，发现标签和文本框在文本显示方面的用法基本相同，那么两者有什么区别呢？ 主要区别就在于标签只能显示文本，不能与用户交互，而文本框就可以实现用户输入文本。那么，如何获得文本，怎么利用文本呢？ 请阅读后续章节的内容。

10.4.3　信号/槽和按钮

1. 信号/槽机制

信号/槽（signal/slot）是 PyQt 编程对象之间进行通信的机制，也是 PyQt 特色功能。要想学会 PyQt5 的使用，必须理解和掌握信号/槽机制。

所谓信号，是指用户操作运行窗体中一个控件的动作。例如，单击一个按钮、右击一个按钮、在文本框中输入文字等，都是特定的动作，是不同的"信号"。这些动作信号是系统预定义好的，不能修改。

信号产生后，由程序自动在后台捕获，并进行注册存储。但是由谁来对这些动作做出响应呢？ 这就是"槽"。

所谓槽，就是用来响应信号动作的代码，最简单的就是用户自定义编写一个函数，当特定动作信号产生后，暂停主程序的执行，去执行这个特定的槽函数，执行完后返回主程序。例如，单击一个按钮、修改一个文本框内的文字、修改文字的功能函数就是槽。

所谓信号/槽机制，就是在窗体设计时，把特定的信号和特定槽进行绑定注册。一个信号可以有多个响应的槽，一个槽可以对应多个信号，即它们之间是多对多的关系。

信号/槽的配置主要是使用窗体设计工具的信号/槽编辑工具，如图 10.16 所示。具体使用方法参考后面的介绍。

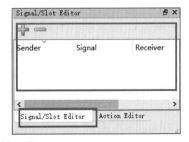

图 10.16　信号/槽编辑工具

2. 按钮

在 PyQt5 中有多种按钮,其中最为常用的是 Push Button 按钮。当窗体运行时单击按钮,会产生不同的信号,例如单击、按下、释放等。按钮本身也具有大量的静态属性,与文本框类似,如按钮上的文本、文本字体、按钮背景色等。下面以示例的形式,介绍基于信号/槽机制的按钮使用方法。

【例 10-4】 基于例 10-3 窗体,添加一个按钮。当单击该按钮时交换两个文本框的内容。

操作如下:

(1) 设计窗体 win001.ui,如图 10.17 所示,包含两个文本框,一个 Push Button 按钮。

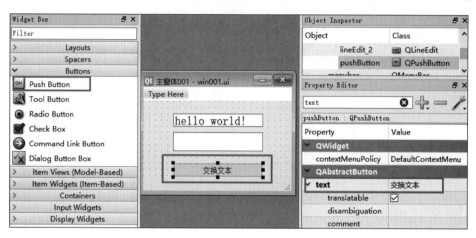

图 10.17　按钮窗体设计

(2) 单击工具栏上的 Edit Signal/Slots,然后单击"交换文本"按钮,不要释放左键,拖曳出按钮范围,在窗口背景中释放,如图 10.18(a)所示。图中该按钮上延伸出的接地线,表示信号发送对象为背景的窗体。

(3) 在释放左键后弹出如图 10.18(b)所示的窗口,表示建立信号和槽之间的关系。左侧为信号,右侧为槽。由于还没有槽,需要单击右侧的 Edit 按钮,进入如图 10.18(c)所示的窗口。

(4) 图 10.18(c)的上方为系统提供的槽函数,单击下方的"+"按钮,添加一个名称为bt1()的自定义函数,然后单击 OK 按钮

(5) 返回信号/槽配置界面后,如图 10.18(d)所示。在左侧选择 clicked(),在右侧选择 bt1(),建立信号与槽之间的关系。

(6) 单击 OK 按钮返回窗体界面,看到如图 10.19 显示的结果界面,表示信号/槽关系建立成功。

(7) 按 Esc 键,完成信号/槽配置,退出配置界面,返回窗体设计界面。

(8) 关闭窗体设计工具,返回 PyCharm 工程,利用 PyUIC 命令重新转换 win001.ui窗体代码。

(9) 修改 main.py 主程序,在主窗体类定义中,添加自定义函数 bt1()的代码。

(a)

(b)

(c)

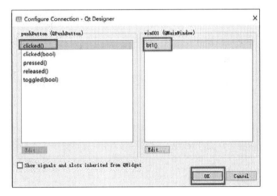

(d)

图 10.18　按钮信号/槽配置

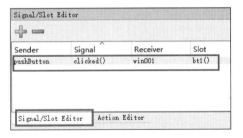

图 10.19　按钮信号/槽配置结果

编写程序如下：

```
1    import sys
2    from PyQt5.QtWidgets import *
3    from win001 import Ui_win001           #导入 win001 窗体代码
4    class MainForm(QMainWindow,Ui_win001): #利用 win001 窗体定义主窗体类
5        def __init__(self):               #初始化主窗体
6            super(MainForm, self).__init__()
7            self.setupUi(self)
```

```
8          self.lineEdit_2.setText("你好 Python!")    #修改 label_2 内容
9      #自定义按钮按下响应的槽函数 bt1(),实现文本框内容交换
10     def bt1(self):
11         s1=self.lineEdit.text()                      #读取文本框 lineEdit 内容
12         s2=self.lineEdit_2.text()                    #读取文本框 lineEdit_2 内容
13         self.lineEdit.setText(s2)                    #把 lineEdit_2 内容赋值给 lineEdit
14         self.lineEdit_2.setText(s1)                  #把 lineEdit 内容赋值给 lineEdit_2
15 if __name__=="__main__":
16     app=QApplication(sys.argv)
17     win=MainForm()                                   #生成主窗体对象
18     win.show()                                       #显示主窗体
19     sys.exit(app.exec_())
```

运行结果:

交换前

交换后

程序分析: 比较例 10-3 和例 10-4 可以发现,在例 10-4 中添加了第 10~14 行代码,其功能就是自定义了一个名称为 bt1(self) 的函数,它就是按钮的单击信号的响应槽函数。注意,函数的参数一定是 self,通过 self 调用窗体中的各个控件对象。

例 10-4 完整地展示了信号/槽机制的设计和编程实现方法。请读者举一反三,试在文本框上配置信息/槽功能,实现在一个文本框中输入文字,在另一个文本框中同步显示文字的功能。

10.4.4 下拉列表框

下拉列表框(ComboBox)是窗体设计中常用的选择数据项控件。为了防止用户输入错误,可以在设计窗体时,提前利用下拉列表框准备好选择的数据项,用户只能在数据项中选取,以保证数据正确性。列表框中的数据项可以在设计窗体时预定义,也可以在程序代码中动态修改。具体使用方法如下。

【**例 10-5**】 根据例 10-3 建立一个窗体,添加一个下拉列表框和一个文本框。下拉列表框中提供若干数据项。当窗体运行时,从下拉列表框中选择一个数据项,然后在文本框中显示这个数据项的文本。

操作如下:

(1)建立如图 10.20 所示的窗体,双击下拉列表框,添加预定义的数据项"信息 B181"和"信息 B182"。

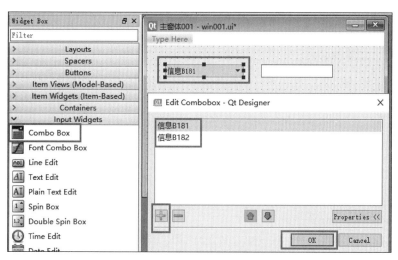

图 10.20　下拉列表框窗体

（2）为下拉列表框信号 currentindexChanged(int)，添加自定义的槽函数 bt_combox1()，如图 10.21 所示。

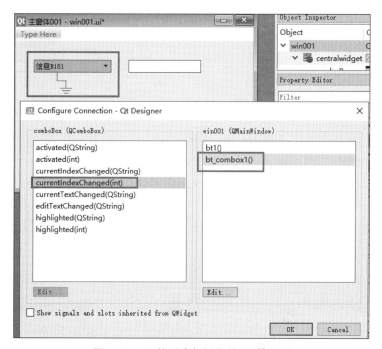

图 10.21　下拉列表框添加信号/槽关系

（3）保存 win001.ui 窗体文件，关闭窗体设计工具，返回 PyCharm 工程中。利用 PyUIC 命令重新转换 win001.ui 窗体代码。

（4）修改 main.py 主程序，编写自定义函数 bt_combox1(self)，实现本例要求的功能。

编写程序如下：

```
1   import sys
2   from PyQt5.QtWidgets import *
3   from win001 import Ui_win001                #导入 win001窗体代码
4   class MainForm(QMainWindow,Ui_win001):    #利用 win001窗体定义主窗体类
5       def __init__(self):                    #初始化主窗体
6           super(MainForm, self).__init__()
7           self.setupUi(self)
8           self.comboBox.addItem("信息 B191")  #利用代码添加新的数据项
9           self.comboBox.addItem("信息 B192")
10      #自定义按钮按下响应的槽函数 bt_combox1,实现下拉列表框内容更换显示
11      def bt_combox1(self):
12          s=self.comboBox.currentText()      #获得当前数据项的文本
13          self.lineEdit.setText(s)           #设置文本框中的文本内容
14  if __name__=="__main__":
15      app=QApplication(sys.argv)
16      win=MainForm()                         #生成主窗体对象
17      win.show()                             #显示主窗体
18      sys.exit(app.exec_())
```

运行结果：

程序分析：第 8～9 行代码实现了在程序中动态添加数据项的功能，利用了下拉列表的 addItem(string)方法。第 12 行代码利用下拉列表的 currentText()方法，获得当前的列表数据项的文本。第 13 行实现把获得数据项文本复制给文本框。下拉列表框还有大量的属性和功能，读者可以访问网站(http://code.py40.com/pyqt5/)进一步学习。

10.4.5 弹出消息框

弹出消息框(QMessageBox)是一个特殊的窗体控件，它不需要预先绘制，只要在代码执行时调用此控件对象，并配置相应的参数，就可以完成弹出消息框。它使用的是 QMessageBox 模块。

弹出消息框常与信号/槽机制配合，在槽函数中满足条件时调用消息框，与用户进行交互。通过用户选择结果决定下一步操作。

【例 10-6】 根据例 10-5,修改功能为,当选择完下拉列表框后,弹出消息框,让用户选择是否显示数据项的文本。如果选择 Yes 按钮,就在文本框中显示文字;如果选择 No 按钮,就不显示,并把文本框的内容清空。

主程序 main.py 与例 10-5 基本一致,只如下修改 bt_combox1(self)函数的内容。

编写程序如下:

```
1   def bt_combox1(self):
2       x=QMessageBox.information(self,"消息框标题",
                     "是否显示数据",QMessageBox.Yes|QMessageBox.No)
3       if x==QMessageBox.Yes:              #判断是选择 Yes
4           s=self.comboBox.currentText()   #获得当前数据项的文本
5           self.lineEdit.setText(s)        #设置文本框中的文本内容
6       elif x==QMessageBox.No:             #判断是选择 No
7           self.lineEdit.setText(None)     #清空文本框
```

运行结果:

　　程序分析:第 2 行中的 QMessageBox.information( )至少需要 4 个参数,第 1 个是 self,第 2 个是消息框的标题文字,第 3 个参数是消息框显示的内容,第 4 个参数是用户交互选项。当用户选择后会返回 QMessageBox.Yes 或 QMessageBox.No 结果。第 3~7 行就是利用返回结果进行后续的文本框输出。

10.4.6　表格控件

　　表格控件(Table Widget)属于高级控件,能够实现复杂的二维结构化数据显示,例如学生信息。表格中的数据可以在初始化时写入,也可以在窗体运行时,由代码动态修改。表格控件同时提供用户交互操作,包括读取所选择单元的数据、删除所选择条目数据、添加数据、清空表格数据等功能。实现方法是,通过信号/槽机制对应不同按钮信号来实现不同的槽函数功能。

　　表格控件的特性是,表格中每个单元格都是数据项(Item),对表格数据的操作都是以数据项为单位操作,一次只能操作一个单元格。不能一次性读取和添加一行或一列数据,但可以一次性删除一行数据。如果需要修改表格中的数据,只需要双击单元格,然后修改数据即可。

　　【例 10-7】 利用表格控件、标签、文本框、按钮控件,设计如图 10.22 所示的窗体。窗体实现功能如下:

　　(1) 单击"读取"按钮,在文本框中显示从表格中所选取的数据行。

　　(2) 单击"添加"按钮,把文本框中的数据添加到表格中。

　　(3) 单击"删除"按钮,删除从表格中所选取的数据行。

（4）单击"清空"按钮，清空表格的所有数据。

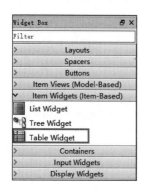
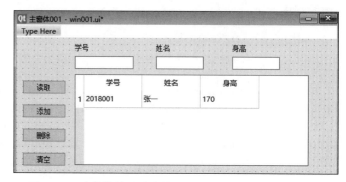

图 10.22   表格控件设计窗体

操作如下：

（1）添加标签、文本框、按钮控件，修改控件的显示文本。

（2）添加表格控件，其 objectName 属性默认为 tableWidget。

（3）双击表格控件，弹出如图 10.23 所示的窗口，添加初始化的行列信息和数据。

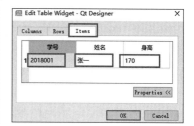

图 10.23   添加初始化表格数据

（4）为 4 个按钮配置信号/槽关系，如图 10.24 所示。添加 4 个自定义信号/槽函数，然后把每一个函数与一个按钮的 clicked()信号绑定。

（5）保存窗体设计文件 win001.ui，在 PyCharm 中利用 PyUIC 命令转换窗体代码。

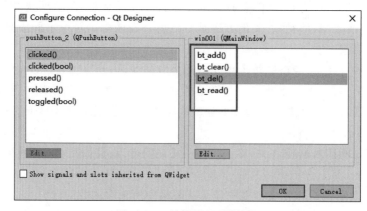

图 10.24   按钮信号/槽配置

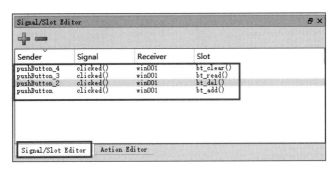

图 10.24　（续）

（6）修改 main.py 主程序，实现各个按钮功能。

编写程序如下：

```
1    import sys
2    from PyQt5.QtWidgets import *
3    from win001 import Ui_win001              #导入 win001 窗体代码
4    class MainForm(QMainWindow,Ui_win001):    #利用 win001 窗体定义主窗体类
5        def __init__(self):                   #初始化主窗体
6            super(MainForm, self).__init__()
7            self.setupUi(self)
8            self.tableWidget.setColumnCount(4)   #设置表格的列数
#设置表格列的名称
9            self.tableWidget.setHorizontalHeaderLabels(["ID","姓名","身高","
                                                 性别"])
10        #自定义信号/槽函数
11        #(1)读取槽函数
12    def bt_read(self):
13        row_index=self.tableWidget.currentRow()   #获得当前选取的行号
          #读取位置(row_index, 0)单元的值
14        id=self.tableWidget.item(row_index, 0).text()
          #读取位置(row_index, 1)单元的值
15        name=self.tableWidget.item(row_index, 1).text()
          #读取位置(row_index, 2)单元的值
16        high=self.tableWidget.item(row_index, 2).text()
17        self.lineEdit.setText(id)              #设置文本框的值
18        self.lineEdit_2.setText(name)
19        self.lineEdit_3.setText(high)
20    #(2)添加一行数据
21    def bt_add(self):
22        id=self.lineEdit.text()                #读取文本框数据
23        name=self.lineEdit_2.text()
24        high=self.lineEdit_3.text()
25        row_count=self.tableWidget.rowCount() #获得当前表格中总行数
```

```
26          self.tableWidget.setRowCount(row_count+1)    #为表格添加一行
            #为坐标(row_count, 0)添加一个数据 item
27          self.tableWidget.setItem(row_count, 0, QTableWidgetItem(id))
            #为坐标(row_count, 1)添加一个数据 item
28          self.tableWidget.setItem(row_count, 1, QTableWidgetItem(name))
            #为坐标(row_count, 2)添加一个数据 item
29          self.tableWidget.setItem(row_count, 2, QTableWidgetItem(high))
30      #(3)删除一行数据
31      def bt_del(self):
32          row_index=self.tableWidget.currentRow()       #获得当前选取的行号
33          self.tableWidget.removeRow(row_index)          #利用行号删除这一行
34      #(4)清空表格数据
35      def bt_clear(self):
36          self.tableWidget.clear()               #清空表格内容数据,但行还存在
37          self.tableWidget.setRowCount(0)        #删除所有行
38  if __name__=="__main__":
39      app=QApplication(sys.argv)
40      win=MainForm()                             #生成主窗体对象
41      win.show()                                 #显示主窗体
```

运行结果:

程序分析:第 8～9 行利用代码 setColumnCount(4)和 setHorizontalHeaderLabels
(["ID","姓名","身高","性别"])修改了表格列的数量和名称。第 13 行利用
currentRow()获得了当前选取的行号。第 14 行利用 item(row_index, 0).text()函数获
得选取的 row_index 行中对应 0 列的值,值的数据类型都是字符串。第 26 行利用
setRowCount(row_count+1)函数给表格添加了一个空行。第 27 行利用 setItem()函数
添加表格中位置为(row_count,0)的单元格的值,值的形式一定是数据项,因此需要利用
QTableWidgetItem(string)函数把字符串转换为 Item 对象。第 33 行利用 removeRow
(row_inder)删除特定行。第 36～37 行利用 clear()清空表格数据,利用 setRowCount(0)
删除所有行。表格控件还提供很多交互操作功能,这里只是常用功能的演示。

10.5　设计多窗体

10.5.1　嵌入式多窗体

在 GUI 程序开发中,往往需要用多个窗体来显示不同的内容,其中一个为主窗体,其他为子窗体。在主窗体中,通过相关的操作(例如单击特定按钮),激活子窗体。子窗体使用完毕后可以关闭,返回主窗体。

主窗体激活子窗体的方法很多。本节主要介绍嵌入式多窗体方案,即子窗体作为主窗体的一部分,显示在主窗体中。下节介绍弹出式多窗体,即子窗体单独运行,不显示在主窗体中。

在嵌入式多窗体方案中,关键点就是在主窗体中要添加一个窗体容器控件(例如 Grid Layout 控件),在子窗体激活时,利用容器控件的 addWidget(child_window)方法,把子窗体加载到主窗体中。下面通过例 10-8 来讲解具体的操作过程。

【例 10-8】　设计如图 10.25 所示的嵌入式窗体结构。通过单击工具条上的"子窗体 001"和"子窗体 002"命令,激活相应的子窗体,并显示在主窗体中。

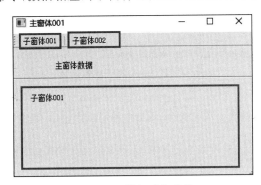

图 10.25　嵌入式多窗体

操作如下:

(1) 设计主窗体,如图 10.26(a)所示。首先,在主窗体中右击,选择 Add Tool Bar 命令,添加工具栏。在窗口右下角的 Action Editor 中添加两个动作 action_001 和 action_002,并添加显示的文本信息,如图 10.26(b)所示。用鼠标左键拖曳 action_001 和 action_002 到工具栏上。最后,在窗口中添加一个 Grid Layout 控件,添加一个标签以显示"主窗体数据"。

(2) 设计子窗体,如图 10.27 所示。修改子窗体的标题为中文名字,修改两个子窗体的 objectName 属性,分别为 child001 和 child002;在窗体中添加标签,显示窗体名字。

(3) 保存 3 个窗体 ui 文件,然后在 PyCharm 中利用 PyUIC 命令转换窗体代码。

(4) 编写 main.py 主程序代码,主要内容包括 3 个窗体类的构造,主窗体中显示两个子窗体的代码。

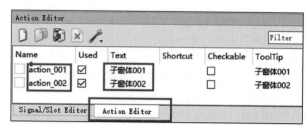

(a)   (b)

图 10.26   嵌入式主窗体设计

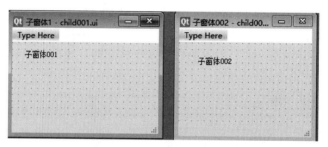

图 10.27   嵌入式子窗体设计

编写程序如下：

```
1    import sys
2    from PyQt5.QtWidgets import *
3    from win001 import Ui_win001                    #导入 win001 窗体代码
4    from child001 import Ui_child001                #导入子窗体 001 窗体代码
5    from child002 import Ui_child002                #导入子窗体 002 窗体代码
6    #定义子窗体 001
7    class childwindow1(QMainWindow,Ui_child001):
8        def __init__(self):
9            super(childwindow1, self).__init__()
10           self.setupUi(self)
11   #定义子窗体 002
12   class childwindow2(QMainWindow,Ui_child002):
13       def __init__(self):
14           super(childwindow2, self).__init__()
15           self.setupUi(self)
16   #定义主窗体
17   class MainForm(QMainWindow,Ui_win001):          #利用 win001 窗体定义主窗体类
18       def __init__(self):                         #初始化主窗体
```

```
19          super(MainForm, self).__init__()
20          self.setupUi(self)
21          self.child1 = childwindow1()              #生成子窗体 001 对象
22          self.child2 = childwindow2()              #生成子窗体 002 对象
23      #工具栏动作绑定激活子窗体函数
24          self.action_001.triggered.connect(self.child1show)
25          self.action_002.triggered.connect(self.child2show)
26      #激活子窗体 001 函数
27      def child1show(self):
28          self.child2.close()                      #关闭子窗体 002
29          #添加子窗体 001 到主窗体容器中
30          self.gridLayout.addWidget(self.child1)
31          self.child1.show()                       #显示子窗体 001
32      #激活子窗体 002 函数
33      def child2show(self):
34          self.child1.close()                      #关闭子窗体 001
35          #添加子窗体 001 到主窗体容器中
36          self.gridLayout.addWidget(self.child2)
37          self.child2.show()                       #显示子窗体 002
38  #运行主窗体
39  if __name__ == "__main__":
40      app = QApplication(sys.argv)
41      win = MainForm()                             #生成主窗体对象
42      win.show()                                   #显示主窗体
```

运行结果：

如图 10.25 所示。

程序分析：本程序是嵌入式多窗体程序开发的一个框架，框架主要分解为 4 部分。

（1）第 3～5 行，导入不同窗体的设计代码；

（2）第 6～15 行，定义子窗体类；

（3）第 16～37 行，定义主窗体类；

（4）第 38～42 行，运行主窗体。

在本例中，子窗体类定义相对较简单，只是初始化了窗体，没有编写具有交互功能的信号/槽函数。主窗体定义类是最复杂的。在第 21～22 行，利用子窗体类定义了两个子窗体对象。在第 26～37 行，定义了两个子窗体的激活函数，把子窗体对象加载到容器中，其关键语句就是 self.gridLayout.addWidget（self.child1）和 self.gridLayout.addWidget（self.child2），把子窗体添加到窗体容器控件 gridLayout 中，如果没有此语句，则不是嵌入式窗体。在第 24～25 行，为主窗体的工具栏按钮添加响应函数。工具栏按钮也可以替换为其他的信号/槽机制，例如普通的按钮单击动作。

基于例 10-8 的框架，读者可以进一步扩展子窗体的数量，从而满足不同业务的需求。请深入分析理解此框架的结构和特点。

10.5.2　弹出式多窗体

所谓"弹出式多窗体"，就是把嵌入式窗体作为独立的窗体进行显示，如图 10.28 所示。弹出式窗体可以基于嵌入式窗体设计。窗体的 ui 设计文件可以不需要修改，需要修改的是 main.py 主程序，把嵌入式窗体中子窗体激活函数的加载子窗体到容器的语句去掉即可，就是删除例 10-8 的第 30 行和第 36 行代码。

【例 10-9】　修改例 10-8 的窗体设计程序为弹出式。

由于弹出式窗体与嵌入式窗体类似，子窗体设计代码不需要修改，只需要修改 main.py 主程序中的主窗体代码即可。基于例 10-8 如下修改主窗体代码。

编写程序如下：

```
1   #定义主窗体
2   from PyQt5 import QtCore
3   class MainForm(QMainWindow,Ui_win001):        #利用 win001 窗体定义主窗体类
4       def __init__(self):                       #初始化主窗体
5           super(MainForm, self).__init__()
6           self.setupUi(self)
7           self.child1 =childwindow1()           #生成子窗体 001 对象
8           self.child2 =childwindow2()           #生成子窗体 002 对象
9           #子窗体在前阻塞主窗体,子窗体不关闭不能操作主窗体
10          self.child1.setWindowModality(QtCore.Qt.ApplicationModal)
11          self.child2.setWindowModality(QtCore.Qt.ApplicationModal)
12          #工具栏动作绑定激活子窗体函数
13          self.action_001.triggered.connect(self.child1show)
14          self.action_002.triggered.connect(self.child2show)
15      #激活子窗体 001 函数
16      def child1show(self):
17          self.child2.close()                   #关闭子窗体 002
18          #添加子窗体 001 到主窗体容器中
19          #self.gridLayout.addWidget(self.child1)
20          self.child1.show()                    #显示子窗体 001
21      #激活子窗体 002 函数
22      def child2show(self):
23          self.child1.close()                   #关闭子窗体 001
24          #添加子窗体 001 到主窗体容器中
25          #self.gridLayout.addWidget(self.child2)
26          self.child2.show()                    #显示子窗体 002
```

运行结果：

运行结果如图 10.28 所示。

图 10.28 弹出式多窗体

程序分析：注释掉第 19 行和第 25 两行代码后运行主程序,会发现虽然能够弹出子窗体,但当前两个窗体都可以操作,这一般不符合实际要求。在实际的 GUI 开发中,弹出子窗体后,就不能操作主窗体,只有在关闭子窗体后,才能操作主窗体。要实现此功能,首先需要导入 PyQt5 库的 QtCore 模块,如第 2 行代码所示。然后,在主窗体类中,添加子窗体阻塞主窗体的代码,如代码第 10 行和第 11 行所示。通过上述的简单操作,就实现了弹出式窗体设计。

例 10-9 提供的是弹出式窗体的设计框架结构,请读者与例 10-8 作对比分析,深入理解弹出式多窗体设计的思路,思考如何扩展更多的子窗体。

10.5.3 主窗体与子窗体交互数据

在多窗体设计中,除了主窗体和子窗体的关系设计之外,另外一个需要解决的重要问题就是如何在主窗体和子窗体之间传递数据。

分析例 10-8 代码可以发现,程序中窗体的创建顺序是,首先运行第 41 行代码 win＝MainForm()创建了主窗体,然后在主窗体创建的过程中运行第 21 行和第 22 行代码 self.child1 ＝ childwindow1()和 self.child2 ＝ childwindow1()创建两个子窗体。也就是说,主窗体中包含了两个子窗体对象,因此可以在主窗体代码中直接通过 self.child1 和 self.child2 两个对象来使用两个子窗体。而在子窗体中,由于主窗体是它们的父窗体,因此需要调用窗体的全局对象 win 才能够使用主窗体。

基于上述分析,以例 10-10 讲解如何在主窗体和子窗体之间进行数据传输。

【例 10-10】 基于例 10-8,设计如图 10.29 的主窗体和子窗体界面。实现功能如下：

(1) 在激活显示子窗体时,把主窗体中的数据显示在激活的子窗体文本框中。

(2) 在关闭子窗体时,把子窗体中的数据返回并显示在主窗体中。

操作如下：

(1) 为子窗体的"关闭窗体"按钮的单击信号绑定槽函数,槽函数自定义名称分别为 bt_close_child001()和 bt_close_child002(),结果如图 10.30 所示。

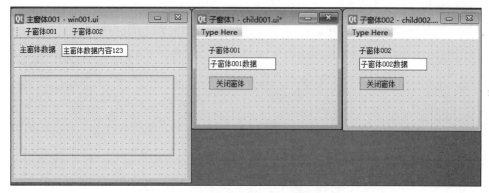

图 10.29　多窗体设计界面

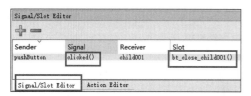 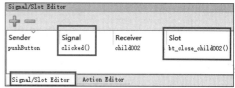

图 10.30　"关闭窗体"按钮的信号/槽配置

（2）保存 3 个窗体的 ui 文件后，在 PyCharm 中利用 PyUIC 命令重新转换窗体代码。

（3）修改 main.py 主程序代码如下。

编写程序如下：

```
1    import sys
2    from PyQt5.QtWidgets import *
3    from win001 import Ui_win001              #导入 win001 窗体代码
4    from child001 import Ui_child001          #导入子窗体 001 窗体代码
5    from child002 import Ui_child002          #导入子窗体 002 窗体代码
6    #定义子窗体 001
7    class childwindow1(QMainWindow,Ui_child001):
8        def __init__(self):
9            super(childwindow1, self).__init__()
10           self.setupUi(self)
11       #关闭子窗体 001 按钮槽函数
12       def bt_close_child001(self):
13           s=self.lineEdit.text()              #读取子窗体 001 的文本框内容
14           win.lineEdit.setText(s)             #赋值为主窗体的文本框
15           self.close()
16   #定义子窗体 002
17   class childwindow2(QMainWindow,Ui_child002):
18       def __init__(self):
19           super(childwindow2, self).__init__()
20           self.setupUi(self)
```

```
21        #关闭子窗体 002 按钮槽函数
22        def bt_close_child002(self):
23            s=self.lineEdit_2.text()                          #读取子窗体 002 的文本框内容
24            win.lineEdit.setText(s)                            #赋值为主窗体的文本框
25            self.close()
26    #定义主窗体
27    class MainForm(QMainWindow,Ui_win001):                     #利用 win001 窗体定义主窗体类
28        def __init__(self):                                    #初始化主窗体
29            super(MainForm, self).__init__()
30            self.setupUi(self)
31            self.child1 = childwindow1()                       #生成子窗体 001 对象
32            self.child2 = childwindow2()                       #生成子窗体 002 对象
33            #工具栏动作绑定激活子窗体函数
34            self.action_001.triggered.connect(self.child1show)
35            self.action_002.triggered.connect(self.child2show)
36        #激活子窗体 001 函数
37        def child1show(self):
38            self.child2.close()                                #关闭子窗体 002
39            #添加子窗体 001 到主窗体容器中
40            s=self.lineEdit.text()                             #读取主窗体文本框内容
41            self.child1.lineEdit.setText(s)                    #赋值给子窗体 001 文本框
42            self.gridLayout.addWidget(self.child1)
43            self.child1.show()                                 #显示子窗体 001
44        #激活子窗体 002 函数
45        def child2show(self):
46            self.child1.close()                                #关闭子窗体 001
47            #添加子窗体 001 到主窗体容器中
48            s =self.lineEdit.text()                            #读取主窗体文本框内容
49            self.child2.lineEdit_2.setText(s)                  #赋值给子窗体 002 文本框
50            self.gridLayout.addWidget(self.child2)
51            self.child2.show()                                 #显示子窗体 002
52    #运行主窗体
53    if __name__=="__main__":
54        app=QApplication(sys.argv)
55        win=MainForm()                                         #生成主窗体对象
56        win.show()                                             #显示主窗体
```

运行结果：

程序分析：对比分析例 10-8 和例 10-10 的代码，在例 10-10 中，仅是进行了代码的添加。首先添加的是第 11～15 行和第 21～25 行，其作用是在子窗体中添加"关闭窗体"按钮对应的槽函数 bt_close_child001(self) 和 bt_close_child002(self)。槽函数中的关键代码是 win.lineEdit.setText(s)，其作用是修改主窗体 win 中的 lineEdit 文本框内容为 s。对主窗体代码的添加是在第 40～41 行和第 48～49 行，实现激活子窗体时给子窗体文本框赋值。其关键代码是第 41 行和第 49 行。代码 self.child2.lineEdit_2.setText(s) 的作用是调用子窗体 self.child2 的 lineEdit_2 文本框，设置其显示的文本是 s。

上述示例提供了一种主窗体和子窗体数据传输的方法，其核心思想是，在子窗体中使用主窗体就用 win 窗体对象就可以了，而在主窗体中使用子窗体，只需要采用 self.child1 和 self.child2 窗体对象就可以。请读者思考，如何修改上述示例为弹出式多窗体实现数据交互模式？

以上提供的主窗体和子窗体数据传输方法有一定的复杂性，还有其他方法吗？当然有，最容易理解的方式就是把示例中用来进行数据交换的变量 s 定义为一个全局变量。这就需要三个全局变量，一个用来存放主窗体文本框的内容，一个用来存放子窗体 001 文本框的内容，一个用来存放子窗体 002 文本框的内容。利用全局变量，就实现了多个窗体的数据交换。请读者修改例 10-10 为利用全局变量传递数据的方法。

10.6　Matplotlib 图形在 PyQt5 中的使用

10.6.1　总体设计思路

PyQt5 库除了可以采用自身的控件来开发各种窗体，也可以与其他第三方库结合，把其他库创建的图形显示在 PyQt5 的窗口中。本节介绍如何把前面章节学习的 Matplotlib 库绘制的图形显示在 PyQt5 窗口中。通过结合其他第三方库模式，可以提高 PyQt5 的应用范围，更好地满足用户的应用需求。

Matplotlib 图形显示在 PyQt5 窗体的核心思想是，在 PyQt5 中创建一个控件容器（例如组合框控件），把这个容器升级为一个窗体容器，作为 Matplotlib 绘图的窗口。然后，可以在这个绘图窗口中创建多个画布，每个画布上可以单独绘制不同的 Matplotlib 图形。以组合框控件为例，其基本步骤如下：

(1) 在窗体中创建一个组合框控件，并把其升级为窗体容器。

(2) 利用 Matplotlib 构造一个绘图窗口，在绘图窗口中创建多个画布。

(3) 把绘图窗口绑定在组合框窗体容器中。

(4) 利用画布的方法和属性进行绘制 Matplotlib 图形。

10.6.2　静态 Matplotlib 图形展示

本节通过例 10-11 介绍在 PyQt5 窗口中显示静态 Matplotlib 图形的方法。其基本操作流程依据 10.5 节所述的步骤。

【例 10-11】 利用 Matplotlib 绘制折线图的方法，在 PyQt5 窗口中绘制两条随机数折线图,同时在窗口中提供一个按钮,可以更新随机数并刷新图形显示。

操作如下:

(1) 创建如图 10.31(a)所示的窗体,窗体包含一个按钮控件和一个组合框控件,并为按钮的 clicked()信号绑定自定义槽函数 bt_update(),如图 10.31(b)所示。

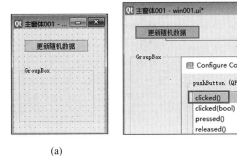
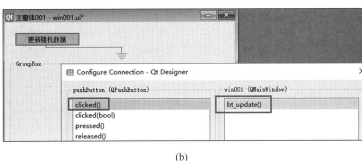

(a)　　　　　　　　　　　　　　　　　　(b)

图 10.31　主窗体设计

(2) 保存窗体设计文件 win001.ui 后,在 PyCharm 中利用 PyUIC 命令进行窗口代码转换。

(3) main.py 主程序的内容如下。

编写程序如下:

```
1    import sys
2    from PyQt5.QtWidgets import *
3    from win001 import Ui_win001                    #导入 win001 窗体代码
4    from matplotlib.backends.backend_qt5agg import FigureCanvasQTAgg
         as FigureCanvas
5    import matplotlib.pyplot as plt
6    import numpy as np
7    #定义 Matplotlib 画布创建类
8    class Figure_Canvas(FigureCanvas):               #继承父类的属性和方法
9        def __init__(self,parent=None,width=0,height=0,dpi=100):
10           self.fig =plt.figure(figsize=(width, height), dpi=dpi)
                                                       #绘制一个绘图窗体
11           super(Figure_Canvas,self).__init__(self.fig)
12           self.ax1=self.fig.add_subplot(211)        #在窗体中添加第 1 号画布 ax1
13           self.ax2 =self.fig.add_subplot(212)       #在窗体中添加第 2 号画布 ax2
14   #定义主窗体类
15   class MainForm(QMainWindow,Ui_win001):            #利用 win001 窗体定义主窗体类
16       def __init__(self):                           #初始化主窗体
17           super(MainForm, self).__init__()
18           self.setupUi(self)
19           #初始化生成画布
20           self.LineFigure =Figure_Canvas()#生成一个绘图对象,里面含有 2 个画布
21           #组合框容器转换为窗体的对象
```

```
22          self.LineFigureLayout =QGridLayout(self.groupBox)
23          #在组合框窗体对象中添加绘图对象
24          self.LineFigureLayout.addWidget(self.LineFigure)
25      def bt_update(self):
26          x =range(0, 20)                                    #X 轴 20 个数据
27          y1 =np.random.randint(1, 20, 20)                   #1~20 间的随机 20 个数
28          y2 =np.random.randint(10, 20, 20)                  #10~20 间的随机 20 个数
29          self.LineFigure.ax1.cla()                          #清除旧画面 ax1
30          self.LineFigure.ax2.cla()                          #清除旧画面 ax2
31          self.LineFigure.ax1.plot(x, y1, color="r")  #利用画布对象进行绘图
32          self.LineFigure.ax2.plot(x, y2, color="g")  #初始的可以不画图形。
33          self.LineFigure.draw()                             #绘制新图形,显示出来
34  #运行主窗体
35  if __name__=="__main__":
36      app=QApplication(sys.argv)
37      win=MainForm()                                         #生成主窗体对象
38      win.show()                                             #显示主窗体
39      sys.exit(app.exec_())
```

运行结果如图 10.32 所示。

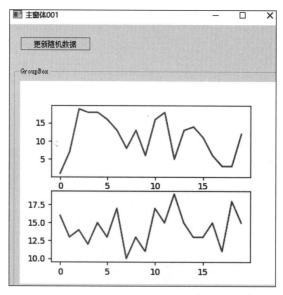

图 10.32 Matplotlib 在 PyQt5 窗口中绘图

　　程序分析：第 1～6 行为导入需要的库,其中第 4 行为导入 Matplotlib 创建绘图窗体所用的库,第 5 行为导入绘制图形所用的库,第 6 行为产生随机数导入的 NumPy 库。第 7～13 行为定义创建绘图窗体的类,窗体中创建了两个画布 ax1 和 ax2。第 14～33 行为创建主窗体类。其中,第 19～24 行,就是创建绘图窗体对象,并把绘图窗体加载到组合框窗体容器中。第 25～33 行,就是基于画布 ax1 和 ax2 绘制两个随机数折线图。此绘图代

码放在了按钮单击信号的槽函数 bt_update(self) 中,因此,每次单击此按钮都会产生新的随机数和图形。

10.6.3 动态 Matplotlib 图形展示

例 10-11 实现了手动单击按钮刷新 Matplotlib 图形的目的,能否让图形自动刷新呢?当然可以。其过程与手动单击按钮的刷新作用一样,只是把单击按钮的动作由用户输入变为程序自动产生。那么,程序如何自动循环产生这个激活动作呢? 这就要利用到定时器(Timer)。在 PyQt5 中提供了一个 PyQt5.QtCore.QTimer 漠块,实现以毫秒为单位的循环定时功能,每当定时时间达到,程序会自动调用一个事先绑定的函数。具体实现方法如例 10-12 所示。

【例 10-12】 修改例 10-11 为自动刷新绘图效果,要求每一秒钟重新产生一次随机数并进行绘图。

问题分析:由于依据例 10-11 进行修改,窗口设计没有改变,因此不需要修改窗体文件。需要修改的只是 main.py 主程序窗体创建类 class MainForm() 的窗体初始化设置函数 __init__(self),在其中添加一个定时器,并配置参数即可,代码如下。

编写程序如下:

```
1   #定义主窗体类
2   from PyQt5.QtCore import QTimer
3   class MainForm(QMainWindow,Ui_win001):    #利用 win001 窗体定义主窗体类
4      def __init__(self):  #初始化主窗体
5           super(MainForm, self).__init__()
6           self.setupUi(self)
7           #初始化生成画布
8           self.LineFigure =Figure_Canvas()  #生成一个绘图对象,里面含有 2 个画布
9           #groupBox 容器转换为窗体的对象
10          self.LineFigureLayout =QGridLayout(self.groupBox)
11          #在 groupBox 窗体对象中添加绘图对象
12          self.LineFigureLayout.addWidget(self.LineFigure)
13          #初始化定时器
14          timer =QTimer(self)                 #定义一个定时器
15          timer.timeout.connect(self.bt_update) #定时器响应功能函数
16          timer.start(1000)                    #定时器间隔时间,1000 毫秒
```

运行结果:

如图 10.32 所示,图形会每间隔一秒钟刷新产生一个新的图形。

程序分析:对比分析例 10-11 和例 10-12 主窗体的定义代码可以发现,在例 10-12 中的第 2 行首先添加对定时器库的引入。关键代码是第 14～16 行。其中,第 14 行定义了一个定时器 timer;第 15 行给定时器绑定了相应函数 bt_update(),就是例 10-11 中手动刷新按钮对应的槽函数;第 16 行设置定时器的时间间隔为一秒。其他代码未做修改。

例 10-11 和例 10-12 提供了 Matplotlib 在 PyQt5 中显示图形的基本框架,读者可以

基于这个框架，利用第 9 章所学的 Matplotlib 绘图知识，在窗口中绘制更加复杂的图形。

10.7   PyQt5 程序打包发布

10.7.1   打包第三方工具的安装

PyQt5 程序是由窗体和不同功能的控件组成，因此在打包时除了必须的打包工具 PyInstaller(见 8.2 节介绍)外，还需要把大量的第三方库打包在发布程序中。具体需要哪些第三方库，不同的程序功能有所不同，因此解决方法就是在执行打包命令时，如遇到缺少库文件而报错，可根据报错信息利用 pip 命令安装第三方库，经过几次安装第三方库后，就可以正常打包。

10.7.2   打包命令

以例 10-12 为列，打包程序有如下 2 个命令可供选择，推荐使用第 2 个命令。

(1) pyinstaller -F -w main.py：w 参数表示没有命令窗口，采用窗体模式，F 参数表示所有打包成一个 main.exe 文件。运行命令后会在工程中自动创建一个 dist 文件夹，其中有一个 main.exe 可执行文件，如图 10.33(a)所示。此命令打包时间较长，需要几分钟。

(2) pyinstaller -w main.py：w 参数表示没有命令窗口，采用窗体模式。默认库文件不打包，形成第一个 main 文件夹。用户代码形成一个 main.exe 文件存在于 main 文件夹中。main 文件夹中其他为支撑运行的库文件。运行命令后，会在工程中自动创建一个 dist 文件夹，其中有一个 main 文件夹，在此文件夹中有一个 main.exe 可执行文件，如图 10.33(b)所示。此命令相对执行较快。

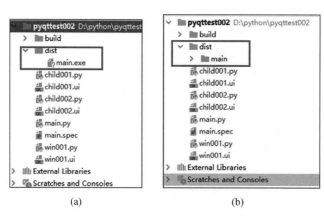

(a)   (b)

图 10.33   pyinstaller 命令窗体程序打包

10.8   综 合 案 例

【例 10-13】   有如图 10.34 所示的成绩表文件，利用 PyQt5 库设计多窗体，实现如下功能：

（1）在第 1 个子窗体中利用表格控件展示数据；

（2）在第 1 个子窗体中实现对表格数据的读取、增加、修改、删除和保存；

（3）在第 2 个子窗体中实现英语成绩的柱状图展示。

操作如下：

（1）设计如图 10.35 所示的主窗体 win001，以及两个子窗体 child001 和 child002。在主窗体中放置一个 GridLayout 控件，一个工具栏控件；在 child001 窗体中放

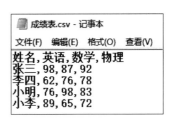

图 10.34　成绩表文件

置 5 个按钮和一个 TableWidget 控件；在 child002 窗体中放置一个 GroupBox 控件和一个按钮控件。

（2）为主窗体的工具栏添加事件，如图 10.36 所示。为 child001 的 5 个按钮添加相应的信号/槽关系，如图 10.37（a）所示。为 child002 添加信号/槽关系，如图 10.37（b）所示。

图 10.35　窗体设计图

图 10.36　主窗体工具栏事件绑定

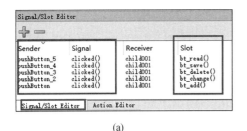

(a)

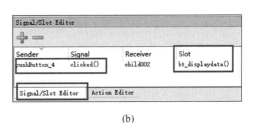

(b)

图 10.37　子窗体按钮信号/槽关系绑定

（3）依据例 10-7、例 10-8 和例 10-11 代码，如下修改 main.py 主程序代码。

编写程序如下：

```
1    import sys
2    from PyQt5.QtWidgets import *
3    from win001 import Ui_win001                          #导入 win001 窗体代码
4    from child001 import Ui_child001                       #导入子窗体 001 窗体代码
5    from child002 import Ui_child002                       #导入子窗体 002 窗体代码
6    import pandas as pd
7    from matplotlib.backends.backend_qt5agg import FigureCanvasQTAgg
         as FigureCanvas
8    import matplotlib.pyplot as plt
9    #定义子窗体 001
10   class childwindow1(QMainWindow,Ui_child001):
11       def __init__(self):
12           super(childwindow1, self).__init__()
13           self.setupUi(self)
14       def bt_read(self):
15           self.df1=pd.DataFrame(pd.read_csv('成绩表.csv'))#读取文件
16           self.row_count=self.df1.shape[0]               #数据行数
17           self.column_count=self.df1.shape[1]            #数据列数
18           self.tableWidget.setColumnCount(self.column_count)
                                                            #设置表格的列数
19           self.tableWidget.setHorizontalHeaderLabels(self.df1.columns)
                                                            #设置表格列名称
20           self.tableWidget.setRowCount(self.row_count)   #设置表格行数
21           for x in range(0,self.row_count):
22               for y in range(0,self.column_count):
23                   #给表格控件填充数据
24           self.tableWidget.setItem(x,y,QTableWidgetItem(str(self.df1.iloc
             [x,y])))
25       def bt_add(self):
26           self.row_count =self.row_count+1
27           self.tableWidget.setRowCount(self.row_count) #表格添加一个空换行
28       def bt_change(self):
29           #修改按钮提示信息
30           QMessageBox.information(self,"修改方法提示","双击表格中数据,然后就
             可以修改数据",QMessageBox.Apply)
31       def bt_delete(self):
32           row_index =self.tableWidget.currentRow()       #获得当前选取的行号
33           self.tableWidget.removeRow(row_index)          #利用行号删除这一行
34           self.row_count=self.row_count-1
35       def bt_save(self):
36           df2 =pd.DataFrame(columns=self.df1.columns)    #空数据帧
37           for y in range(0, self.column_count):
```

```
38              cl0=[]
39              for x in range(0, self.row_count):
40                  cl0.append(self.tableWidget.item(x, y).text())
                                                            #获得每列一个数据
41          df2.iloc[:, y] =cl0                             #添加一列数据
42      df2.to_csv('成绩表.csv',sep=',',index=False)
43  #定义 Matplotlib 画布创建类
44  class Figure_Canvas(FigureCanvas):                     #继承父类的属性和方法
45      def __init__(self, parent=None, width=0, height=0, dpi=100):
46          self.fig =plt.figure(figsize=(width, height), dpi=dpi)
                                                            #绘制一个绘图窗体
47          super(Figure_Canvas, self).__init__(self.fig)
48          self.ax1 =self.fig.add_subplot(111)            #在窗体中添加画布 ax1
49  #定义子窗体 002
50  class childwindow2(QMainWindow,Ui_child002):
51      def __init__(self):
52          super(childwindow2, self).__init__()
53          self.setupUi(self)
54          #初始化生成画布
55          self.LineFigure =Figure_Canvas()   #生成一个绘图对象,其中含有 2 个画布
56          #groupbox 容器转换为窗体的对象
57          self.LineFigureLayout =QGridLayout(self.groupBox)
58          #在 groupbox 窗体对象中添加绘图对象
59          self.LineFigureLayout.addWidget(self.LineFigure)
60      #更新绘图按钮槽函数
61      def bt_displaydata(self):
62          self.df1 =pd.DataFrame(pd.read_csv('成绩表.csv'))
63          plt.rcParams["font.family"] ="SimHei"          #显示中文,配置字体参数
64          plt.rcParams["font.sans-serif"] =['SimHei']    #显示中文,配置字体参数
65          x=range(0,self.df1.shape[0])
66          self.LineFigure.ax1.cla()                       #清除旧画面 ax1
67          self.LineFigure.ax1.bar(x, self.df1['英语'], color="r")
                                                            #利用画布对象进行绘图
68          self.LineFigure.ax1.set_title("英语成绩")
69          #调整 X 轴刻度显示方式
70          self.LineFigure.ax1.set_xticks(x)#X 轴值
71          self.LineFigure.ax1.set_xticklabels(self.df1['姓名'], rotation=
    -45, fontsize=8)
72          self.LineFigure.draw()                          #绘制新图形,显示出来
73  #定义主窗体
74  class MainForm(QMainWindow,Ui_win001):                  #利用 win001 窗体定义主窗体类
75      def __init__(self):                                 #初始化主窗体
76          super(MainForm, self).__init__()
77          self.setupUi(self)
```

```
78          self.child1 = childwindow1()                    #生成子窗体 001 对象
79          self.child2 = childwindow2()                    #生成子窗体 002 对象
80      #工具栏动作绑定激活窗体函数
81          self.action_001.triggered.connect(self.child1show)
82          self.action_002.triggered.connect(self.child2show)
83      #激活子窗体 001 函数
84      def child1show(self):
85          self.child2.close()                             #关闭子窗体 002
86          #添加子窗体 001 到主窗体容器中
87          self.gridLayout.addWidget(self.child1)
88          self.child1.show()                              #显示子窗体 001
89      #激活子窗体 002 函数
90      def child2show(self):
91          self.child1.close()                             #关闭子窗体 001
92          #添加子窗体 001 到主窗体容器中
93          self.gridLayout.addWidget(self.child2)
94          self.child2.show()                              #显示子窗体 002
95  #运行主窗体
96  if __name__ == "__main__":
97      app = QApplication(sys.argv)
98      win = MainForm()                                    #生成主窗体对象
99      win.show()                                          #显示主窗体
100     sys.exit(app.exec_())
```

运行结果如图 10.38 所示。

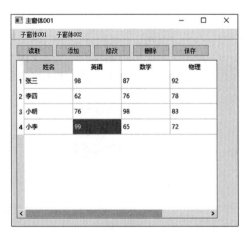

(a) 子窗体 001

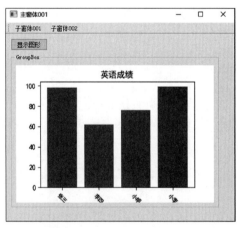

(b) 子窗体 002

图 10.38　综合案例运行结果图

程序分析：本案例代码较多，主要根据例 10-7、例 10-8 和例 10-11 修改而来。其中第 1～8 行导入所需的库模块。第 9～42 行为子窗体 001 的类创建代码，包括个 5 个按钮实现的槽函数功能。第 43～72 行为子窗体 002 的类创建代码，其中第 43～48 行是

Matplotlib 画布创建的类。第 73～94 行为主窗体的创建类。第 95～100 行为主窗体运行代码。其中主窗体可以参考例 10-8 代码进行对比分析阅读；子窗体 001 代码可以参考例 10-7 进行对比分析阅读；子窗体 002 的代码可以参考例 10-11 的代码进行对比分析阅读，这样有利于读者理解程序的设计思路。

实验十　设计学生成绩分析系统

一、实验目的

（1）掌握 PyQt5 窗体的创建。

（2）掌握常用控件的使用。

（3）掌握信号/槽编程方法。

（4）掌握 PyQt5 中 Matplotlib 绘图方法。

（5）掌握多窗体设计方法。

二、实验内容

（1）建立如图 10.39 所示的学生成绩文件。

（2）设计多窗口系统，采用嵌入式或弹出式设计方法。

（3）在子窗体 1 中实现数据的添加、修改、删除、读取、保存等功能。

（4）在子窗体 2 中实现通过按钮选择绘制不同课程成绩的柱状图。

（5）在窗体 1 中实现筛选男、女同学，并更新表格显示的功能。

```
班级,学号,性别,姓名,英语,数学,语文,物理
信息B181,201710064214 ,男,施辉宇,87,87,87,87
信息B181,201810014101 ,女,谢文浩,67,89,67,76
信息B181,201810014102 ,男,游志强,67,56,34,56
信息B182,201810014103 ,女,李俊磊,98,78,34,45
信息B182,201810014104 ,男,朴智雄,67,45,66,67
信息B182,201810014105 ,男,李泽宇,81,78,82,83
信息B182,201810014106 ,男,苏宇航,100,78,45,100
信息B183,201810014107 ,女,李云飞,67,98,67,67
信息B183,201810014108 ,男,吕定刚,56,65,67,56
信息B183,201810014109 ,男,薛嘉琛,78,56,8,9
信息B181,201810014110 ,男,冯柱豪,94,87,78,67
信息B182,201810014111 ,女,张虎,92,66,92,78
信息B182,201810014112 ,男,张树斌,93,77,85,65
信息B181,201810014113 ,女,王浩,45,63,78,57
```

图 10.39　学生成绩表

三、实验指导

参考 10.8 节的综合案例程序完成实验内容。

第 11 章

其他经典应用领域介绍

11.1　Python 热门应用领域概述

Python 语言作为近年最热门的语言,受到越来越多的关注。为什么它能如此成功呢? 这与它自身的语言特性分不开。其最常用的分析方法,可以把 Python 语言与具有悠久历史的 C 和 Java 语言作对比。如果把 C 语言比喻为一把"匕首",它的特点就是短小精悍,拿到手中就能用,擅长特定领域的功能;把 Java 语言比喻为一把"宝剑",外表精美、使用方法多样,但是需要有一定的训练,才能够实现各种复杂的操作;而 Python 语言则可以比喻为一把"弓箭","弓"是基础语言平台,"箭"是第三方库。一把"弓",可以配无数的"箭"。不同的"箭"就提供了不同领域的应用。

Python 语言最成功的应用领域之一是数据分析领域。这里的数据分析是广义上的数据分析,涵盖了数据获取、数据预处理、数据分析、数据展示、数据存储等。在数据处理领域,包括常用数据库系统在线操作、网络爬虫、离线文件读取等。数据预处理包括数据提取、数据格式转换等。数据分析是当前最热门的,包括从传统的统计分析、机器学习算法到目前最热的人工智能、神经网络、深度学习等。数据展示包括二维绘图、三维绘图、大屏展示绘图等。数据存储包括云计算、大数据存储等。这些内容不是停留在科学研究中,而是已经大范围地应用到了人们的日常生活中,未来还会有更大的发展。

Python 诞生自互联网时代,从出生的那一天就考虑到了互联网应用,而互联网中Web 网站的开发是不可或缺的内容,这成为了 Python 语言的重要应用领域。Python 语言的 Web 网站开发主要强调的是快捷性,牺牲了一定的性能。

游戏开发是计算机技术发展的动力之一,Python 语言也提供了对游戏开发的支持,但 Python 语言对游戏开发的支持也是一种"游戏"的心态,适合学习方法和自娱自乐,不能作为生产工具。

Python 由于其解释性语言的特性,也被广泛应用在自动化系统运维中,通过编写大量的自动化脚本程序,极大地方便了系统的运维工作。

最后就是 Python 语言对嵌入式智能硬件的支持,以树莓派为代表的高端应用,和以MicroPython 为代表的底层应用,越来越多地出现在智能硬件创新设计中,突破了原来对Python 语言应用领域的定义范围。

未来 Python 应用领域的范围还会扩展,例如在移动编程、图形化编程等领域。很多应用领域也会越来越多地出现 Python 语言的身影。

11.2　数据库操作应用

11.2.1　数据库基础知识

本章所介绍的常用数据库，主要是指关系型数据。所谓关系型数据库，简单地说，就是以二维表格的形态来存储数据，如图 11.1 所示的学生信息表。其中，每一列称为一个"字段"，字段的名字就是列的索引名字，如"学号"字段、"姓名"字段等。每一行称为一条"记录"。

学生信息表			
学号	姓名	性别	身高
2018001	张一	男	171
2018002	张二	女	172
2018003	张三	女	172
2018004	张四	男	173

图 11.1　学生信息表

在关系型数据库中，一个数据库可以有多个表，每个表有唯一的名字，如"学生信息表"。每个表可以有多个字段，每个字段有不同的数据类型，如"学号"为字符串，"姓名"为字符串，"身高"为整型数据。

对关系型数据库的操作，主要是使用 SQL 语言编写脚本程序来实现，常用的 SQL 命令如表 11.1 所示。读者如果需要深入学习，可以参考如下网站进行学习：

https://www.runoob.com/mysql/mysql-tutorial.html

表 11.1　常用 SQL 命令

序号	功能	命令格式与示例
1	创建表	命令格式：CREATE TABLE IF NOT EXISTS tablename (column_name column_type)； 示例：CREATE TABLE IF NOT EXISTS 学生信息表(学号 VARCHAR(20),姓名 VARCHAR(20),性别 VARCHAR(4),身高 INT)
2	插入数据	命令格式：INSERT INTO table_name (field1, field2,…, fieldN) VALUES (value1, value2,…, valueN)； 示例：INSERT INTO 学生信息表(学号,姓名,性别,身高) VALUES('2018001','张一','男',171)
3	修改数据	命令格式：UPDATE table_name SET field1 = new-value1, field2 = new-value2 [WHERE Clause] 示例：UPDATE 学生信息表 SET 身高＝181 WHERE 学号＝'2018001'
4	查询数据	命令格式：SELECT column_name,column_name FROM table_name [WHERE Clause] 示例：SELECT * FROM 学生信息表
5	删除数据	命令格式：DELETE FROM table_name [WHERE Clause] 示例：DELETE FROM 学生信息表 WHERE 学号＝'2018001'
6	删除表	命令格式：DROP TABLE table_name； 示例：DROP TABLE 学生信息表

11.2.2　使用内置的 SQLite3 数据库

Python 语言提供了一个内置的 sqlite3 模块来访问内置的 SQLite3 数据库，可以实现轻量级的关系型数据管理。对于数据库的操作主要是"增、删、改、查",其中查询的使用最多,方式也最多。本节通过例 11-1 来实现利用 SQLite3 完成对"学生信息表"的"增、删、改、查"操作功能。

【例 11-1】 利用 SQLite3 建立如图 11.1 所示的"学生信息表",并实现对此表的"增、删、改、查"操作功能。

编写程序如下:

```
1    import sqlite3
2    con=sqlite3.connect("mydb001.db")        #连接数据库 mydb001,没有就新建立
3    cursor=con.cursor()                       #建立游标,用来执行 SQL 命令
4    sql1="CREATE TABLE IF NOT exists 学生信息表(学号 VARCHAR
         (20),姓名 VARCHAR(20),性别 VARCHAR(4),身高 INT)"
5    cursor.execute(sql1)                      #执行建立表命令
6    sql4="delete from 学生信息表"
7    cursor.execute(sql4)                      #执行删除表中所有条目信息
8    sql21="INSERT INTO 学生信息表(学号,姓名,性别,身高) VALUES('2018001','张一',
         '男',171)"
9    sql22="INSERT INTO 学生信息表(学号,姓名,性别,身高) VALUES('2018002','张二',
         '女',172)"
10   sql23="INSERT INTO 学生信息表(学号,姓名,性别,身高) VALUES('2018003','张三',
         '男',173)"
11   cursor.execute(sql21)                     #插入一条学生信息
12   cursor.execute(sql22)
13   cursor.execute(sql23)
14   sql5="update 学生信息表 set 身高=182 where 学号='2018002'"
15   cursor.execute(sql5)                      #修改学生信息
16   sql3="select * from 学生信息表"
17   cursor.execute(sql3)                      #选择所有学生条目
18   data=cursor.fetchall()                    #以列表形式返回所有查询结果
19   con.commit()                              #提交修改、插入、删除等操作数据库动作
20   con.close()                               #关闭连接
21   print(type(data))
22   print(data)
```

运行结果:

```
<class 'list'>
[('2018001', '张一', '男', 171), ('2018002', '张二', '女', 182), ('2018003', '张三', '男', 173)]
```

程序分析: 代码第 2~3 行建立与数据库 mydb001 的连接,与之对应的是第 19~20 行,其作用是提交数据修改操作,关闭连接。第 5、7、11、12、13、15、17 行是利用游标 cursor 的 cursor.execute(string)方法,执行 SQL 指令,完成数据库操作。第 19 行利用游标查询结果 cursor.fetchall(),以列表形式返回所有数据。表格的每行数据是列表中的一个元素,以元组形式存储。上述代码在程序所在文件夹中建立了一个数据库库文件 mydb001.db。

11.2.3　操作 MySQL 和 SQL Server 数据库

通过例 11-1 建立的简单数据库表，能够满足一些简单的数据管理应用。但是，在实际应用中，如果管理的数据是大量的，这时往往需要专业的数据库管理系统（DBMS）。当前，常用的数据库管理系统有开源的 MySQL 和微软公司的 SQL Server 数据库系统。利用 Python 提供的第三方库 PyMySQL 和 pymssql 可以方便地建立与上述数据库的连接，然后通过发送 SQL 指令，实现对数据库中表格的"增、删、改、查"操作。

1. 操作 MySQL 数据库

操作 MySQL 数据库与操作 SQLite3 数据库的方法基本一样，唯一的区别就是在数据库的连接上。对 MySQL 的连接采用第三方库 PyMySQL，利用 connect() 方法建立与数据库的连接，函数格式如下：

```
pymysql.connect(host=数据库 IP 地址,port=数据库端口 user=用户名,password=密码,
    database=数据库名称,charset=编码方式)
```

【例 11-2】　在本机上安装 MySQL 数据库，利用 PyMySQL 在此数据库中建立例 11-1 的"学生信息表"，实现对该表的"增、删、改、查"操作。

编写程序如下：

```
1   import pymysql
2   con =pymysql.connect(host="127.0.0.1",port=3306,user="root", password=
        "123456",database="mydb001",charset="utf8")
3   cursor =con.cursor()                      #创建游标对象
4   sql1="CREATE TABLE IF NOT EXISTS 学生信息表(学号 VARCHAR
        (20),姓名 VARCHAR(20),性别 VARCHAR(4),身高 INT)"
5   cursor.execute(sql1)                      #执行建立表命令
6   sql4="DELETE FROM 学生信息表"
7   cursor.execute(sql4)                      #执行删除表中所有条目信息
8   sql21="INSERT INTO 学生信息表(学号,姓名,性别,身高) VALUES('2018001','张一',
        '男',171)"
9   sql22="INSERT INTO 学生信息表(学号,姓名,性别,身高) VALUES('2018002','张二',
        '女',172)"
10  sql23="INSERT INTO 学生信息表(学号,姓名,性别,身高) VALUES('2018003','张三',
        '男',173)"
11  cursor.execute(sql21)                     #插入一条学生信息
12  cursor.execute(sql22)
13  cursor.execute(sql23)
14  sql5="UPDATE 学生信息表 SET 身高=182 WHERE 学号='2018002'"
15  cursor.execute(sql5)                      #修改学生信息
16  sql3="SELECT * FROM 学生信息表"
17  cursor.execute(sql3)                      #选择所有学生条目
18  data=cursor.fetchall()                    #以列表形式返回所有查询结果
19  con.commit()
20  con.close()
```

```
21  print(type(data))
22  print(data)
```

运行结果：

```
<class 'tuple'>
(('2018001', '张一', '男', 171), ('2018002', '张二', '女', 182), ('2018003', '张三', '男', 173))
```

程序分析：对比分析例 11-1 和例 11-2 发现，发现两者的代码基本一致，唯一的区别就在第 1 行和第 2 行数据库连接代码上。本例第 2 行连接的 IP 地址为 127.0.0.1，端口为 3306（默认端口），数据库用户名为 root，密码为 123456 的数据库 mydb001。在数据结果方面，例 11-1 为列表，例 11-2 输出结果为元组，两者的具体数据是一样的。

2. 操作 SQL Server 数据库

操作 SQL Server 数据库的方法与 MySQL 基本一致，就是所用的第三方库变为了 pymssql，其建立数据库连接的函数如下：

```
con =pymssql.connect(hostname,user,password,database)
```

请读者利用 pymssql，把例 11-2 修改为连接 SQL Server 数据库。

11.3　网络爬虫应用

11.3.1　网络爬虫第三方库安装

网络爬虫技术发展历史悠久，从有互联网产生的那一天，就开始有网络爬虫存在。早期的网络爬虫多使用 C++ 或 Java 等支持网络编程的语言开发，开发门槛较高，一般程序员很难开发出具有应用价值的网络爬虫。Python 语言由于其开源的特色，世界上有大量的优秀程序员为其贡献了操作方便的网络爬虫第三方库，其中以 requests 和 beautifulsoup4 为最常使用的库。

requests 库主要是提供各种模拟人工访问网站的方式，利用程序编程，发送各种访问网页的命令，把返回的网页以字符串的形式存储起来，便于进一步分析。

beautifulsoup4 库的作用就是分析通过 requests 函数获得的网页字符串，从大量符合 HTML 格式规则的字符串中快速查找和提取出用户所需的信息。

两个库的安装，推荐使用清华大学镜像库进行安装，其命令如下：

```
pip install requests -i https://pypi.tuna.tsinghua.edu.cn/simple
pip install beautifulsoup4 -i https://pypi.tuna.tsinghua.edu.cn/simple
```

11.3.2　requests 库的使用

requests 库提供了大量模拟人工访问网页的函数，如表 11.2 所示。常使用的函数是 get()，利用其访问一个不需要提交用户信息的普通网页。例如，访问百度网站的主页，代码如下：

```
my_data=requests.get("http://www.baidu.com")
```

表 11.2　requests 的常用函数

序号	函　　　数	功　能　说　明
1	requests.get(url,[timeout＝n])	获取 HTML 网页的主要方法，对应于 HTTP 的 GET，设定超时时间为 n 秒
2	requests.head(url)	获取 HTML 网页头信息的方法，对应于 HTTP 的 HEAD
3	requests.post(url,data＝{'key': 'value'})	向 HTML 网页提交 POST 请求的方法，对应于 HTTP 的 POST
4	requests.put(url, data＝{'key': 'value'})	向 HTML 网页提交 PUT 请求的方法，对应于 HTTP 的 PUT
5	requests.delete(url)	向 HTML 页面提交删除请求，对应于 HTTP 的 DELETE

在上述访问百度网站的示例代码中，my_data 是什么呢？它就是人工访问网站的返回结果。可以利用 print(type(my_data)) 语句查看，发现此数据的类型为 requests.models.Response 对象。简单地说，利用 get() 函数网站，返回的就是一个 Response 对象，那么 Response 怎么使用呢？这就需要分析 Response 对象的属性，如表 11.3 所示。

表 11.3　Response 对象的属性

序号	属　　　性	功　能　说　明
1	Response.status_code	HTTP 请求的返回状态，200 表示连接成功，404 表示连接失败
2	Response.text	HTTP 响应内容的字符串形式，URL 网址对应的页面内容
3	Response.encoding	从 HTTP header 中猜测的响应内容编码方式
4	Response.content	HTTP 响应内容的二进制形式
5	Response.headers	HTTP 响应内容的头部内容

示例代码：

```
print(my_data.status_code,my_data.encoding)
print(my_data.text)
```

运行结果：

```
200 ISO-8859-1
<!DOCTYPE html>
<!--STATUS OK--><html> <head><meta http-equiv=content-type content=text/html;charset
 content=IE=Edge><meta content=always name=referrer><link rel=stylesheet type=text/c
 .com/r/www/cache/bdorz/baidu.min.css><title>ç™¾åº¦ä¸ä¸‹ï¼Œä½ å°±çŸ¥é"</title></
  <div id=head> <div class=head_wrapper> <div class=s_form> <div class=s_form_wrapp
  src=//www.baidu.com/img/bd_logo1.png width=270 height=129> </div> <form id=form nar
```

分析上述代码，返回 status_code 为 200，说明返回正常；encoding 说明字符串的编码是 ISO-8859-1。在最后的 text 属性中发现返回的字符串存在乱码。这是由于编码格式而造成的中文显示错误。常用的中文编码有 UTF-8 和 GBK 等。在 print() 函数前，添加下面转换编码语句,就实现了正常的中文显示。

```
my_data.encoding="UTF-8"
```

11.3.3 HTML 格式说明

HTML 文件采用标准"标签"格式进行内容的标识。例如,在下面所示的代码中,第1行和第8行利用＜!…＞表示注释内容,不运行。第2行和第10行是一对标签。一个表示开始,一个表示结束,结束标签就是＜/标签＞,多了一个斜杠。标签都是成对的出现。第5行＜title＞表示网页的标题,开始和结束标签间的内容就是网页显示的内容,如第5行中的"网页标题"就是显示的内容。浏览器的功能就是依据 HTML 中标签的规则,把网页请求访问返回的响应字符串文本按标签的规则显示在浏览器中。

示例代码:

```
1   <!doctype html>
2   <html>
3   <head>
4   <meta charset="UTF-8">
5   <title>网页标题</title>
6   </head>
7   <body>
8   <!-- 网页控件元素,类似按钮/图片/文章什么的都写在这里 -->
9   </body>
10  </html>
```

对于开发网络爬虫,首先需要准备的工作就是对需要爬取的网页进行人工手动分析。提取出 HTML 中要查找信息的 HTML 标签规则,利用特定的标签定位到信息。常用浏览器都提供了 HTML 网页的标签分析工具。例如,在 360 浏览器或者 Google Chrome 浏览器中调用菜单中"更多工具"下的"开发者工具",如图 11.2 所示。

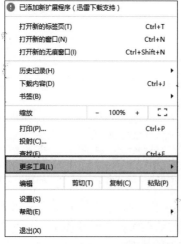

图 11.2 浏览器调用"开发者工具"窗口

以豆瓣电影排名 Top 250 网页（https://movie.douban.com/top250）为例，在 Chrome 浏览器中访问网页，启动"开发者工具"，如图 11.3 所示。利用鼠标在右侧 HTML 代码窗口中的标签进行选取，能发现第 1 名电影的数据在<li>与</li>标签中。

图 11.3 豆瓣电影 Top 250 网页分析

11.3.4 beautifulsoup4 库的使用

beautifulsoup4 库是用来解析字符串代码，它支持采用 HTML、XML 等格式解析字符串。本节主要使用 HTML 进行解析，使用代码如下：

```
from bs4 import BeautifulSoup as b      #导入库文件
soup=bs(my_data.text,"html.parser")   #参数 html.parser 表示按 HTML 格式进行解析
```

转换完后的结果为 BeautifulSoup 类，可以使用 find_all(tag) 的方法查找所有含有标签的字符串，以标签组的形式返回代码。使用代码如下：

```
x1=soup.find_all("li")                #查找 li 标签项
```

通过上行代码返回多个 li 标签项，但并不是每一个都是有效结果，需要对标签项进一步利用循环，取出每一个标签项，利用 find(tab，attributes) 找到特定的子标签，然后调用 text 方法获得标签对应的文本内容。使用代码如下：

```
for i in x1:
    print(i.find('span', class_='title').text)#输出电影名称
```

上述只介绍了基于 beautifulsoup4 的 HTML 分析方法，beautifulsoup4 还提供了大量的标签查找方法，例如：

```
x1 = soup.select("ol li")             #多级子目录标签,各级标签之间利用空格进行分隔查找
x1 = soup.li                          #获得所有 li 标签内容
```

11.3.5 爬取豆瓣电影网 Top 250

利用前面章节所学内容，可以爬取豆瓣电影网的历史电影排名 Top 250。由于豆瓣

网采用了简单的反爬取技术，需要在编写网页访问 requests 请求时，添加一个 headers 参数，参数的内容就是模拟一个常用浏览器的参数，同时还要加上延时时间，这样就可以正常访问了。

编写爬虫的基本步骤是：

(1) 访问网页，记录分析单击"下一页"按钮后网址的变化特点。

(2) 利用浏览器的"开发者工具"分析网页中的标签规律。

(3) 撰写代码，利用 requests 访问网页，获得返回 Response 对象字符串数据。

(4) 撰写代码，利用 beautifulsoup4 库进行 HTML 格式化标签分析，提取有效数据。

(5) 格式化数据爬取的内容。

【例 11-3】 爬取豆瓣电影网 Top 250(https://movie.douban.com/top250)。输出电源的排名、电影名称、电影得分和一句话内容。

编写程序如下：

```
1    import requests as rt
2    from bs4 import BeautifulSoup as bs
3    x1=range(0,250,25)
4    for my_n in x1:
5        #访问网页地址,多个网页的模拟
6            my_url=r"https://movie.douban.com/top250?start="+str(my_n)+r"
                 &filter="
7        #模拟浏览器请求
8        headers ={"User-Agent": 'Mozilla/5.0 (Windows NT 10.0; Win64; x64)'
9            'AppleWebKit/537.36 (KHTML, like Gecko) Chrome/78.0.3904.108
             Safari/537.36'
10                     }
11       #访问网页 my_url
12       my_data =rt.get(my_url, headers=headers, timeout=30)
13       my_data.encoding="UTF-8"                    #解决中文乱码问题
14       soup=bs(my_data.text,"html.parser")          #采用 HTML 格式解析字符串
15       x2=soup.find_all("li")                        #查找 li 标签项
16       for i in x2:
17           if i.find('em')!=None:                   #在标签项中查找 em 标签的内容
18               try:
19                   print(i.find('em').text,end=" ")#排名
20                   print(i.find('span', class_='title').text,end=" ")
                                              #电影名称
21                   print(i.find('span', class_='rating_num').text, end=" ")
                                              #得分
22                   print(i.find('span', class_='inq').text, end=" ")
                                              #一句话内容
23               except:
24                   pass
```

运行结果：

```
1 肖申克的救赎 9.7 希望让人自由。
2 霸王别姬 9.6 风华绝代。
3 阿甘正传 9.5 一部美国近现代史。
4 这个杀手不太冷 9.4 怪蜀黍和小萝莉不得不说的故事。
5 美丽人生 9.5 最美的谎言。
6 泰坦尼克号 9.4 失去的才是永恒的。
7 千与千寻 9.3 最好的宫崎骏，最好的久石让。
```

程序分析：第 3 行代码用于在变换访问网址时，修改网址中的数字，从而生成不同的网页网址。第 8～9 行是模拟浏览器的头参数字符串。第 15 行首先查找含有 li 标签的数据项，然后是第 16～24 行，取出每一个数据项。其中第 19～22 行利用 find() 函数查找标签为 span、参数 class_ 具有不同值的标签内容，并进行格式输出。由于 li 标签项内容很多是无用内容，因此在第 17 行，利用子标签 em 进行判断，含有 em 标签的就是有效数据项，需要进行处理，没有 em 标签的无效数据项，不进行处理。

11.4　Web 网站开发应用

11.4.1　Flask 开发环境配置

目前 Python 语言开发 Web 网站常使用的框架有两个，分别是 Flask 和 Djiango。其中 Djiango 属于一站式解决方案，提供了 Web 网站开发的所有功能，搭建起框架后，只需要配置各类参数就可以构建一个功能全面的网站。而 Flask 提供的是一个网站的内核构架，其他的各类功能，例如路由、模板、表单、认证等都需要自定义进行配置。从另一个角度来说，Djiango 属于重量级框架，要想运行一个 Web 网站，需要把所有框架的参数都要配置一遍，有一定的技术难度和工作量。Flask 属于轻量级网站，只需要简单的几行代码就可以开发出一个网站，要想实现复杂功能，需要不断在基础平台上搭建模块。本节从开发的快捷性和工作量的角度考虑，采用 Flask 讲解 Web 网站的开发。

1. Flask 库的安装

在用 Flask 构建网站前，需要在 Python 环境中安装相关的第三方库文件，建议采用清华大学镜像进行安装，代码如下：

```
pip install flask -i https://pypi.tuna.tsinghua.edu.cn/simple
```

在 PyCharm 中搭建 Flask 开发环境有两种方法，一种是基于通用 Python 项目，需要配置相关运行参数和模板参数；另一种是利用 PyCharm 项目分类中的 Flask 类直接搭建特殊工程，提供所需的各类参数。

2. 建立 PyCharm 通用项目

（1）建立工程：在 PyCharm 建立的通用项目中，需要在程序的最后加上如下代码，才能保证程序的正常运行，如图 11.4 所示。

```
app.run(debug=True,host="127.0.0.1",port=50001)
```

（2）运行工程。Flask 工程运行方式有两种：

- 直接利用 PyCharm 的右键命令 run 就可以。
- 命令行里面利用 flask run 命令进行 Web 服务器的运行，而且工程中的入口 py 文件名必须为 app.py，如图 11.4 所示。

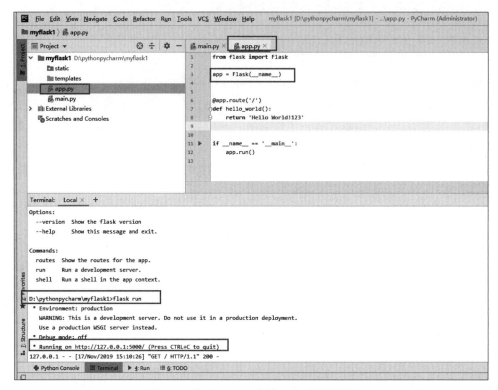

图 11.4　在 PyCharm 中的 Flask 通用项目

（3）访问网站。打开任意浏览器，在网址中写入 http://127.0.0.1：5000/就可以访问网站提供的主页，如图 11.5 所示。

图 11.5　Flask 访问网站

3. Flask 专用项目

在 PyCharm 中建立项目时，先选择 Flask 项，在自定义项目名称后，单击 Create 按钮就生成了一个默认的 Flask 项目，其中含有 Flask 所需的一些默认文件夹和 Web 服务器启动所需的设置参数,如图 11.6 所示,运行方式与通用项目一样。

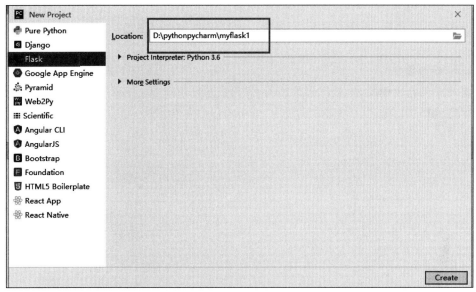

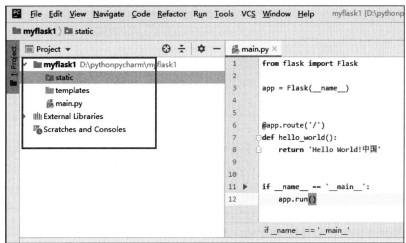

图 11.6　Flask 的专用项目

11.4.2　路由

所谓路由,就是在浏览器中输入的网址,转换为地址后访问网站的内容。这里的内容可以是一个预先准备好的静态网页,也可是返回普通字符串或符合 HTML 规则的字符串,由浏览器解析后显示在浏览器中。

在 Flask 中,定义路由采用的方式如下:

```
@app.route(地址[<参数>])
def function([[参数]]):
    #处理代码
```

```
return str # str 为返回的字符串
```

在上述代码中,@app.route(地址[<参数>])是固定格式,<参数>是可选项。后面 def 所定义的函数,就是访问这个"地址"网站所要运行的代码,return 是返回给浏览器的结果。

1. 无参数路由

最简单的路由模式,就是无参数路由,只给出地址就可以。

示例代码:

```
1    from flask import Flask
2    app = Flask(__name__)
3    @app.route('/')                                #路由地址 1
4    def hello_world():
5        return 'Hello World!!!中文'                 #返回给浏览器的文字
6    @app.route("/index")                           #路由地址 2
7    def index():
8        return '首页内容'                           #返回给浏览器的文字
9    if __name__ == '__main__':                     #运行网站
10       app.run(debug=True,host="127.0.0.1",port=5000)
```

运行结果如图 11.7 所示。

图 11.7   无参数路由浏览器访问

上述代码中第 3 行和第 6 行定义了两个路由地址,用户访问时,只要在地址前加上 IP 地址和端口号就可以访问,即 http://127.0.0.1:5000/和 http://127.0.0.1:5000/index。用户浏览器所获得的结果,就是第 5 行和第 8 行对应的由 return 返回的字符串,如图 11.7 所示。

2. 有参数路由

在路由地址中也可以定义参数,用户在用浏览器访问时可以输入参数,从而实现网站与用户的数据交互。参数默认是字符串,也可以在定义参数时指定数据类型(int、float、string)。其采用的格式就是在地址中添加参数,然后在 def 定义的函数中也添加此参数。

示例代码:

```
1    from flask import Flask
2    app = Flask(__name__)
3    @app.route('/<name>')                          #有参数路由地址 1
4    def hello_world(name):
5        return '你好'+name                          #返回给浏览器的文字
6    @app.route("/index/<int:x>")                   #有参数路由地址 2
7    def index(x):
```

```
8        return 'x 的值为:'+str(x)                    #返回给浏览器的文字
9    if __name__ =='__main__':                       #运行网站
10       app.run(debug=True,host="127.0.0.1",port=5000)
```

运行结果如图 11.8 所示。

图 11.8   有参数路由浏览器访问

用户输入网址 http://127.0.0.1：5000/index/张三和 http://127.0.0.1：5000/index/ 4,就可以在浏览器中获得结果,其中"张三"和"4"就是输入的参数,提供给对应的路由响应函数进行代码分析处理。

请读者思考,如果要在网址中传递多个参数,应该怎么实现?

11.4.3 利用上下文获得数据

1. GET 与 POST 方法区分

在用户访问网站时,如果要向网站传递数据,有两种常用方法,一种是 GET 方法,在地址中以明文的形式给出变量的名字和变量的值,用"?"与地址分开,多个变量之间用"&"连接。这种方法使用简单,但存在安全问题,因为是明文传输,存在被拦截盗取的风险。另一种方法是 POST 方法,这种方法使用相对复杂一些,它把传输的数据转换存储在表单中,安全性相对较高,一般用来传输安全性要求高的数据,例如用户名和密码。

Flask 通过在路由网址中添加参数 route(url,methods=["GET","POST"])来限制这个网址接收的数据类型。

示例代码:

```
1    from flask import Flask,request
2    app =Flask(__name__)
3    @app.route("/index",methods=["GET","POST"]) #路由地址 2
4    def index():
5        if request.method=="GET":                #判断数据传输方式
6            return '首页内容 GET'
7        else:
8            return '首页内容 POST'
9    if __name__ =='__main__':
10       app.run(debug=True,host="127.0.0.1",port=5000)
```

示例中第 3 行代码定义网址"/index"支持 GET 和 POST 方法,在函数的第 5 行,利用 request.method 属性获得当前网址采用的数据传输方式。

2. GET 方法获得数据

在有参数路由中,如果想获得多个数据,需要每个数据都定义一个参数,而且要写在路由地址中,例如:

```
@app.route("/index/<int:x>,<int:y>")
```

这种方式的代码编写相对复杂,网址灵活性也不够。可以修改为采用 GET 方法实现数据获取,如下所示。

示例代码:

```
1   from flask import Flask, request
2   app = Flask(__name__)
3   @app.route("/index", methods=["GET", "POST"]) #路由地址 2
4   def index():
5       if request.method=="GET":
6           name=request.args.get("name")          #获取参数 name 数据,默认字符串
7           age=request.args.get("age")            #获取参数 age 数据,默认字符串
8           return '首页内容 GET:name={},age={}'.format(name,age)
                                                    #返回结果给浏览器
9       else:
10          return '首页内容 POST'
11  if __name__ =='__main__':
12      app.run(debug=True, host="127.0.0.1", port=5000)
```

运行结果:

上述代码中,在网址中输入 http://127.0.0.1:5000/index? name=wang&age=19。分析网址可以发现,"?"用来分隔地址和变量,两个变量 name 和 age 之间利用"&"连接。通过这种方法可以传递多个变量和数据。在程序的第 6 行和第 7 行中,利用 request.args.get(参数名称)函数获得对应网址中的变量数据,默认都是字符串形式。

11.4.4 超链接地址跳转

1. 超链接地址明文跳转

在访问特定地址时需要直接转换跳转到其他网址,实现间接访问的目的。这时可以利用 flask. redirect(url),直接跳转到由 url 表示的网页上。

示例代码:

```
1   from flask import Flask, request, redirect
2   app = Flask(__name__)
3   @app.route("/")                                    #路由地址
4   def login():
5       return redirect("http://www.baidu.com")    #跳转百度主页
6   if __name__ =='__main__':
7       app.run(debug=True, host="127.0.0.1", port=5000)
```

上述代码运行后,用户访问 http://127.0.0.1:5000/后会自动跳转到百度主页上。

2. url_for 反转地址跳转

网址的跳转,除了可以在不同网站之间,也可以在网站内部实现。在 Flash 网站内部跳转可以采用明文的方式直接实现,但是这种开发方式限制了网站的灵活性,不利于后期的维护。可以采用另一种方式,就是调用 flask. url_for(fun) 函数来实现,通过路由函数反向找到对应网址。这样在 Flask 网站维护时,可以只修改网址,而不用修改函数代码,从而为网站的开发带来灵活性。

示例代码:

```
1    from flask import Flask,request,redirect,url_for
2    app =Flask(__name__)
3    @app.route("/")
4    def login():
5        return redirect(url_for("index"))      #路由地址利用函数名字,反向生成
6    @app.route("/index")                       #路由地址
7    def index():
8            return '首页内容'
9    if __name__ =='__main__':
10       app.run(debug=True,host="127.0.0.1",port=5000)
```

上述代码的第 5 行 url_for("index") 就会反向转换为网站内部第 7 行函数对应的路由网址,即就是第 6 行代表的网址。

在进行反向地址转换时,也可以传递参数,如下代码所示,此时会传递一个带参数 name 的网址:

```
url_for("index",name="张三")
```

11.4.5　静态网页模板渲染

利用上述章节的内容,可以开发出简单的用文本显示的网页,网页效果比较简单,缺少各种元素,例如图片、动画、文字颜色、表格等。这些内容都可以通过 HTML 格式进行构成。但是,如果直接在 return 语句中撰写 HTML 网页,难度较大。一般采用第三方工具,如 Dreamweaver 等网页制作工具,提前制作好一个复杂的静态 HTML 网页文件,在 Flash 网站中通过 flask.render_template("index.html") 函数直接调用这个网页就可以,这就是静态网页模板渲染。其主要步骤如例 11-4 所示。

【例 11-4】 利用第三方工具创建一个静态 HTML 网页 index.html,利用 Flask 网站加载并显示这个网页。

操作如下:

(1)把静态网页文件存储在项目文件夹中。静态网页模板渲染首先需要在项目文件夹中建立两个名字固定的文件夹 templates 和 static。templates 用来存放网页的 HTML 文件,如 index.html;static 用来存放网页上的各种资源,如图片、css 文件、脚本 js 文件等,如图 11.9 所示。

图 11.9　模板文件夹结构

266 Python 基础与应用开发

（2）修改静态网页中的资源引用地址。在 HTML 文件中，把所有引用静态 js、css、图片文件的语句都变成 Flash 平台下采用 jinja2 语法规则的反向地址模式。如图 11.10 所示，利用{{url_for("static",filename="file_path")}}语句实现地址的转换。

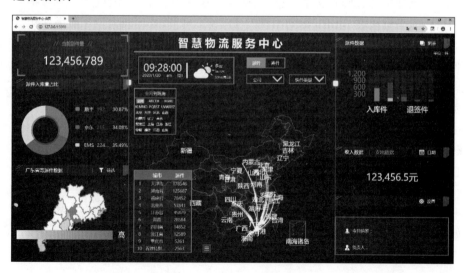

```
1   <!DOCTYPE html>
2   <html lang="en">
3
4   <head>
5       <meta charset="UTF-8">
6       <meta http-equiv="X-UA-Compatible" content="IE=edge,chrome=1">
7       <meta name="renderer" content="webkit">
8       <meta name="viewport" content="width=device-width,initial-scale=1.0,user-scalable=no">
9
10      <script type="text/javascript" src="{{url_for('static',filename='js/rem.js')}}"></script>
11      <link rel="stylesheet" href="{{url_for('static',filename='css/style.css')}}">
12      <title>智慧物流服务中心-首页</title>
13  </head>
```

图 11.10　静态网页资源地址修改

（3）编写 main.py 主程序代码。利用 return flask.render_template("index.html")实现渲染返回。

编写程序如下：

```
1   from flask import Flask,request,redirect,url_for,render_template
2   app = Flask(__name__)
3   @app.route("/")
4   def login():
5       return render_template("index.html")
6   @app.route("/index/<name>")                    #路由地址
7   def index(name):
8       return '首页内容:{}'.format(name)
9   if __name__ =='__main__':
10      app.run(debug=True,host="127.0.0.1",port=5000)
```

运行结果：

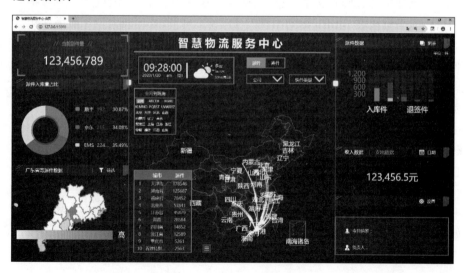

　　程序分析：用户在浏览器中输入网址 http://127.0.0.1：5000/，网站通过第 5 行代码返回提前准备好的静态网页 index.html，就实现了静态网页的渲染工作。读者通过这种方法可以建立一个简单的由静态网页组成的网站，例如个人主页、企业宣传等主题网站。

　　以上章节介绍了利用 Flask 库开发网站的入门知识，要实现具有实际应用性的网站，还需要学习基于 jinja2 语法的动态模板渲染方法、表单的处理方法、数据库的连接方法等内容。由于篇幅限制，这里不能一一介绍，有兴趣的读者可以通过访问如下网址进一步学习：

　　　　https://dormousehole.readthedocs.io/en/latest/

11.5　游戏开发应用

11.5.1　Pygame 库介绍与安装

　　计算机技术发展的动力之一就是游戏开发。计算机游戏是计算机软件开发领域中一个非常重要的方面，需要投入大量的人力和物力进行开发。据公开资料介绍，2018 年发布的游戏《荒野大镖客：救赎 2》历时 8 年，开发成本达到惊人的 53.86 亿元人民币，参与开发人员超过 3000 人。从中不难看出，当前开发一款具有市场价值的游戏已经不是一个人所能完成的工作了。

　　Python 语言通过第三库 Pygame 也提供了对游戏开发的支持，但 Pygame 仅仅提供了一个简单的游戏开发框架，其主要目的是学习游戏开发的基本知识。利用 Pygame 开发的游戏只能是"游戏"性质的，不适合作为产品发布，请读者铭记这一点。

　　Pygame 是 Pete Shinners 开发的以 SDL 库为基础的游戏开发框架。Pygame 已经存在很长时间了，许多优秀的程序员加入其中，把 Pygame 做得越来越好。安装 Pygame 库推荐采用清华大学镜像进行，代码如下：

```
pip install pygame -i https://pypi.tuna.tsinghua.edu.cn/simple
```

　　基于 Pygame 开发游戏需要学习的知识非常多，本节作为介绍性内容，将以开发一个简单的坦克大战游戏（如图 11.11 所示）为例，介绍如何开发游戏，包括的主要内容有游戏的框架、运动图像、键盘控制、游戏精灵、精灵碰撞和精灵动画等内容。

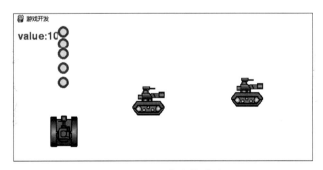

图 11.11　坦克大战游戏

11.5.2 Pygame 游戏框架

Pygame 开发游戏的基础是创建游戏窗口,核心是处理事件、更新游戏状态和在屏幕上刷新画面。游戏状态可以理解为程序中所有变量值的列表。在游戏中,游戏状态包括存放任务、健康和位置的变量、物体或图形位置的变化,这些值可以显示在屏幕上。物体和图形位置的变化只有通过在屏幕上重新绘图,然后刷新画面后才能看到。可以抽象Pygame 开发游戏的主要流程,如图 11.12 所示。

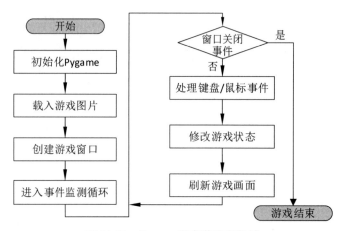

图 11.12　Pygame 开发游戏流程图

【例 11-5】　利用 Pygame 创建一个窗口名称为"游戏开发"、主题的背景为白色的游戏窗口。

编写程序如下:

```
1    import pygame,sys
2    from pygame.locals import *
3    pygame.init()                                      #初始化
4    screen=pygame.display.set_mode((800,600))          #设置窗口大小
5    pygame.display.set_caption("游戏开发")             #设置窗口名称
6    color_back=(255,255,255)                           #背景颜色参数,为白色
7    fps=300                                            #画面刷新频率参数,每秒 300 帧
8    fpsclock=pygame.time.Clock()                       #定义时钟
9    while True:
10       for event in pygame.event.get():               #接收事件
11           if event.type==QUIT:                       #判断退出事件
12               pygame.quit()                          #退出
13               sys.exit()
14       screen.fill(color_back)                        #设置窗口背景为白色
15       pygame.display.update()                        #刷新窗口显示
16       fpsclock.tick(fps)                             #设置每秒的刷新频率
```

运行结果：

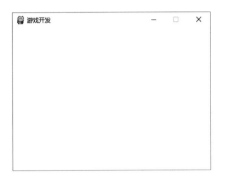

程序分析：上述代码中的第 3 行为游戏初始化，固定模式。第 4 行是创建窗口 screen，后续操作大部分都是基于对窗口的监测和修改。第 5 行为设置窗口的名称。第 6～7 行为准备的参数，在第 14～16 行中使用。第 8 行为定义一个时钟，用来刷新画面。第 9～16 行为循环程序，不断地检测键盘、鼠标，修改画面等。第 10～13 行为检测事件，事件可以是键盘或鼠标。第 16 行为画面刷新间隔。窗体的坐标原点在左上角，向右为 X 轴正向，向下为 Y 轴正向，单位为像素点。

11.5.3 添加一个运动图像

在 Pygame 中可以加载多种格式的图像，例如 JPEG、PNG、BMP 等。加载时要控制好图像的大小，如果过大或过小，都会影响显示效果。在 Pygame 中首先利用 pygame.image.load(图像文件名)加载一个图像，这个图像是一个 Surface 对象。可以使用 surface.get_width()、surface.get_heigtht() 和 surface.get_size() 来获得图像的外形数据，单位是像素。最重要的是利用 surface.get_rect() 获得图像的外围矩形框，然后可以利用这个矩形框进行移动，刷新填充图像来实现图像运动。

【例 11-6】 基于例 11-5，让坦克沿 45°方向运动起来。

编写程序如下：

```
1   import pygame,sys
2   from pygame.locals import *
3   pygame.init()                                  #初始化
4   size=(width,heiht)=(800,600)
5   screen=pygame.display.set_mode(size)           #设置窗口
6   pygame.display.set_caption("游戏开发")          #设置窗口名称
7   fps=150
8   color_back=(255,255,255)                       #设置背景颜色
9   speed=[1,1]                                    #水平,垂直速度
10  fpsclock=pygame.time.Clock()                   #定义时钟
11  tank_img=pygame.image.load("tankU.bmp")        #装载图片
12  tank_rect=tank_img.get_rect()                  #图片外围矩形框
13  while True:
14      for event in pygame.event.get():           #接收事件
```

```
15          if event.type==QUIT:              #判断退出事件
16              pygame.quit()                 #退出
17              sys.exit()
18      tank_rect=tank_rect.move(speed)       #矩形框移动
19      if (tank_rect.left<0) or (tank_rect.right>width):
20          speed[0]=-speed[0]                #水平速度方向改变
21      if (tank_rect.top<0) or (tank_rect.bottom>heiht):
22          speed[1]=-speed[1]                #垂直速度方向改变
23      screen.fill(color_back)               #窗口背景为白色
24      screen.blit(tank_img,tank_rect)       #填充矩形框
25      pygame.display.update()               #刷新窗口
26      fpsclock.tick(fps)                    #设置每秒钟的刷新频率
```

运行结果：

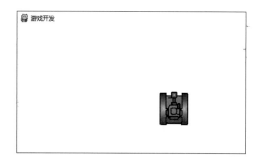

程序分析：对比分析例 11-5 和例 11-6，关键区分代码主要有第 11～12 行和第 18～24 行。其中第 11 行是创建了一个坦克图像 Surface 对象。第 12 行利用这个图像获得它的外围矩形框。请注意，这里图像和外围矩形框是两个对象，后续代码主要操作矩形框进行移动（第 18 行代码）。默认矩形框里面没有图像，当需要显示图像时，需要在矩形框中填充一个图像，利用 screen.blit()函数来实现（第 24 行代码）。每次移动矩形框都需要重新填充图像，就实现了动态图像显示。第 19～22 行主要是用来判断矩形框是否超出了窗口的范围，如果超出就改变方向，进行反向运动。

11.5.4　键盘控制

在上述示例中，图像的移动是在循环中利用矩形框的 move(speed)函数来自动实现，每个循环周期中矩形框 X 轴和 Y 轴位置加 1。如果想实现键盘的判断，只需要在移动前进行键盘事件的判断，如果有方向键按下，则相应的方向值加 1。键盘的判断可以采用 event.type 获得事件的类型，如果事件的类型是 pygame.KEYDOWN，则利用 event.key 来判断具体按钮是 pygame.K_LEFT、pygame.K_RIGHT、pygame.K_UP 还是 pygame.K_DOWN，以决定方向和位置的变化。

因为坦克图像有方向，所以在确定方向后，还需要改变坦克的方向。本书采用的方案是把加载的图形进行旋转，产生一个新的图形对象，加载这个新的图形对象，就实现了方向的变化。使用的函数为 pygame.transform.rotate(tank_img, my_rotate)，返回一个新

对象。

【例 11-7】　修改例 11-6，实现键盘控制坦克的移动。

部分代码：

```
1    #键盘移动控制,放在 for 循环外边,可以连续检测按键按下的状态
2        if event.type ==pygame.KEYDOWN:
3            if event.key ==pygame.K_LEFT:
4                tank_rect =tank_rect.move(-1, 0)                    #水平移动
5                new_tank_img =pygame.transform.rotate(tank_img, 90)  #转动图形
6            elif event.key ==pygame.K_RIGHT:
7                tank_rect =tank_rect.move(1, 0)
8                new_tank_img =pygame.transform.rotate(tank_img, -90) #转动图形
9            elif event.key ==pygame.K_UP:
10               tank_rect =tank_rect.move(0, -1)                     #垂直移动
11               new_tank_img =pygame.transform.rotate(tank_img, 0)   #转动图形
12           elif event.key ==pygame.K_DOWN:
13               tank_rect =tank_rect.move(0, 1)
14               new_tank_img =pygame.transform.rotate(tank_img, 180) #转动图形
```

由于代码较长，这里仅列出了关键的部分代码。具体全部代码请参考本教材配套资料。

11.5.5　发射子弹

发射子弹的核心思想就是在按下键盘的空格键后，在窗口中绘制一个新的子弹图像，然后这个子弹图像自动移动。当子弹图像超出窗口后，子弹数量清零。这里面没有新的知识点，只需要把上述章节学习的内容结合在一起就可以完成任务。

【例 11-8】　修改例 11-7，实现键盘按下空格键后发射子弹。

部分代码：

```
1    #(1)子弹图像的初始化
2    bullet_img=pygame.image.load("bullet.bmp")        #装载图片
3    bullet_rect=bullet_img.get_rect()                 #子弹图像的外围矩形框
4    my_bullet=0                                        #子弹的数量
5    #(2)判断发射子弹数量
6    if event.key==pygame.K_SPACE:
7        my_bullet=my_bullet+1                          #子弹数量加 1
8        #判断子弹的发射的初始位置,在坦克的中心点
9        bullet_rect.left =tank_rect.left+(tank_rect.right-tank_rect.left)/2
10       bullet_rect.right =bullet_rect.left+12.5
11       bullet_rect.top =tank_rect.top+(tank_rect.bottom-tank_rect.top)/2
12       bullet_rect.bottom =bullet_rect.top+12.5
13   #(3)子弹方向控制
14   if my_rotate==0 and my_bullet==1:
15       speed=[0,-1]                                   #水平向左
```

```
16  elif my_rotate==180 and my_bullet==1:
17      speed = [0, 1]                                    #水平向右
18  elif my_rotate==90 and my_bullet==1:
19      speed = [-1, 0]                                   #垂直向上
20  elif my_rotate==-90 and my_bullet==1:
21      speed = [1, 0]                                    #垂直向下
22  #(4)子弹移动控制
23  if my_bullet!=0:
24      bullet_rect=bullet_rect.move(speed)               #矩形框移动
25  #(5)子弹数量控制
26  if (bullet_rect.left<0) or (bullet_rect.right>width):
27      my_bullet=0                                       #水平超出窗口,清零
28  if (bullet_rect.top<0) or (bullet_rect.bottom>heiht):
29    my_bullet=0 #垂直超出窗口,清零
30  #(6)子弹绘制画面刷新
31  if my_bullet!=0:
32      screen.blit(bullet_img,bullet_rect)
```

11.5.6　利用精灵产生敌方坦克

pygame.sprite.Sprite 是实现精灵的一个类。精灵可以认为是一个小图片序列,它可以在屏幕上移动,并且可以与其他图形对象交互。简单地说,利用精灵加载一个图像,然后设定这个图像移动的方法以及碰撞处理方法。精灵就会按照移动规则自动控制这个图像移动,不需要用户控制。当精灵图像与其他图像发生碰撞时,会自动产生碰撞事件,调用碰撞方法进行处理。

精灵定义采用精灵类定义的方式,创建一种通用精灵的构建方法,然后利用这个方法构建多个精灵对象。多个精灵对象可以采用精灵组的方法进行管理,利用函数 pygame.sprite.Group(b1,b2)实现。

【例 11-9】　修改例 11-6,利用精灵产生两个坦克精灵,然后以精灵组的形式让两个坦克自动运动。

编写程序如下:

```
1   import pygame,sys
2   from pygame.locals import *
3   pygame.init()                                         #初始化
4   size=(width,heiht)=(800,600)
5   screen=pygame.display.set_mode(size)                  #设置窗口
6   pygame.display.set_caption("游戏开发")                 #设置窗口名称
7   fps=50
8   fpsclock=pygame.time.Clock()                          #定义时钟
9   color_back= (255,255,255)                             #设置背景颜色
10  #坦克精灵类创建
11  class Tank(pygame.sprite.Sprite):
```

```
12      def __init__(self,filename,initial_position):
13          pygame.sprite.Sprite.__init__(self)
14          self.image=pygame.image.load(filename)
15          self.rect=self.image.get_rect()
16          self.rect.topleft=initial_position
17          self.speed_top=1                              #初始运动水平方面
18          self.speed_left =1                            #初始运动垂直方向
19      def update(self, * args):                         #图像更新方法
20          self.rect.top=self.rect.top+self.speed_top    #垂直移动速度
21          self.rect.left =self.rect.left +self.speed_left #水平移动速度
22          if (self.rect.left <0) or (self.rect.right >width): #水平边界控制
23              self.speed_left=-self.speed_left
24          if (self.rect.top <0) or (self.rect.bottom >heiht): #垂直边界控制
25              self.speed_top =-self.speed_top
26  #调用精灵
27  b1=Tank('tankU.bmp',[0,0])                           #坦克精灵 1
28  b2=Tank('tankR.bmp',[400,000])                       #坦克精灵 2
29  b_group=pygame.sprite.Group(b1,b2)                   #精灵组
30  #主循环
31  while True:
32      for event in pygame.event.get():                 #接收事件
33          if event.type==QUIT:                         #判断退出事件
34              pygame.quit()                            #退出
35              sys.exit()
36      screen.fill(color_back)                          #窗口背景为白色
37      b_group.update()                                 #更新精灵组,调用精灵的 update 函数
38      b_group.draw(screen)                             #刷新精灵画面
39      pygame.display.update()                          #刷新窗口
40      fpsclock.tick(fps)                               #设置每秒的刷新频率
```

运行结果：

程序分析：第 10～25 行是坦克类的定义代码,其中__init__(self,filename,initial_position)为创建图像的初始位置和初始运动方向。update(self, * args)定义的是精灵图像更新的处理函数。第 26～28 行利用坦克精灵类创建两个坦克精灵对象。第 29 行把两个图像对象 b1 和 b2 放在精灵组里面一块管理。第 37～38 行是刷新精灵图像画面,产生

移动效果。

11.5.7　精灵碰撞——多子弹与坦克碰撞

精灵组对象在自由运行时可能发生碰撞。碰撞的检测采用如下代码：

```
pygame.sprite.groupcollide(bullet_group,tank_group,True,True)
```

groupcollide()函数有4个参数，第1~2个参数代表不同的精灵对象，也可以是精灵组。第3~4个参数是碰撞后对应的精灵对象是否自动销毁，True为销毁，False为不销毁，继续存在。

【例11-10】　依据例11-9和例11-8，利用精灵、精灵组和精灵碰撞检测实现如下功能：

（1）窗口中有两辆敌人坦克自动运行。

（2）我方坦克可以发射多个子弹。

（3）子弹碰撞敌方坦克后销毁敌方坦克和对应子弹。

（4）当两辆敌方坦克都销毁后，在随机位置产生两辆新的敌方坦克。

（5）在窗口左上角显示销毁的坦克数量。

编写程序如下：

```
1    import pygame,sys
2    from pygame.locals import *
3    import numpy as np
4    pygame.init()                                    #初始化
5    size=(width,heiht)=(800,600)
6    screen=pygame.display.set_mode(size)             #设置窗口
7    pygame.display.set_caption("游戏开发")            #设置窗口名称
8    fps=30                                           #刷新频率
9    fpsclock=pygame.time.Clock()                     #定义时钟
10   color_back=(255,255,255)                         #设置背景颜色
11   my_tank_speed=[4,4]                              #坦克水平,垂直速度
12   tank_img=pygame.image.load("tankU.bmp")          #装载图片
13   bullet_img=pygame.image.load("bullet.bmp")       #装载图片
14   new_tank_img=tank_img                            #new是使用的坦克,后面会旋转
15   tank_rect=tank_img.get_rect()                    #图片外围矩形框
16   tank_rect.topleft=[400,300]                      #坦克的初始位置
17   my_rotate=0                                       #存当前方向
18   my_bullet=0                                       #子弹数量
19   my_value=0;                                      #得分
20   #写文字,窗口左上角写得分
21   font=pygame.font.Font(None,32)
22   text=font.render("value:"+str(my_value),True,(255,0,0))
23   text_rect=text.get_rect()
24   text_rect.left=10                                #文字位置
```

```
25    text_rect.top=10
26    #定义精灵
27    class Tank(pygame.sprite.Sprite):                #敌方坦克精灵
28        def __init__(self,filename,initial_position):
29            pygame.sprite.Sprite.__init__(self)
30            self.image=pygame.image.load(filename)
31            self.rect=self.image.get_rect()
32            self.rect.topleft=initial_position
33            self.speed_top=1                          #敌人坦克速度
34            self.speed_left =1
35        def update(self, * args):
36            self.rect.top=self.rect.top+self.speed_top
37            self.rect.left =self.rect.left +self.speed_left
38            if (self.rect.left <0) or (self.rect.right >width):
39                self.speed_left=-self.speed_left
40            if (self.rect.top <0) or (self.rect.bottom >heiht):
41                self.speed_top =-self.speed_top
42    class bullet(pygame.sprite.Sprite):               #子弹精灵
43        def __init__(self,filename,my_tank_rect,my_rotate):
44            pygame.sprite.Sprite.__init__(self)
45            self.image=pygame.image.load(filename)
46            self.rect=self.image.get_rect()
47            self.speed_top=5                          #子弹速度
48            self.speed_left =5
49            self.my_rotate=my_rotate
50            #子弹的发送初始位置
51            self.rect.left =my_tank_rect.left +(my_tank_rect.right -my_tank_
                  rect.left) / 2
52            self.rect.right =self.rect.left +12.5
53            self.rect.top =my_tank_rect.top +(my_tank_rect.bottom -my_tank_
                  rect.top) / 2
54            self.rect.bottom =self.rect.top +12.5
55            self.speed=[0,0]
56        def update(self, * args):
57            #子弹自动移动控制
58            speed_size=self.speed_top
59            #计算子弹的速度方向
60            if self.my_rotate ==0:
61                self.speed =[0, -speed_size]
62            elif self.my_rotate ==180 :
63                self.speed =[0, speed_size]
64            elif self.my_rotate ==90 :
65                self.speed =[-speed_size, 0]
66            elif self.my_rotate ==-90 :
```

```
67              self.speed = [speed_size, 0]
68          #子弹移动
69          self.rect.top = self.rect.top + self.speed[1]
70          self.rect.left = self.rect.left + self.speed[0]    #矩形框移动
71          #子弹边界条件判断
72          if (self.rect.left < 0) or (self.rect.right > width):
73              my_bullet = 0
74              self.kill()
75          if (self.rect.top < 0) or (self.rect.bottom > heiht):
76              my_bullet = 0
77              self.kill()
78  #敌方坦克精灵实体
79  tank1 = Tank('tankR.bmp', [150, 100])
80  tank2 = Tank('tankR.bmp', [250, 200])
81  #敌方坦克精灵组
82  tank_group = pygame.sprite.Group(tank1, tank2)
83  #子弹精灵和精灵组
84  bullet_group = pygame.sprite.Group()
85  #主循环
86  while True:
87      for event in pygame.event.get():                  #接收事件
88          if event.type == QUIT:                         #判断退出事件
89              pygame.quit()                              #退出
90              sys.exit()
91          #放在 for 循环里面,进行按键的一次动作判断
92          if event.type == pygame.KEYUP:
93              #发射子弹
94              if event.key == pygame.K_SPACE:
95                  pass
96                  bullet_sprite1 = bullet("bullet.bmp", tank_rect, my_rotate)
97                  bullet_group.add(bullet_sprite1)       #添加子弹
98                  my_bullet = my_bullet + 1
99      #键盘移动控制,放在 for 循环外边,可以连续检测按键按下的状态
100     tank_speed = my_tank_speed[0]
101     if event.type == pygame.KEYDOWN:
102         if event.key == pygame.K_LEFT:
103             tank_rect = tank_rect.move(-tank_speed, 0)
104             my_rotate = 90
105             new_tank_img = pygame.transform.rotate(tank_img, my_rotate)
                                                        #转动图形
106         elif event.key == pygame.K_RIGHT:
107             tank_rect = tank_rect.move(tank_speed, 0)
108             my_rotate = -90
109             new_tank_img = pygame.transform.rotate(tank_img, my_rotate)
```

```
                                                         #转动图形
110        elif event.key ==pygame.K_UP:
111            tank_rect =tank_rect.move(0, -tank_speed)
112            my_rotate =0
113            new_tank_img =pygame.transform.rotate(tank_img, my_rotate)
                                                         #转动图形
114        elif event.key ==pygame.K_DOWN:
115            tank_rect =tank_rect.move(0, tank_speed)
116            my_rotate =180
117            new_tank_img =pygame.transform.rotate(tank_img, my_rotate)
                                                         #转动图形
118        #控制边界条件
119        if tank_rect.left<0:
120            tank_rect =tank_rect.move(1,0)
121        elif tank_rect.right>width:
122            tank_rect =tank_rect.move(-1, 0)
123        elif tank_rect.top<0:
124            tank_rect =tank_rect.move(0, 1)
125        elif tank_rect.bottom>heiht:
126            tank_rect =tank_rect.move(0, -1)
127    #碰撞监测
128    if pygame.sprite.groupcollide(bullet_group,tank_group,True,True):
129        #得分值
130        my_value=my_value+1
131        text =font.render("value:" +str(my_value), True, (255, 0, 0))
132        print("value:",my_value)
133        #子弹数统计
134        my_bullet =len(bullet_group)
135        print("bullet:",my_bullet)
136    #添加坦克
137    if len(tank_group)==0:
138        tank3=Tank('tankR.bmp', [np.random.random_integers(80,600), np.
                   random.random_integers(80,600)])          #随机初始位置
139        tank4=Tank('tankR.bmp', [np.random.random_integers(80,600), np.
                   random.random_integers(80,600)])          #随机初始位置
140        tank_group.add(tank3)
141        tank_group.add(tank4)
142    #屏幕的刷新控制
143    screen.fill(color_back)#窗口背景为白色,图形都放这个后面,否则会被覆盖
144    screen.blit(new_tank_img,tank_rect)                  #填充矩形框
145    screen.blit(text,text_rect)                          #添加文字
146    #更新精灵组
147    tank_group.update()                                  #更新敌方坦克精灵组
148    tank_group.draw(screen)                              #绘图
```

```
149         bullet_group.update()                    #更新子弹精灵组
150         bullet_group.draw(screen)
151         #窗口刷新
152         pygame.display.update()                  #刷新窗口
153         fpsclock.tick(fps)                       #设置每秒钟的刷新频率
```

运行结果：

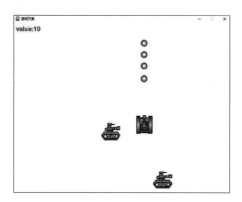

　　程序分析：第 21～41 行创建一个敌方坦克精灵类，第 42～77 行创建子弹精灵类。第 78～80 行创建敌方坦克精灵对象 tank1 和 tank2，第 82 行把两辆坦克放到坦克精灵组 tank_group 进行总体管理。第 84 行创建一个空的子弹精灵组 bullet_group。第 96 行创建子弹精灵。第 97 行把子弹加载到子弹精灵组 bullet_group。第 128 行利用 pygame. sprite.groupcollide(bullet_group,tank_group,True,True)函数实现子弹精灵组和敌方坦克精灵组之间碰撞的自动检测，碰撞后对应的精灵对象都自动销毁。第 137～141 行在两辆敌方坦克销毁后，产生两辆新的随机敌方坦克。第 146～150 行刷新精灵组的画面。

　　以上章节通过简单坦克大战游戏，对 Pygame 进行了入门开发的讲解，读者如果有兴趣，可以进一步学习，推荐官方学习网站：

https://www.pygame.org/

11.6　人工智能应用

　　目前在 IT 领域最热门的研究就是人工智能，与人工智能相关概念还有机器学习、深度学习。它们的关系如图 11.13 所示。人工智能从 20 世纪 50 年代开始，几经发展起伏，近年随着计算机技术的发展，又产生了新的发展高潮。机器学习是人工智能发展的一个分支，主要依托计算机的高速计算能力和大量数据存储技术，利用计算机编程语言工具编写各种算法，在预测、分类等领域中有大量应用。近年来，随着云存储、云计算、大数据等计算机技术的逐渐成熟和应用，2006 年，以采用多层神经网络的深度学习算法成为当前最热门的人工智能发展方向。智能驾驶、图像识别、语音识别、自然语言分析等领域，越来越多地出现了深度学习的身影。

　　Python 语言的产生晚于人工智能和机器学习算法的创建，但早于深度学习的诞生。Python 语言主要应用在机器学习算法和深度学习网络模型的搭建方面。

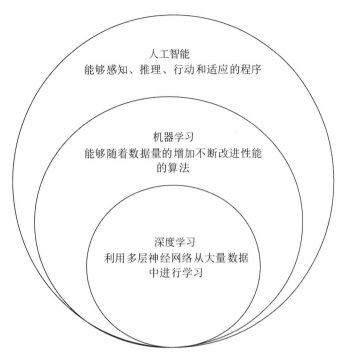

图 11.13　人工智能、机器学习和深度学习之间的关系

在机器学习方面,Python 语言提供了 NumPy、Pandas、SciPy、Scikits_Learn、Eli5 等第三方库,提供了从底层矩阵建立、矩阵转换、矩阵运算到经典机器学习算法的函数和自定义算法的实现等工具。

在深度学习领域,目前最流行的主流平台是 TensorFlow、Theano、PyTorch 和 Keras。其中 Keras 属于集成平台,它可以根据前三个平台快速构建应用程序开发,提供更加方便、易用的用户 API 接口。TensorFlow 由于有谷歌公司的支持,获得巨大的成功。PyTorch 由于其高度的开放性,在科学研究领域中也得到广泛的应用。

在人工智能领域,Python 语言只是实现各种算法的可选程序设计语言之一。由于 Python 的易学、易用特性,让 Python 语言在人工智能领域扮演了重要的角色。但是,读者要想在人工智能领域发展,需要学习大量的人工智能知识、计算机算法和神经网络算法等,Python 语言只是实现工具,不能替代基础知识的学习。

有兴趣学习的读者可以访问 http://www.tensorfly.cn/学习相关 TensorFlow 知识,访问 https://pytorch.org/学习 PyTorch 的知识。

11.7　嵌入式硬件开发应用

传统的 Python 语言应用领域范围以 PC 和服务器编程为主,主要从事应用层编程,开发各类针对用户的功能程序。但是,随着嵌入式设备技术的不断发展,嵌入式设备中的 MCU 运算能力和存储能力都有了极大提升,这就为 Python 语言在嵌入式设备中进行应用程序开发提供了支撑条件。

目前,在嵌入式硬件设备的发展方向中,主流的有三类。

1. 基于 Android 或 iOS 操作系统的智能手机

以智能手机为代表的高端嵌入式移动设备,运行 Android 或 iOS 操作系统。在此平台上,Python 语言提供了以 kivy 为代表的第三库支持。此种方式的开发难点在于 kivy 开发环境的搭建、应用程序的 App 打包等。另外由于 Android 的原生开发语言是 Java,因此利用 Python 开发只能实现简单的功能,属于探索式研究项目,不具备实际应用能力。

2. 基于 Linux 操作系统的嵌入式设备

Python 语言具有跨平台能力,其最适合的平台不是 Windows 操作系统,而是 Linux 操作系统。从原理上讲,只要能够运行 Linux 操作系统的平台,并能够运行 Python 解释器,就可以提供运行 Python 程序的能力。但由于此类嵌入式设备标准不统一,厂商技术不开源等原因,造成每个厂商都有自己的硬件和软件系统配套体系标准,因此要求的开发环境也不一致,很难找到通用的 Python 解决方案。

但是,在 2012 年 2 月,以树莓派(如图 11.14 所示)为代表的开源嵌入式硬件平台产生,为技术人员提供了一个开源的硬件标准平台,在其上,技术人员可以开发搭载开源的 Linux,从而提供了对标准 Python 语言开发的支持。同时,为了访问树莓派的硬件设备,例如摄像头、SD 卡、Wi-Fi 模块、USB 设备等,树莓派系统提供了开源的硬件访问第三方库,如摄像头 Picamera 库、GPIO 端口 PRi 库等。通过硬件设备库和标准 Python 库相结合,能实现各类复杂功能。2019 年 6 月,随着最新的树莓派 4 版本的发布,树莓派提供了更强的运算能力和存储能力,为深度学习算法在嵌入式设备上实现提供了基础。谷歌公司的 TensorFlow 机器学习系统和 OpenCV 计算机视觉系统在树莓派 4 上都能够流畅地运行,让人工智能进一步向底层设备中嵌入。

图 11.14　树莓派 4B

如下几行代码展示了利用树莓派摄像头拍摄一张照片的程序。每次运行这个程序,树莓派就会自动驱动硬件摄像头工作,拍摄一张照片,存储名为 image.jpg 的文件。

示例代码：

```
1    import time
2    import picamera                              #树莓派摄像头库
3    with picamera.PiCamera() as camera:          #开启摄像头
4        camera.start_preview()                   #摄像头预览
5        time.sleep(5)
6        camera.capture('image.jpg')              #摄像头捕捉画面
7        camera.stop_preview()                    #关闭预览
```

树莓派的开源硬件方案，开创了嵌入式设备的发展新方向，类似树莓派的开源硬件方案越来越多地出现在人们的视野中，例如香蕉派、香橙派等，让开源嵌入式设备应用范围越来越广。这些开源硬件设备，都可以支持开源的 Python 语言程序运行，符合主流的开源技术发展方向。目前，树莓派在创新设计中已经成为了主流平台，有兴趣的读者可以访问网站"树莓派实验室"(https://shumeipai.nxez.com/)进一步学习树莓派技术，开发出有创新性的作品。

3. 无操作系统的嵌入式设备

以上两类嵌入式设备属于高端设备，能够运行操作系统。在嵌入式设备中还有一类低端设备，此类设备不能运行标准的操作系统，例如 MCS-51、STM32F103、ESP32 等，不能提供 Python 语言的解释器，无法运行标准的 Python 语言。这类嵌入式硬件设备编程采用 C/C++ 语言，利用 C/C++ 语言的底层特性，直接驱动硬件设备工作。

2013 年由剑桥大学的理论物理学家乔治·达明(Damien George)设计开发了 MicroPython 语言系统。该语言遵守 MIT 许可协议，与 Arduino 类似，拥有自己的解析器、编译器、虚拟机和类库等，能够在嵌入式设备中运行 Python 语言程序，调用部分第三方库功能。这开创了 Python 语言的一个新领域，让 Python 语言应用到了更加底层的嵌入式设备中，简化了嵌入式设备的编程方法。

目前 MicroPython 已经提供对 STM32F405、STM32F407、ESP8266、ESP32、RTL8195A、NRF51822 等大量嵌入式 MCU 的支持。它提供了标准的硬件开源方案，如图 11.15 所示。用户在其上可以采用 MicroPython 库进行硬件的编程驱动，实现各种复杂功能。当前，在国内以 Micro：bit 为代表的图形化编程教育中，MicroPython 编程也被广泛应用，从而进一步丰富了青少年编程知识的学习，开创了 Python 教育的新领域。

图 11.15　MicroPython 嵌入式开发板

如下代码展示了利用 MicroPython 驱动开发 LED 小灯闪烁的程序。

示例代码：

```
1    import pyb #导入硬件库
2    while True:
3        pyb.LED(1).toggle()                          #LED 小灯状态翻转
4        pyb.delay(1000)                              #延时 1000 毫秒
```

随着嵌入式硬件设备性能的提升，开源硬件思想的不断推广，MicroPython 在嵌入式设备领域的发展会越来越快。有兴趣的读者可以访问官方英文网站或中文网站 http://micropython.openioe.net/进行学习。

附录 A

Python 集成开发环境安装

A.1 官网下载和安装编程环境

Python 集成开发环境是一个轻量级的软件,是一种脚本语言,开发程序首先要在文本编辑工具中书写程序,然后由解释器执行。用户选择的编辑器可以是记事本、Notepad＋、Editplus 等。可以在官网下载安装程序。开发包下载页面如图 A.1 所示。

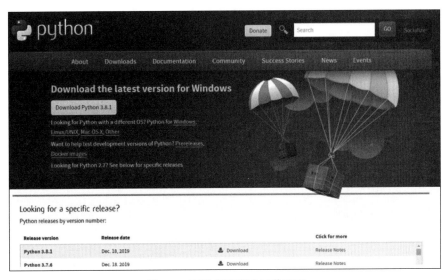

图 A.1　官网安装程序下载页面

双击打开下载的安装程序,将启动安装向导,接下来用户按照提示操作即可。在图 A.2 所示的安装程序页面中,选中 Add Python 3.8 to PATH 复选框,将可执行文件路径添加到 Windows 操作系统的环境变量 PATH 中,以便在后面的开发中启动各种工具。

安装成功后的界面如图 A.3 所示,并且会在 Windows 系统的"开始"菜单中显示如图 A.4 所示的命令集合。

这些命令的具体含义如下。

- IDLE(Python 3.8 64-bit):启动自带的集成开发环境 IDLE。
- Python 3.8(64-bit):将以命令行的方式启动解释器。
- Python 3.8 Manuals(64-bit):打开帮助文件。
- Python 3.8 Module Docs(64-bit):以内置服务器的方式打开模块的帮助文件。

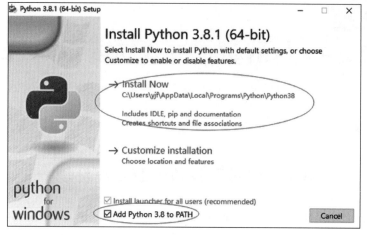

图 A.2　安装程序界面

图 A.3　安装成功界面

图 A.4　"开始"菜单的命令集合

　　用户在学习的过程中,通常使用的是自带的集成开发环境 IDLE。

　　IDLE 支持撤销、全选、复制、粘贴、剪切等常用快捷键,熟练使用 IDLE 的快捷键,能显著提高编程速度和开发效率。IDLE 的常用快捷键及其功能如表 A.1 所示。

表 A.1　IDLE 的常用快捷键及其功能

常用快捷键	功　能
Alt＋3	多行注释
Alt＋4	取消多行注释
Alt＋P	翻出上一条命令，类似于向上的箭头
Alt＋N	翻出下一条命令，类似于向下的箭头
Ctrl＋［、Ctrl＋］	多行代码的缩进
Ctrl＋F	查找指定的字符串
Ctrl＋D	跳出交互模式
Alt＋F4	关闭 Windows 窗口
Alt＋DD	开启代码调试功能
Alt＋M	打开模块代码，先选中模块，就可以查看该模块的源码
Alt＋X	进入 Shell 模式
Alt＋F＋P	打开路径浏览器，方便选择导入包进行查看、浏览
Alt＋C	打开类浏览器，方便在模块方法体之间的切换

A.2　第三方 PyCharm 环境安装与基本操作

IDLE 是开发包自带的集成开发环境，其功能相对简单。而 PyCharm 则是 JetBrains 公司开发的专业级 IDE。PyCharm 具有典型 IDE 的多种功能，比如程序调试、语法高亮、项目管理、代码跳转、智能提示、自动完成、单元测试、版本控制等。

访问 PyCharm 的官方网站 https://www.jetbrains.com 可以进行下载和安装。PyCharm 的下载页面如图 A.5 所示。

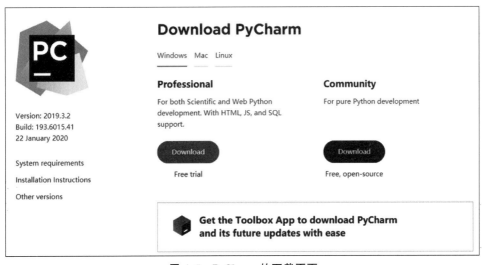

图 A.5　PyCharm 的下载页面

用户可以根据自己的操作系统平台下载不同版本的 PyCharm。

- PyCharm Professional 是需要付费的版本,它提供 IDE 的所有功能,除了支持 Web 开发,支持 Django、Flask、Google App 引擎等框架,还支持远程开发、分析器、数据库和 SQL 语句等。
- PyCharm Community 是轻量级的 IDE,是一款免费的和开源的版本,但它只支持开发,适合初学者使用。这里推荐安装此版本。

安装 PyCharm 的过程十分简单,Windows 用户只需要按照向导的提示逐步安装即可。图 A.6 是安装过程中选择安装路径的界面,安装参数选择如图 A.7 所示。

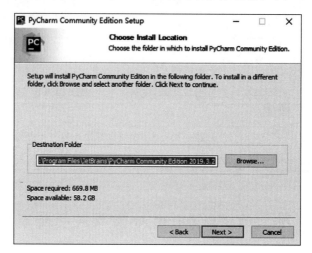

图 A.6   选择 PyCharm 的安装路径

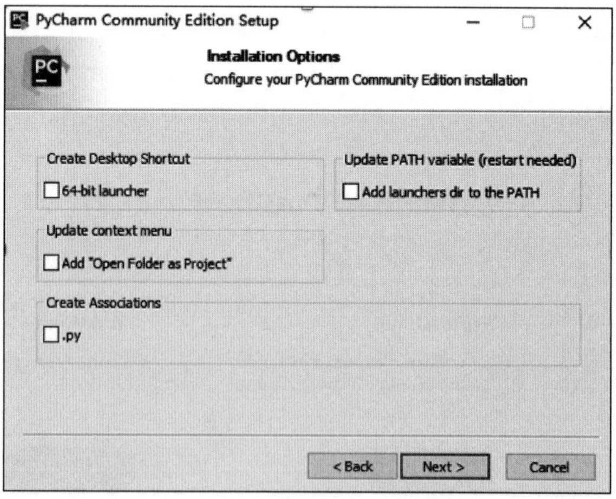

图 A.7   PyCharm 的安装参数

安装完成第一次启动 PyCharm 时,会显示若干初始化的提示信息,通常保持默认值即可,之后就可以进入到创建项目的界面,正常使用 PyCharm 了。

PyCharm 这款 IDE 功能强大,但正因为它的强大,所以对于刚入手的人来说,在使用初期时会显得困难。下面我们就来介绍一下 PyCharm 的基本设置及操作，以便能快速上手使用。

1. 建立项目

PyCharm 环境中所有的文件都依赖于项目而存在，首次进入 PyCharm 系统会提示创建或打开项目文件的选项，如图 A.8 所示，当然也可以选择 Open 选项打开已有的项目文件。

单击 Create New Project 按钮可以建立新的项目文件，如图 A.9 所示。

图 A.8　PyCharm 文件选项

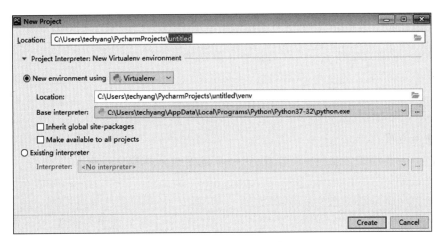

图 A.9　创建新项目文件

图 A.9 中反白的区域即为项目文件的名称，Location 部分为项目文件所在的绝对路径。项目文件可以是英文名也可以是中文名，我们可以将项目文件命名为"教学实例"。

如图 A.10 所示，PyCharm 的基本运行环境由菜单栏、项目树、编码区、运行日志等几个区域组成。

建立项目文件之后，可以在项目树区域右击并依次选择 New→Python File 建立新的 Python 文件，并在右侧的编码区编写代码。

正常安装 PyCharm 并建立项目之后即可以使用了，如果发现 PyCharm 不能正确解释 Python 源程序，首先应当检查 PyCharm 中有没有正确配置解释器。方法如下：

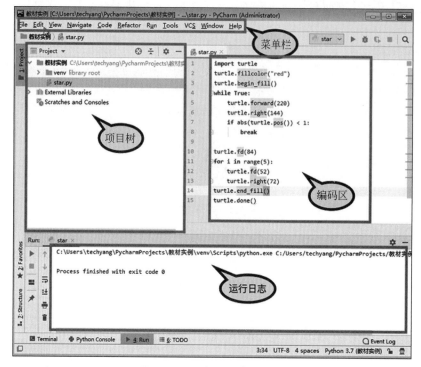

图 A.10　PyCharm 基本界面

在菜单中依次单击 File→Settings,打开设置对话框。单击"Project：教学实例"选项(这里"教学实例"是已建立的项目名称,实际使用中会因项目名称不同而有所差异),在 Project Interpreter 选项中选择正确的解释器。在选择 Python 解释器时,一定要选择到 python.exe 这个文件,而不仅仅是选择 Python 的安装文件夹。

2. 常用设置

PyCharm 预定义了几种主题模式,可用主题的数量与操作系统类型有关,一般可以参照外观说明,在 File→Settings→Appearance ＆ Behavior→Appearance 对话框的 Theme 下拉列表中进行相关设置,如图 A.11 所示。

在更改完 PyCharm 的主题之后,还可以对编码区的字体外观进行修改,具体更改方法是：依次单击 File→Settings,打开设置对话框,在对话框中依次选择 Editor→Font,打开字体设置对话框区域,如图 A.12 所示,可以针对字体、字号、行间距等常用选项进行设置。

在 Python 程序运行过程中,可能会发现对于中文的支持不是很好,这时候需要修改文件编码方式,具体方法是：依次单击 Fil→Settings,打开 Settings 对话框,依次选择 Editor→File Encodings,打开编码设置对话框,修改其中的编码方案为 UTF-8,如图 A.13 所示。

也有很多情况下,我们希望设置一个模板,里面可以存放一些常用设置或者说明,下次新建的文件或模板时直接导入,不用每次都输入,这可以使用 Python Script 功能,具体方法是：依次单击 Fil→Settings,打开 Settings 对话框,依次选择 Editor→File and Code Templates,如图 A.14 所示,在其中的 Python Script 选项中进行设置。

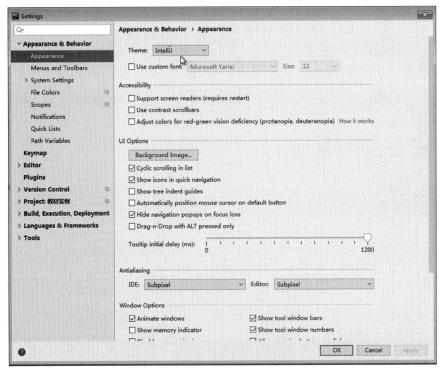

图 A.11　PyCharm 修改主题模式

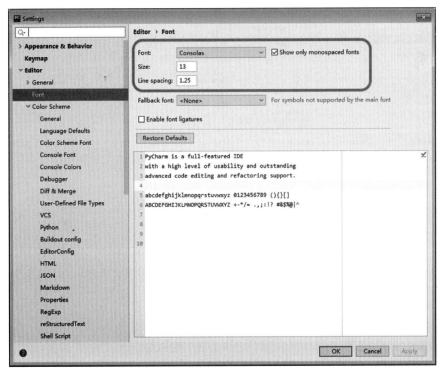

图 A.12　PyCharm 字体设置

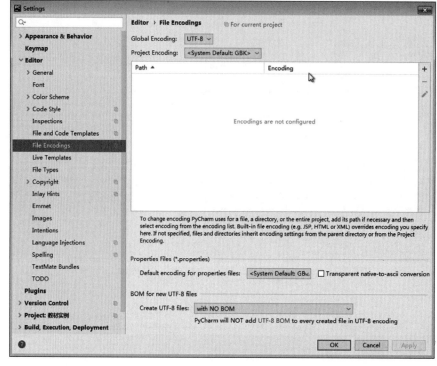

图 A.13　编码设置对话框

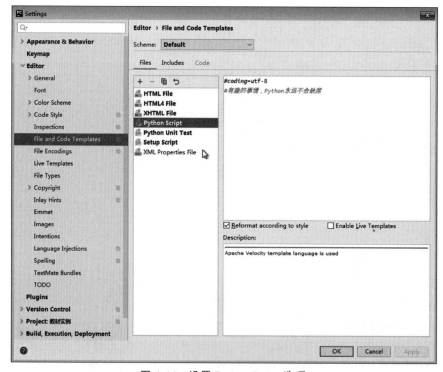

图 A.14　设置 Python Script 选项

3. 运行 Python 代码

在 PyCharm 中,不用借助 Windows 下的 cmd 来运行程序了,PyCharm 直接提供了运行功能。在编写好程序之后,有三种方法可以运行,如图 A.15 所示。

(1) 使用菜单栏中的 Run(也可以直接按快捷键 Shift+F10)。

(2) 在运行结果旁边也提供了 Run 按钮。

(3) 代码区域选项卡上直接右击,然后单击 Run。

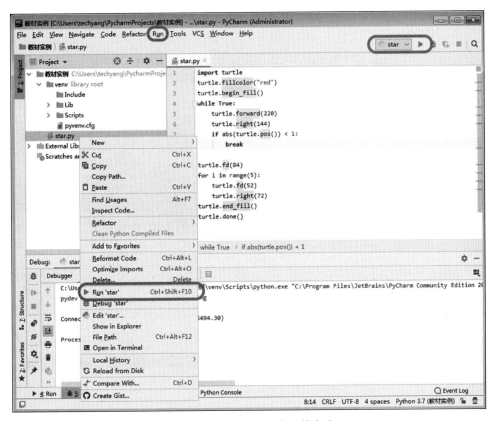

图 A.15　运行 Python 代码的方法

4. 调试程序

当运行的程序出现错误时,应当使用 PyCharm 的调试功能。Debug 调试是一项程序员的重要技能,可以让我们清晰地知道程序的流程。在互联网时代,肯定听过 Bug 这个词,比如某系统软件又出 Bug 了,说的就是软件在使用的过程中,程序出现了一些错误,称为 Bug。而 Debug 则是通过工具来对代码进行调试,一步步找出程序中出现错误的位置,也就是程序中出现具体错误代码的位置。

在 PyCharm 中,开启 Debug 调试非常简单,运行程序时选择 Debug 'de' 一项即可,如图 A.16 所示,这里 de 指的是当前运行程序的名称。

单纯地进入 Debug 模式,其实与正常的执行程序差

图 A.16　Debug 调试程序

别不大,明显的差异就是 PyCharm 的控制台部分,从正常的运行转移到了 Debug 区域显示。要实现逐步检查代码错误的功能,通常要加入断点。

断点,即 Break-Point,通俗地说,就是在程序自动运行的过程中,人为地在某些代码行加入中断点,当程序执行到设置的断点处,则会中断下来,此时程序员可以看到之前运行过的所有程序变量,借以判断程序的执行是否存在错误。

下面来看看如何加入断点。为程序加入断点的方法非常简单,只需要在程序代码区域左侧的灰色空白处单击即可,单击后会显示一个明显的红色圆点。如图 A.17 所示,程序的所有行都被加上了断点。

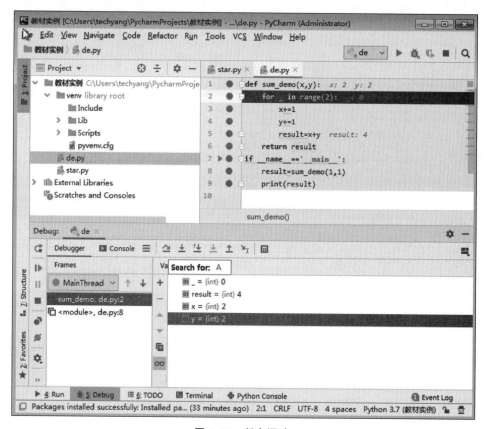

图 A.17 断点调试

图 A.18 断点调试操作按钮

加入断点后,再使用 Debug 调试执行程序时,程序会在断点处停止,等待相应指令后继续执行或停止执行。如图 A.18 所示,图中左侧区域中的按钮自上而下分别是"跳至下一断点(继续执行程序)""暂停执行""停止当前 Debug 模式""显示所有设置的断点""失效所有断点"。断点调试时可以单击某个按钮,实现相应操作。程序执行过程中产生的变量,均在右下侧 Variables 功能区显示。熟练并合理地在程序中加入断点,在 Debug 调试过程中可以起到事半功倍的效果。

5. 添加第三方库及源设置

PyCharm 是一款非常好用的 Python 编程的编辑器,但在使用 Python 时,需要非常多的第三方库或者模块,而很多时候 PyCharm 中并没有所需的库或者模块,这就需要我们手动添加第三方库的支持。具体方法是:依次单击 Fil→Settings,打开 Settings 对话框,然后找到并单击 Project Interpreter 选项,如图 A.19 所示,在相应的右侧页面单击"+"号,在接下来打开的 Available Package 对话框中,选择要添加的第三方库,然后单击 Install Package 按钮即可。

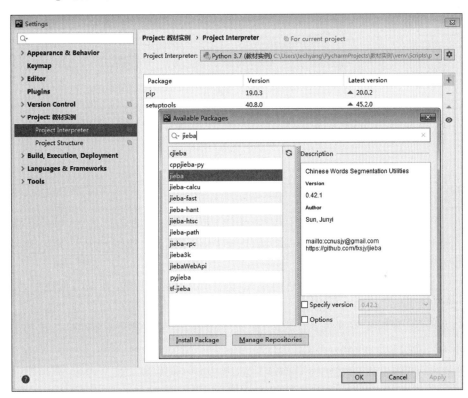

图 A.19 添加第三方库

需要注意的是,PyCharm 第三方库默认的源是 https://pypi.python.org/simple/,这个是国外的安装源,国内用户访问可能会出现速度较慢,甚至无法安装第三方库的情况,解决的方式是添加或者更换为国内安装源。

国内几个知名的安装源如表 A.2 所示。

表 A.2 国内知名的第三方库安装源

名　　称	域　　名
清华大学	https://pypi.tuna.tsinghua.edu.cn/simple
豆瓣	https://pypi.douban.com/simple
阿里云	https://mirrors.aliyun.com/pypi/simple

这里推荐使用清华大学的第三方库安装源,设置的具体方法如下:在图 A.20 打开的窗口中,单击 Manage Repositories 按钮,在弹出的 Manage Repositories 窗口中,单击右上角的"+"号,在 Repository URL 窗口中输入选定的第三方库安装源,单击 OK 按钮即可。

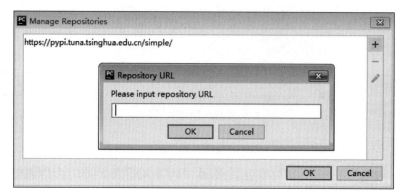

图 A.20　修改国内安装源

同样,也可以在 Manage Repositories 窗口中单击"-"号,去掉无法访问的安装源。

6. PyCharm 小技巧

(1) 快速添加/取消注释:在 PyCharm 中,选择未注释的多行代码,可使用快捷键 Ctrl+/实现多行注释;选择已注释的多行代码,同样可使用快捷键 Ctrl+/取消这多行代码中的注释。

(2) 自动缩进:代码的自动缩进也是平时经常会用到的功能,在编写代码时,需要将多行代码整体缩进,比如新增函数、增加判断语句等,这时,使用自动缩进功能会很方便。具体方法是:选择需要缩进的多行代码,并按 Tab 键,可实现多行代码缩进;选择多行代码,并按组合键 Shift+Tab,可取消多行缩进。

(3) 文件比对:在 Linux 系统中,可以利用 diff 命令来实现文本比对,有助于发现两

图 A.21　Compare With 选项

个文件的不同之处,这在重构代码时很有益处。当然,在 PyCharm 中,也可以轻松地实现文本比对。假如要比对的两个程序分别为 star.py 和 star-b.py,具体方法是:在需要比对的源文件 star.py 上右击,选择 Compare With 选项(快捷键为 Ctrl+D),如图 A.21 所示,然后在弹出的对话框中选择另一个参与比对的文件 star-b.py,单击 OK 按钮执行比对。

(4) 批量修改变量名称:在编程过程中,不可避免地会经常要修改变量的名字,而这个变量很可能会在多处使用,PyCharm 能快速有效地批量修改变量名称,具体做法是:选中要修改的变量名称,右击,依次选择 Refactor→Rename,如图 A.22 所示,在弹出的 Rename 对话框中修改变量名称,这样,程序中所有的该变量都会被修改为新变量名。

(5) 恢复误删除的文件:如果在 PyCharm 中删除一个.py 文件后,系统并不会将删除的文件送至 Windows 回收站,自然也不可能从 Windows 回收站还原删除的文件。

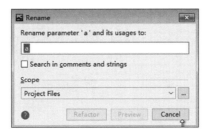

图 A.22　批量修改变量名

PyCharm 提供了 Local History 功能以便恢复错误删除的文件,具体实现方法是:在项目树目录中右击,依次选择 Local History→Show History,如图 A.23 所示。

图 A.23　Show History 对话框

　　在打开的窗口中显示了当前项目中所有操作的历史记录,只需要在删除操作记录上右击,选择 Revert 就可以恢复删除操作,还原误删除的文件。

　　(6) 复杂操作重复执行:在使用 PyCharm 时,遇到有一些操作是比较复杂或者步骤较多,且使用频率特别高,那么可以考虑使用 PyCharm 自带的宏录制工具。它会将一连串操作录制下来,以备后续使用,如图 A.24 所示,具体方法是:依次单击 Edit→Macros→Start Macro Recording 开始录制操作,录制完毕后在同样的位置单击 Edit → Macros → Stop Macro Recording 即可。如果需要,还可以在 Settings 窗口依次单击 Keymap→Macros 选项为录制的操作添加对应的快捷键,如图 A.25 所示。

图 A.24　录制操作

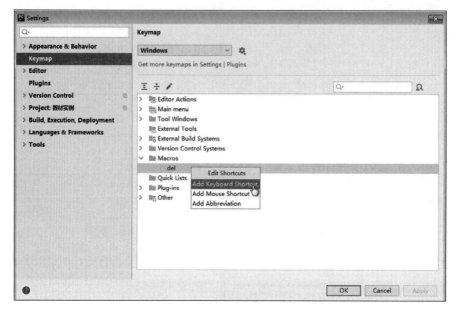

图 A.25　为录制操作添加对应的快捷键

附录 B

常用 Python 库及集成环境

应用领域	名　称	类别	说　明
自然语言处理	PyNLPI	第三方库	PyNLPI 是一个适合各种自然语言处理任务的集合库，可用于中文文本分词、关键字分析等，尤其重要的是其支持中英文映射，支持 UTF-8 和 GBK 编码的字符串等
	smallseg	第三方库	smallseg 是一个开源的、基于 DFA 的轻量级的中文分词工具包。可自定义词典、切割后返回登录词列表和未登录词列表、有一定的新词识别能力
	spaCy	第三方库	spaCy 是一个自然语言处理工具包，它与 Cython 结合，使得自然语言处理能力达到了工业强度
	Gensim	第三方库	Gensim 是一个专业的主题模型（发掘文字中的隐含主题的一种统计建模方法）工具包，用来提供可扩展统计语义、分析纯文本语义结构以及检索语义上相似的文件
	NLTK	第三方库	NLTK 是一个自然语言处理工具，它用于对自然语言进行分类、解析和语义理解。目前已经有超过 50 种语料库和词汇资源
	Pattern	第三方库	Pattern 是一个网络数据挖掘工具包，提供了用于网络挖掘（如网络服务、网络爬虫等）、自然语言处理（如词性标注、情感分析等）、机器学习（如向量空间模型、分类模型等）、图形化的网络分析模型
	SnowNLP	第三方库	SnowNLP 是一个类库，可以方便地处理中文文本内容。该库是受到了 TextBlob 的启发而针对中文处理写的类库，与 TextBlob 不同的是这里没有用 NLTK，所有的算法都是自己实现的，并且自带了一些训练好的字典
	TextBlob	第三方库	TextBlob 是一个处理文本数据的库，可用来进行词性标注、情感分析、文本翻译、名词短语抽取、文本分类等
	jieba	第三方库	jieba 分词是国内流行的文本处理工具包，分词模式分为三种模式：精确模式、全模式和搜索引擎模式，支持繁体分词、自定义词典等，是非常好的中文分词解决方案，可以实现分词、词典管理、关键字抽取、词性标注等
音频处理	chunk	标准库	自带的函数，读取 EA IFF 85 块格式的文件
	aifc	标准库	自带的函数，读写 AIFF 和 AIFC 文件

续表

应用领域	名　　称	类别	说　　明
音频处理	sunau	标准库	自带的函数,读写 Sun AU 文件
	wave	标准库	自带的函数,读写 WAV 文件
	sndhdr	标准库	自带的函数,返回声音文件的类型
	audioop	标准库	自带的函数,可实现对声音片段的一些常用操作
	ossaudiodev	标准库	该模块支持访问 OSS(开放声音系统)音频接口
	pydub	第三方库	pydub 支持多种格式声音文件,可进行多种信号处理(例如压缩、均衡、归一化)、信号生成(例如正弦、方波、锯齿等)、音效注册、静音处理等
	TimeSide	第三方库	TimeSide 是一个能够进行音频分析、成像、转码、流媒体和标签处理的框架,可以对任何音频或视频内容非常大的数据集进行复杂的处理
	tinytag	第三方库	tinytag 用于读取多种声音文件的元数据,涵盖 MP3、OGG、OPUS、MP4、M4A、FLAC、WMA、Wave 等格式
	audiolazy	第三方库	audiolazy 是一个用于实时声音数据流处理的库,支持实时数据应用处理、无限数据序列表示、数据流表示等
文件读写类	XML	标准库	XML 对象解析和格式化处理
	open(name [, mode [, buffering]])	内置函数	默认的文件读写方法
	numpy.loadtxt numpy.load numpy.fromfile	第三方库	NumPy 自带的读写函数,包括 loadtxt、load 和 fromfile,用于文本、二进制文件读写
	pandas.read_*	第三方库	Pandas 自带的读取文件方法,例如 read_csv、read_fwf、read_table 等,用于文本、Excel、二进制文件、HDF5、表格、SAS 文件、SQL 数据库、Stata 文件等的读写
	libxml2	第三方库	XML 对象解析和格式化处理
	xpath	第三方库	XML 对象解析和格式化处理
	lxml	第三方库	XML 和 HTML 读取和解析
	xlrd	第三方库	用于 Excel 文件读取
	pyexcel-xl	第三方库	用于 Excel 文件读写
	xluntils	第三方库	用于 Excel 文件读写
	pyExcelerator	第三方库	用于 Excel 文件读写
	openpyxl	第三方库	用于 Excel 文件读写
	xlwt	第三方库	用于 Excel 文件写入
	win32com	第三方库	有关 Windows 系统操作、Office(Word、Excel 等)文件读写等的综合应用库

续表

应 用 领 域	名　称	类别	说　明
网络抓取解析	urlparse	标准库	自带的 URL 解析库,可自动解析 URL 不同的域、参数、路径等
	urllib2	标准库	自带的库,读取特定 URL 并获得返回的信息,相对于 urllib,可处理更多 HTTP 信息,例如 Cookie、身份验证、重定向等
	urllib	标准库	自带的库,简单地读取特定 URL 并获得返回的信息
	HTMLParser	标准库	自带的 HTML 解析模块,能够很容易地实现 HTML 文件的分析
	beautifulsoup	第三方库	beautifulsoup 是网页数据解析和格式化处理工具,通常配合 urllib、urllib2 等库一起使用
	Scapy	第三方库	分布式爬虫框架,可用于模拟用户发送、侦听和解析并伪装网络报文,常用于大型网络数据爬取
	requests	第三方库	网络请求库,提供多种网络请求方法并可定义复杂的发送信息
图像视频处理	imageop	标准库	自带的函数,对图像基本操作,包括裁剪、缩放、模式转换
	imghdr	标准库	自带的函数,返回图像文件的类型
	colorsys	标准库	自带的函数,实现不同图像色彩模式的转换
	scikit-image	第三方库	scikit-image(也称 skimage)是一个图像处理库,支持颜色模式转换、滤镜、绘图、图像处理、特征检测等多种功能
	OpenCV	第三方库	OpenCV 是一个功能强大的图像和视频工作库。它提供了多种程序接口,支持跨平台(包括移动端)应用。OpenCV 的设计效率很高,它以优化的 C/C++ 编写,库可以利用多核处理。除了对图像进行基本处理外,还支持图像数据建模,并预制了多种图像识别引擎,如人脸识别
	PIL	第三方库	PIL 是一个常用的图像读取、处理和分析的库,提供了多种数据处理、变换的操作方法和属性
数据挖掘/机器学习	Caffe	第三方库	Caffe 是一个深度学习框架,主要用于计算机视觉,它对图像识别的分类具有很好的应用效果
	Keras	第三方库	Keras 是一个用于编写高级神经网络的 API,能够运行在 TensorFlow 或 Theano 之上,它的开发重点是实现快速实验
	Neurolab	第三方库	Neurolab 是具有灵活网络配置和学习算法的基本神经网络算法库。它包含通过递归神经网络(RNN)实现的不同变体,该库是同类 RNN API 中最好的选择之一
	NuPIC	第三方库	NuPIC 是一个以 HTM(分层时间记忆)学习算法为工具的机器智能平台。NuPIC 适合于各种各样的问题,尤其适用于检测异常和预测应用
	Orange	第三方库	Orange 通过图形化操作界面,提供交互式数据分析功能,尤其适用于分类、聚类、回归、特征选择和交叉验证工作

应用领域	名　称	类别	说　明
数据挖掘/机器学习	OverFeat	第三方库	OverFeat 是一个深度学习库,主要用于图片分类、定位物体检测
	Pyevolve	第三方库	Pyevolve 是一个完整的遗传算法框架,也支持遗传编程
	PyLearn2	第三方库	PyLearn2 是基于 Theano 的深度学习库,它旨在提供极大的灵活性,并使研究人员自由可控制,参数和属性的灵活、开放配置是亮点
	Theano	第三方库	Theano 是非常成熟的深度学习库。它与 NumPy 紧密集成,支持 GPU 计算、单元测试和自我验证
	scikit-learn	第三方库	scikit-learn(也称 SKlearn)是一个基于机器学习的综合库,内置监督式学习和非监督式学习,包括各种回归、聚类、分类、流式学习、异常检测、神经网络、集成方法等主流算法类别,同时支持预置数据集、数据预处理、模型选择和评估等方法,是一个非常完整、流行的机器学习工具库
	TensorFlow	第三方库	TensorFlow 是谷歌公司的第二代机器学习系统,内建深度学习的扩展支持,任何能够用计算流图形来表达的计算,都可以使用 TensorFlow
数据清洗转换	json	标准库	其他对象与 json 对象的转换
	random	标准库	该模块为各种分布实现伪随机数生成器,支持数据均匀分布、正态(高斯)分布、对数正态分布、负指数分布、伽马和 β 分布等
	prettytable	标准库	格式化表格输出模块
	base64	标准库	将任意二进制字符串编码和解码为文本字符串的 Base16,Base32 和 Base64
	os	标准库	用于新建、删除、权限修改、切换路径等目录操作,以及调用执行系统命令
	os.path	标准库	针对目录的遍历、组合、分隔、判断等操作,常用于数据文件的判断、查找、合并
	re	标准库	正则表达式模块,在文本和字符串处理中经常使用
	string	标准库	字符串处理库,可实现字符串查找、分隔、组合、替换、去重、大小写转换及其他格式化处理
	raw_input(prompt)	内置函数	捕获用户输入并作为字符串返回(不推荐使用 input 作为用户输入的捕获函数)
	xrange(start, stop[, step])	内置函数	此函数与 range()非常相似,但它返回的是一个 xrange 对象而不是列表
	sorted(iterable[, cmp[, key[, reverse]]])	内置函数	从 iterable 的项中返回一个新的排序列表
	round(number[, ndigits])	内置函数	返回 number 小数点后 ndigits 位的四舍五入的浮点数

续表

应 用 领 域	名　　称	类别	说　　明
数据清洗转换	isinstance(object, classinfo)	内置函数	返回 object 是否是指定的 classinfo 实例信息
	int(x)	内置函数	返回 x 的整数部分
	slice(start, stop[, step])	内置函数	返回表示由范围(start、stop、step)指定的索引集的切片对象
	len(s)	内置函数	返回对象的长度或项目数量
	max(iterable[, key])	内置函数	返回两个或多个参数中的最大项
	min(iterable[, key])	内置函数	返回两个或多个参数中的最小项
	frozenset([iterable])	内置函数	返回一个新的 frozenset 对象,可选择从 iterable 取得的元素
	set([iterable])	内置函数	返回一个新的集合对象,可选择从 iterable 获取的元素
	long(x)	内置函数	返回由字符串或数字 x 构造的长整型对象
	range(start, stop[, step])	内置函数	用于与 for 循环一起创建循环列表,通过指定 start(开始)、stop(结束)和 step(步长)控制迭代次数并获取循环值
数据库连接	dbhash	标准库	自带的模块,dbhash 模块提供了使用 BSD 数据库打开的功能。该模块提供对其他数据库模块访问的接口。bsddb 模块需要使用 dbhash
	bsddb	标准库	自带的模块,提供了一个到 Berkeley DB 库的接口
	sqlite3	标准库	自带的模块,用于操作 SQLite 数据库
	redis	标准库	redis 连接库
	ADOdb	第三方库	ADOdb 是一个数据库抽象库,支持常见的数据和数据库接口并可自行进行数据库扩展,该库可以对不同数据库中的语法进行解析和差异化处理,具有很好的通用性
	cassandra-driver	第三方库	Cassandra(2.1+)和 DataStax Enterprise(4.7+)连接库
	ctypes	第三方库	ctypes 是一个外部库,提供和 C 语言兼容的数据类型,可以很方便地调用 C DLL 中的函数
	Jython	第三方库	通过 JDBC 访问数据库的接口库
	pyodbc	第三方库	通过 ODBC 访问数据库的接口库
	SQLAlchemy	第三方库	SQLAlchemy 是 SQL 工具包和对象关系映射器,为应用程序开发人员提供了 SQL 的全部功能和灵活性控制
	pysqlite2	第三方库	SQLite 3.X 连接库
	SQLObject	第三方库	SQLObject 是一种流行的对象关系管理器,用于向数据库提供对象接口,其中表为类、行为实例、列为属性

应 用 领 域	名　称	类别	说　明
数据库连接	bsddb3	第三方库	Berkeley DB 连接库
	HappyBase	第三方库	HBase 连接库
	pymongo	第三方库	MongoDB 官方驱动连接程序
	mysql-connector	第三方库	MySQL 官方驱动连接程序
	py2neo	第三方库	Neo4j 连接库
	cx_Oracle	第三方库	Oracle 连接库
	psycopg2	第三方库	编程语言中非常受欢迎的 PostgreSQL 适配器
数据可视化	bokeh	第三方库	bokeh 是一种交互式可视化库,可以在 Web 浏览器中实现美观的视觉效果
	ggplot	第三方库	ggplot 是图形输出库,类似于 R 中的图形展示版本
	Matplotlib	第三方库	Matplotlib 是 2D 绘图库,它以各种硬拷贝格式和跨平台的交互式环境生成出版品质的图形,开发者仅需要几行代码,便可以生成多种高质量图形
	Plotly	第三方库	Plotly 提供的图形库可以进行在线 Web 交互,并提供具有出版品质的图形,支持线图、散点图、区域图、条形图、误差条、框图、直方图、热图、子图、多轴、极坐标图、气泡图、玫瑰图、热力图、漏斗图等众多图形
	PyQtGraph	第三方库	PyQtGraph 是一个建立在 PyQt4 / PySide 和 NumPy 之上的纯图形和 GUI 库,主要用于数学、科学、工程应用
	Seaborn	第三方库	Seaborn 是在 Matplotlib 的基础上进行了更高级的 API 封装,它可以作为 Matplotlib 的补充
	VisPy	第三方库	VisPy 是用于交互式科学可视化的库,旨在快速实现,可扩展和易于使用
数据计算和统计分析	decimal	标准库	十进制浮点运算
	fractions	标准库	分数模块提供对有理数算术的支持
	math	标准库	数学函数库,包括正弦、余弦、正切、余切、弧度转换、对数运算、圆周率、绝对值、取整等数学计算方法
	cmath	标准库	与 math 基本一致,区别是 cmath 运算的是复数
	cmp(x, y)	内置函数	比较两个对象 x 和 y,并根据结果返回一个整数。如果 x < y,则返回值为负数,如果 x == y 则为零,如果 x > y 则为正
	sum(iterable[, start])	内置函数	从左到右依次迭代,返回总和
	pow(x, y[, z])	内置函数	返回 x 的 y 次幂。如果 z 存在,则返回 x 的 y 次幂,模 z
	abs(x)	内置函数	返回 x 的绝对值
	float(x)	内置函数	返回从数字或字符串 x 构造的浮点数

续表

应 用 领 域	名　　称	类别	说　　明
数据计算和统计分析	NumPy	第三方库	NumPy 是科学计算的基础工具包,很多数据计算工作库都依赖它
	Pandas	第三方库	Pandas 是一个用于数据分析的库,它的主要作用是进行数据分析。Pandas 提供用于进行结构化数据分析的二维表格型数据结构数据帧,类似于 R 中的数据框,能提供类似于数据库中的切片、切块、聚合、选择子集等精细化操作,为数据分析提供了便捷性
	SciPy	第三方库	SciPy 是一组专门解决科学和工程计算不同场景的主题工具包
	statsmodels	第三方库	statsmodels 是统计建模和计量经济学工具包,包括一些描述性统计、统计模型估计和统计测试,集成了多种线性回归模型、广义线性回归模型、离散数据分布模型、时间序列分析模型、非参数估计、生存分析、主成分分析、核密度估计以及广泛的统计测试和绘图等功能
交互式学习/集成开发	Elpy	第三方库	Elpy 是 Emacs 用的开发环境,它结合并配置了许多其他软件包,它们都是用 Emacs Lisp 编写的
	PTVS	第三方库	Visual Studio 的工具
	I	第三方库	I 是一个交互式 Shell,比默认的 Shell 好用得多,支持变量自动补全、自动缩进、交互式帮助、魔法命令、系统命令等,内置了许多很有用的功能和函数
	LiClipse	外部工具	LiClipse 是基于 Eclipse 的免费多语言 IDE,通过其中的 PyDev 可支持应用开发
	Spyder	外部工具	Spyder 是一个开源的 IDE,由 I 和众多流行的库的支持,是一个具备高级编辑、交互式测试、调试以及数字计算的交互式开发环境
	PyCharm	外部工具	PyCharm 带有一整套可以帮助用户在使用语言开发时提高效率的工具,比如调试、语法高亮、项目管理、代码跳转、智能提示、自动完成、单元测试、版本控制并可集成 I、系统终端命令行等,在 PyCharm 中几乎可以实现所有有关工作的全部过程

附录 C

Python 函数

这里总结 Python 的内置函数如下。

函 数	描 述
abs(number)	返回数字的绝对值
all(iterable)	如果 iterable 的所有元素都为真值,则返回 True;否则返回 False
any(iterable)	如果 iterable 的所有元素都为假值,则返回 False;否则返回 True
ascii(object)	类似于 repr,但对非 ASCII 字符进行转义
bin(integer)	将整数转换为以字符串表示的二进制字面量
bool(x)	将 x 解读为布尔值,并返回 True 或 False
bytearray([string,[encoding[,errors]]])	创建一个 bytearray,根据指定字符串给它赋值,还可指定编码和错误处理方式
bytes([string,[encoding[,errors]]])	类似于 bytearray,但返回一个可修改的 Bytes 对象
callable(object)	检查对象是否是可调用的
chr(number)	返回一个字符,其 Unicode 码点为指定的数字
classmethod(func)	根据实例方法创建一个类方法
complex(real[,imag])	返回一个复数,其实部和虚部分别为指定的值
delattr(object,name)	删除指定对象的指定属性
dict([mapping-or-sequence])	创建一个字典。可根据另一个映射或(key,value)列表来创建,也可使用关键字参数来调用
dir([object])	列出当前可见作用域中的(大部分)命令,或列出指定对象的(大部分)属性
divmod(a,b)	返回(a//b,a%b)(对于浮点数,有一些特殊规则)
enumerate(iterable)	迭代所有项的(index,item)。如果提供关键字参数 start,则不从开头迭代
eval(string[,globals[,locals]])	计算以字符串表示的表达式,还可在指定的全局和局部作用域内进行
filter(function,sequence)	返回一个列表,其中包含指定序列中这样的元素,即对其应用指定的函数时,结果为真值

续表

函　　数	描　　述
float(object)	将字符串或数字转换为浮点数
format(value[,format_spec])	返回对指定字符串设置格式后的结果。格式设置规范的作用与字符串方法 format 中相同
frozenset([iterable])	创建一个不可修改的集合,这意味着可将其添加到其他集合中
getattr(object,name[,default])	返回指定对象中指定属性的值,还可给这个属性指定默认值
globals()	返回一个表示当前全局作用域的字典
hasattr(object,name)	检查指定对象是否包含指定的属性
help([object])	调用内置的帮助系统,或打印有关指定对象的帮助信息
hex(number)	将数字转换为十六进制字符串
id(object)	返回指定对象的独一无二的 ID 号
input([prompt])	以字符串的方式返回用户输入的数据,还可显示指定的提示语
int(object[,radix])	将字符串或数字转换为整数,还可指定基数
isinstance(object,classinfo)	检查 object 是否是 classinfo 的实例,其中参数 classinfo 可以是类对象、类型对象或类和类型对象元组
issubclass(class1,class2)	检查 class1 是否是 class2 的子类(每个类都被视为是它自己的子类)
iter(object[,sentinel])	返回一个迭代器对象,即 object._iter_()。这个迭代器对象用于迭代序列(如果 object 支持_getitem_)。如果指定了 sentinel,这个迭代器将不断调用 object,直到返回的是 sentinel
len(object)	返回指定对象的长度(包含的项数)
list([sequence])	创建一个列表,也可根据指定的序列创建列表
locals()	返回一个表示当前局部作用域的字典(请不要修改这个字典)
map(function,sequence,...)	创建一个列表,其中包含对指定序列包含的项执行指定函数返回的值
max(object1,[object2,...])	如果 object1 不是空序列,就返回其中最大的元素;否则返回提供的参数(object1、object2 等)中最大的那个
min(object1,[object2,...])	如果 object1 不是空序列,就返回其中最小的元素;否则返回提供的参数(object1、object2 等)中最小的那个
next(iterator[,default])	返回 iterator._next_()的值,还可指定默认值,它指定在到达了迭代器末尾时将返回的值
object()	返回一个 object 实例;object 是所有新式类的基类
oct(number)	将整数转换为八进制字符串

续表

函　　数	描　　述
open(filename[,mode[,bufsize]])	打开一个文件并返回一个文件对象(还有其他的可选参数,如指定编码和错误处理方式的参数)
ord(char)	返回指定字符的 Unicode 码点
pow(x,y[,z])	返回 x 的 y 次方,还可将结果对 z 求模
print(x,...)	将 0 个或更多参数作为一行打印到标准输出,并用空格分隔参数。可使用关键字参数 sep、end、file 和 flush 调整这种行为
range([start,]stop[,step])	根据参数 start(包含,默认为 0)、stop(不包含)和 step(默认为 1)以序列的方式返回指定范围内的一系列值
repr(object)	返回对象的字符串表示,通常用作 eval 的参数
reversed(sequence)	返回一个反向迭代序列的迭代器
round(float[,n])	将指定的浮点数圆整到小数点后 n 位(默认为零位)。详尽的圆整规则,请参阅官方文件
set([iterable])	返回一个集合;如果指定了 iterable,该集合的元素将是从中取得的
setattr(object,name,value)	将指定对象的指定属性设置为指定的值
sorted(iterable[,cmp][,key][,reverse])	返回一个排序后的列表,其中的元素来自 iterable。可选参数与列表的方法 sort 相同
str(object)	返回指定对象的格式良好的字符串表示
sum(seq[,start])	计算数字序列中所有元素的总和,再加上可选参数 start 的值,然后返回结果
super([type[,obj/type]])	返回一个将方法调用委托给超类的代理
tuple([sequence])	创建一个元组,如果指定了可选参数 sequence,该元组包含的项将与该参数指定的序列相同
type(object)	返回指定对象的类型
type(name,bases,dict)	返回一个新的类型对象,其名称、基类和作用域由相应的参数指定
vars([object])	返回一个表示局部作用域的字典或一个包含指定对象的属性的字典(请不要修改这个字典)
zip(sequence1,...)	返回一个元组迭代器,其中每个元组都包含提供序列的相应项。返回的列表与提供的最短序列等长

附录 D

国家计算机二级等级考试(Python)介绍

全国计算机等级考试(National Computer Rank Examination,NCRE),是经原国家教育委员会(现教育部)批准,由教育部考试中心主办,面向社会,用于考查应试人员计算机应用知识与技能的全国性计算机水平考试体系。可以通过考试检查是否真正掌握计算机基础知识,督促更好地学习。通过后的认证证书也能成为工作就业的加分项。报名者不受年龄、职业、学历等限制,任何人都可根据自己学习情况和实际能力,选考相应的级别和科目。

考生可按照省级承办机构公布的流程在网上或考点进行报名。考试时间为每年 3 月、9 月、12 月,其中 12 月份的考试由省级承办机构根据情况自行决定是否开考;每次考试具体报名时间由各省级承办机构规定,可登录各省级承办机构网站查询,考试时长为 120 分钟,考试实行百分制计分,但以等第形式通知考生成绩。成绩等第分为"优秀""良好""及格""不及格"四等,100~90 分为"优秀",89~80 分为"良好",79~60 分为"及格",59~0 分为"不及格"。

国家计算机二级等级考试(Python)考试介绍如下。

1. 基本要求

(1) 掌握 Python 语言的基本语法规则。

(2) 掌握不少于 2 个基本的 Python 标准库。

(3) 掌握不少于 2 个 Python 第三方库,掌握获取并安装第三方库的方法。

(4) 能够阅读和分析 Python 程序。

(5) 熟练使用 IDLE 开发环境,能够将脚本程序转变为可执行程序。

(6) 了解 Python 计算生态在以下方面(不限于)的主要第三方库名称:网络爬虫、数据分析、数据可视化、机器学习、Web 开发等。

2. 考试内容

(1) Python 语言的基本语法元素。

程序的基本语法元素包括:程序的格式框架、缩进、注释、变量、命名、关键字、数据类型、赋值语句、引用。

基本输入/输出函数:input()、eval()、print()。

源程序的书写风格。

Python 语言的特点。

(2) 基本数据类型。

数字类型:整数类型、浮点数类型和复数类型。

数字类型的运算：数值运算操作符、数值运算函数。

字符串类型及格式化：索引、切片、基本的关键格式化方法。

字符串类型的操作：字符串操作符、处理函数和处理方法。

类型判断和类型间转换。

（3）程序的控制结构。

程序的三种控制结构。

程序的分支结构：单分支结构、二分支结构、多分支结构。

程序的循环结构：遍历循环、无限循环、break 和 continue 循环控制。

程序的异常处理：try-except。

（4）函数和代码复用。

函数的定义和使用。

函数的参数传递：可选参数传递、参数名称传递、函数的返回值。

变量的作用域：局部变量和全局变量。

（5）组合数据类型。

组合数据类型的基本概念。

列表类型：定义、索引、切片。

列表类型的操作：列表的操作函数、列表的操作方法。

字典类型：定义、索引。

字典类型的操作：字典的操作函数、字典的操作方法。

（6）文件和数据格式化。

文件的使用：文件打开、读写和关闭。

数据组织的维度：一维数据和二维数据。

一维数据的处理：表示、存储和处理。

二维数据的处理：表示、存储和处理。

采用 CSV 格式对一维和二维数据文件的读写。

（7）Python 计算生态。

标准库：turtle 库（必选）、random 库（必选）、time 库（可选）。

基本的 Python 内置函数。

第三方库的获取和安装。

脚本程序转变为可执行程序的第三方库：PyInstaller 库（必选）。

第三方库：jieba 库（必选）、wordcloud 库（可选）。

更广泛的 Python 计算生态，只要求了解第三方库的名称，不限于以下领域：网络爬虫、数据分析、文本处理、数据可视化、用户图形界面、机器学习、Web 开发、游戏开发等。

3. 考试方式

上机考试，考试时长 120 分钟，满分 100 分。

题型及分值：单项选择题 40 分（含公共基础知识部分 10 分），操作题 60 分（包括基本编程题和综合编程题）。

考试环境：Windows 7 操作系统，建议 Python 3.4.2 以上版本，IDLE 开发环境。

参 考 文 献

[1] 嵩天,礼欣,黄天羽. Python 语言程序设计基础[M]. 2 版. 北京：高等教育出版社,2018

[2] 孙改平,王德志. C 语言程序设计[M]. 2 版. 北京：清华大学出版社,2019

[3] 董付国. Python 程序设计基础[M]. 2 版. 北京：清华大学出版社,2018

[4] 刘大成. Python 数据可视化之 Matplotlib 实践[M]. 北京：电子工业出版社,2018

[5] 王维波,栗宝鹃,张晓东. Python Qt GUI 与数据可视化编程[M]. 北京：人民邮电出版社,2019

[6] 杨柏林,韩培友. Python 程序设计[M]. 北京：高等教育出版社,2019

图书资源支持

感谢您一直以来对清华版图书的支持和爱护。为了配合本书的使用，本书提供配套的资源，有需求的读者请扫描下方的"书圈"微信公众号二维码，在图书专区下载，也可以拨打电话或发送电子邮件咨询。

如果您在使用本书的过程中遇到了什么问题，或者有相关图书出版计划，也请您发邮件告诉我们，以便我们更好地为您服务。

我们的联系方式：

地　　址：北京市海淀区双清路学研大厦 A 座 701

邮　　编：100084

电　　话：010-83470236　010-83470237

资源下载：http://www.tup.com.cn

客服邮箱：2301891038@qq.com

QQ：2301891038（请写明您的单位和姓名）

资源下载、样书申请

书圈

扫一扫，获取最新目录

课程直播

用微信扫一扫右边的二维码，即可关注清华大学出版社公众号"书圈"。